トライアルシリーズ

すぐにつながる！ どこまでも広がる！

# 超お手軽無線モジュールXBee

濱原 和明, 佐藤 尚一 ほか 著

CD-ROM付き

CQ出版社

# 目 次

| イントロダクション | 今や無線通信は誰でもできる！ | 4 |

0-1 誰でも使える XBee 誕生 ……………………………………………………………… 4
0-2 XBee でできること ……………………………………………………………………… 6
0-3 全部入り！ XBee モジュールのいろいろ …………………………………………… 8
0-4 早見図！ XBee を動かすまで ………………………………………………………… 13
0-5 付属 CD-ROM のコンテンツと注意事項 …………………………………………… 14

| 第1部 | 生まれて初めての無線通信 初級編　〜箱から出して動作チェック！〜 | 15 |

### 第1章　Are you ready ? …………………………………………………………………… 15
　① 定番無線モジュール XBee × 2 個 …………………………………………………… 15
　② XBee の動作設定をする XBee - USB インターフェース基板 …………………… 16
　③ USB 変換基板を動かすパソコンのドライバ・ソフトウェア ……………………… 16
　④ 2mm-2.54mm ピッチ変換基板 ………………………………………………………… 17
　⑤ XBee の動作を設定するソフトウェア X-CTU ……………………………………… 17

### 第2章　LED チカチカへのチカ道 ……………………………………………………… 18
　ゴール ……………………………………………………………………………………… 18
　12 個の部品を用意する ………………………………………………………………… 18
　セットアップの手順 ……………………………………………………………………… 19
　Column　故障？と早合点しないで！ XU1 のリセット・ボタンは何度も押すハメになる … 26

### 第3章　リモート操作でデータを GET する実験 ……………………………………… 27
　スイッチの状態や電圧値を検出してパソコンで確認 ………………………………… 27

### 第4章　XBee モジュールと会話する方法 ……………………………………………… 30
　Column　XBee とパソコンの通信インターフェースは「RS-232-C」 ……………… 34
　Column　XBee はなぜフレームで送受信するの？ …………………………………… 35
　Column　大量のデータを効率良く転送できる API モード「AP ＝ 2」 …………… 38
　Column　AT コマンド"IS"を使うときはイネーブルにする入力ピンを統一しておくと処理が楽チン … 39

| 第2部 | 生まれて初めての無線通信 中級編　〜XBee がもつ機能を使いこなす〜 | 40 |

### 第5章　XBee - USB インターフェース基板の作り方 ………………………………… 40
　こんな基板 ………………………………………………………………………………… 40
　ネットワークへの参加が楽ちん！ コミッショニング・スイッチ ……………………… 42

### 第6章　XBee 搭載オリジナル・モジュールを作る …………………………………… 44
　① ピッチを変換する ……………………………………………………………………… 44
　② 電源端子直近にコンデンサをつける ………………………………………………… 44
　③ 5V 系と 3.3V 系の XBee をつなぐ信号レベル変換回路 ………………………… 45
　④ シリアル・インターフェースでマイコンとつなぐ ………………………………… 46
　Column　アンテナ近くに金属を配置しない …………………………………………… 47

| Appendix1 | XBee - USB インターフェース基板の電源設計 | 48 |

### 第7章　XBee 設定用の専用ソフトウェア X-CTU を使ってみる …………………… 51
　Column　X-CTU 設定情報の保存と読み出し ………………………………………… 52

### 第8章　シリーズ 2 の設定手順 …………………………………………………………… 56
　① 動作モードを設定する ………………………………………………………………… 56
　② 入出力の設定 …………………………………………………………………………… 61
　Column　XBee で実現できるネットワーク構成のいろいろ ………………………… 68
　Column　XBee が持つ 2 種類のアドレス ……………………………………………… 69

### 第9章　ZigBee 準拠シリーズ 2 の低消費電力動作機能を活用する ………………… 70

XBee シリーズ2の消費電力の実力 ································································· 71
　　　スリープ動作を細かく設定できる充実したコマンド ········································· 73
　　　省電力状態設定時の注意点 ··············································································· 75
　　　Column　ルータの省電力モード変更について ··················································· 75

## 第10章　よくあるトラブルと解決方法
　　　その1　買ってきていきなり動かない?! ··························································· 77
　　　その2　XBeeとパソコンがつながらない ························································· 78
　　　その3　ルータをネットワークに参加させられない！ ····································· 79
　　　その4　XBeeのファームウェアのバグとアップデート ··································· 80
　　　その5　設定を間違えたらXBeeが応答しなくなった…ファームウェアを回復したい！ ···· 80
　　　その6　A-D変換の結果が正しくない（シリーズ2の場合） ··························· 81
　　　その7　無線機器や電子レンジとの干渉 ··························································· 82

　　　Appendix2　シリーズ1の設定手順　　　　　　　　　　　　　　　　86
　　　Appendix3　バッテリで長時間動くネットワークを作れる「DigiMesh」　　99
　　　Appendix4　小型化できる！マイコン搭載 Programmable XBee　　102
　　　Appendix5　通信できる距離と速さの実力をチェック　　　　　　　118
　　　Appendix6　XBee選択マップ　　　　　　　　　　　　　　　　　126

## 第3部　より詳しく知りたい人へ　〜XBeeの通信プロトコル〜　　129

### 第11章　シリーズ1とシリーズ2の通信処理プロセスを比べる ·························· 129
　　　通信機能は階層に分けて考える ······································································· 129
　　　シリーズ1とシリーズ2の相違 ······································································· 129

### 第12章　ZigBeeプロトコルの最下層PHYとMACのふるまいの研究 ············· 132
　　　IEEE802.15.4規格の通信手順 ········································································ 132
　　　Column　IEEE802.15.4でサポートされているスーパーフレーム ················· 134

### 第13章　送信相手が決まっているユニキャストと決まっていないブロードキャスト ···· 136
　　　ブロードキャストのしくみ ············································································· 136
　　　ユニキャストのしくみ ····················································································· 139

### 第14章　ZigBeeネットワークの3要素コーディネータ/ルータ/エンド・デバイスは何をやっている？ ···· 142
　　　コーディネータのふるまい ············································································· 142
　　　ルータのふるまい ····························································································· 145
　　　エンド・デバイスのふるまい ········································································· 148

## 第4部　無線通信の基礎知識　〜清く正しく使うために〜　　152

### 第15章　免許要らずですぐに使える無線モジュールと規格 ······························ 152
　　　通信規格を比べる ····························································································· 152
　　　各通信規格の用途と周波数帯 ········································································· 152
　　　免許を取らずにすませるには ········································································· 156
　　　Column　高速で通信距離も長い無線LANはBluetoothやZigBeeを席巻するか？ ···· 158

### 第16章　空中が無法地帯にならないように取り締まる「電波法」と「技適」 ········· 159
　　　落とし穴がたくさん ························································································· 159
　　　違反すると懲役を喰らうことも… ································································· 160
　　　無線機が基準を満たしていることを証明する「技適マーク」 ······················· 160

　　　Appendix7　XBeeどうしをつなぐ電波の伝わり方　　　　　　　　162
　　　Appendix8　通信を妨げる五つの天敵　　　　　　　　　　　　　163

## 巻末付録　ATコマンド集（シリーズ2）　　　　　　　　　　　　　165

## 0-1 イントロダクション　今や無線通信は誰でもできる！
―― 入手しやすく使いやすい XBee 誕生

# ちょっとの無線化も超たいへんだったけど…

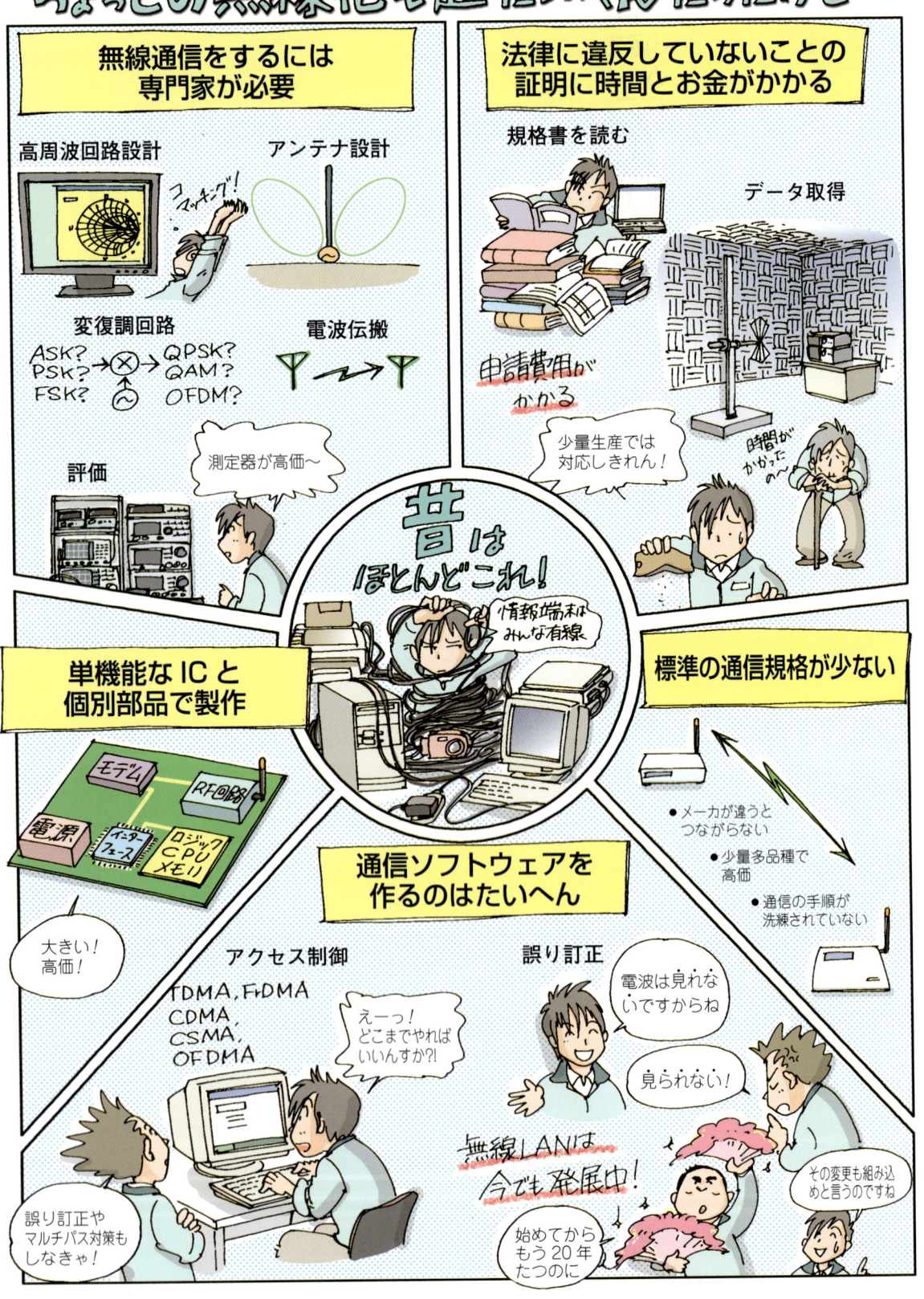

# 誰でも使える XBee 誕生!

## インターネットやお店で1個から買える
- ポチッとな！
- おまたせしました．
- SHOP
- 買って…のせるだけ
- たくさんあるな～

## 電波法を気にしなくて OK
- XBee
- 技適は取得済み

## 今
いつでもどこでも情報ゲット
タブレット端末

## ほとんどの回路が1チップに！
- 小さい！
- 1チップに RF，モデム，MAC（通信制御）の各回路が内蔵された！
- 安価！
- インターフェースと電源回路

## 通信規格の標準化が進んだ
- 量産しやすくなって安価になった
- モジュールのラインナップが増えた
- 規制緩和で使える周波数が増えた
- 誰でも使える

## パソコンにつないですぐに動かせる
- 起動して1発でつながった！
- 通信ソフトウェアはモジュールに搭載済み

# 0-2 XBeeでできること
## 1対1通信はもちろん，網の目通信もらーくらく！

佐藤 尚一

### センサ信号などを約30m飛ばせる

XBeeは，温度，湿度，気圧，照度，スイッチのON/OFF状態などを無線通信するのに向いています．RS-232-Cの無線化も簡単に実現できます．ただし，動画やオーディオなどの，データを高速に転送する用途には向きません．

XBeeが無線で飛ばせる距離は，見通し（途中に邪魔物が無い状態）で約30mです（キット付属のシリーズ2，2mW出力の場合）．一般的な日本家屋ならば隅から隅まで到達可能でしょう（図1）．

詳細な仕様は，イントロダクション0-3を参照ください．

**図1 センサ信号などをお手軽に約30m飛ばせる**
30m見通せるとき．XBeeが折り込みはがきで申し込めるキット「［XBee 2個＋書込基板］超お手軽無線モジュールXBee」付属のシリーズ2，2mW出力品の場合

### 電波が届かないときはXBeeが自動で中継してくれる

距離の限界を超える広い建屋や，鉄筋コンクリートなど電波を通しにくい建屋でも，要所にXBeeを配置すれば，自動的に電波を中継できます．

多数のXBeeが配置された場合，一つのXBeeから目的のモジュールにいたるルートは，モジュールが自動で決めます．仮にそれまで使っていたルートに不具合が生じた場合は自動で迂回します（図2）．

### 足したり，取り換えたりが簡単

複数のXBeeで通信する場合，どれか一つのXBeeを介してからそれぞれがつながるネットワーク（スター型）ではなく，それぞれのXBeeがどこからでも平等にやりとりするメッシュ状のネットワークが組めます．これにより，図3のように，通信する装置を増やすときは，ただ置くだけでOKです．また，故障した場合も，そこだけ取り換えれば良く，移動も簡単です．

イメージは狭いエリアでしか使えない携帯電話で，

電話番号をダイヤルして通話する代わりに，指定した相手先の LED を ON したり温度計の値が読めたりするような感じです．自分の携帯電話から様々な相手に対して電話をかけたり，様々な相手から着信を受けたりすることは普通にできます．XBee の場合も同じようなことが可能です．

図2 電波が届かないところへは自動的に中継してくれる

(a) 通信できないとき ⇒ (b) 電波の届く位置に置くと，自動的に経路を判断して，中継してくれる．

XBee は無線ボードの追加や交換がチョー簡単．どれかが壊れても，良好な通信をキープすることも可能

(a) XBee なら簡単にどんどんつないでいける

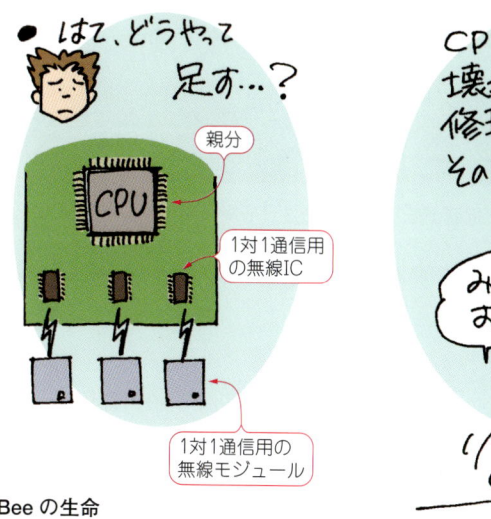

無線モジュールを1個追加するたびに，CPU をもった親分無線ボードの基板を作り替えなきゃいけない．親分が倒れると無線機全体がダメになる

図3 XBee の生命力はハンパない

(b) 従来の無線モジュールは1個追加するのもたいへん

足したり，取り換えたりが簡単 **7**

## 0-3 全部入り！XBee モジュールのいろいろ
### 目的に合ったタイプがきっと見つかる

濱原 和明

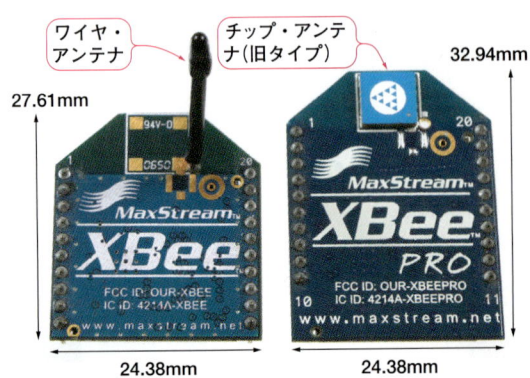

**写真1 ディジ インターナショナルのオリジナル・ネットワーク DigiMesh に対応．ZigBee 規格非準拠「シリーズ1」**（Appendix 2 参照）

(a) 1mW 出力タイプ（通常版）…写真は到達距離の長いワイヤ・アンテナ搭載で小型．チップ・アンテナ搭載型もある

(b) 10mW 出力タイプ（PRO版）…写真は到達距離の短いチップ・アンテナ搭載型．ワイヤ・アンテナ搭載型もある

デフォルトでは1：1通信または小規模なネットワーク通信が可能．ファームウェアを書き換えれば，大規模な DigiMesh ネットワークを構築することが可能

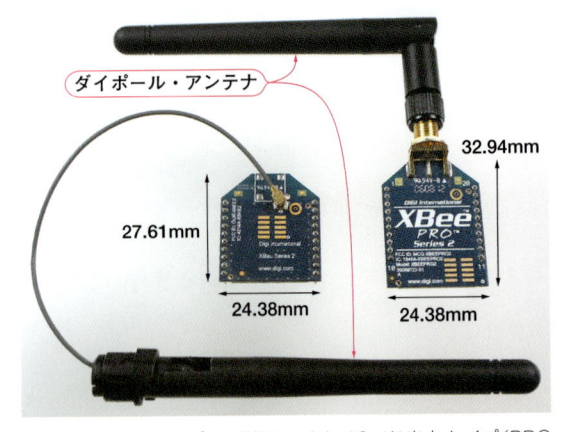

**写真2 ZigBee 規格準拠．他社製の無線モジュールとも通信できる「シリーズ2」**（ZigBee 規格準拠）

(a) 2mW 出力タイプ（通常版）…写真は U.FL コネクタ・タイプのダイポール・アンテナ搭載型．アンテナ自体の到達距離は (b) のアンテナと同等

(b) 10mW 出力タイプ（PRO版）…写真は RPSMA コネクタ・タイプのダイポール・アンテナ搭載型

1：n 通信が可能で，最大 65000 ノードまでの大規模なネットワーク通信が可能．本誌の折り込みはがきで申し込めるキット「[XBee 2個＋書込基板] 超お手軽無線モジュール XBee」には，シリーズ2のチップ・アンテナ搭載型が同梱されている

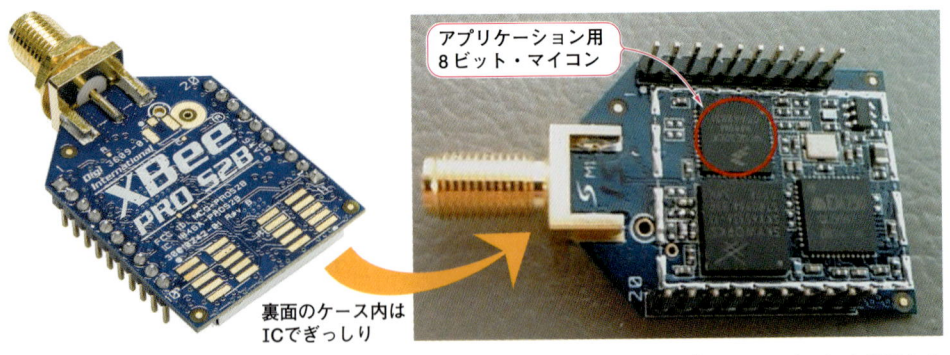

**写真3 マイコンの外付けが不要でコンパクトな無線装置を実現できる8ビット・マイコンを搭載した「シリーズ2B(S2B)」**

写真は，マイコンを搭載した高出力型の Programmable XBee（PRO版）．ZigBee 規格準拠．マイコンを搭載していないバージョンもあり，シリーズ2よりも低消費電力

### とにかく種類が多い

XBee とひとからげに言っても，海外製品まで含めるとそれぞれの国の利用周波数別に多数の製品があります．ここでは 2.4GHz 帯の国内向け製品を紹介します．

### ● ZigBee の対応/否対応で2種のシリーズに分かれる

写真1～3に XBee モジュールの外観を示します．

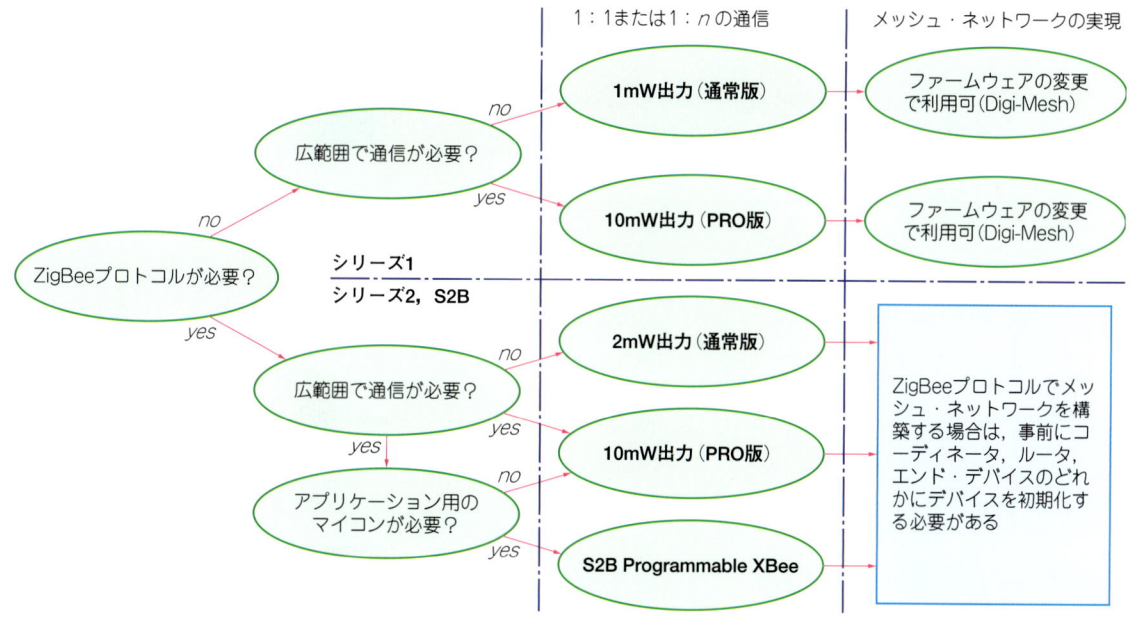

**図1　XBeeの選び方マップ**

図1に目的別シリーズ品の選びかたを示します.

　シリーズ1は別称で次のようにも呼ばれています.
- S1
- IEEE802.15.4（由来：通信プロトコル）
- Point-to-Multipoint RF Modules（由来：機能）

同様にシリーズ2は別称で次のようにも呼ばれています.
- S2
- ZB（由来：ファームウェア）
- ZigBee and Mesh Modules（由来：機能）

シリーズ1, シリーズ2はそれぞれハードウェアの名前です.

表1に主な仕様を示します.
シリーズ1とシリーズ2では互いに通信できません. 通信するモジュールはシリーズを統一します.

▶ シリーズ1 … IEEE802.15.4

　写真1に示します. RS-232-Cなどの有線から無線への置き換えや, 極小規模なネットワークの構築に向いています.

　購入直後の標準状態ではPoint to Pointと呼ばれる1対1の通信, Point to Multi Pointと呼ばれる1対$n$の通信が可能です.

　X-CTUという, ディジ インターナショナルから無償で配布しているソフトウェアを使って, XBeeの設定を変更すると, メーカ独自のメッシュ・ネットワークを利用でき, 複数のモジュール間を網の目状に通信できます.

▶ シリーズ2 … IEEE802.15.4上にZigBeeプロトコル・スタックを搭載

　「［XBee 2個＋書込基板＋解説書］キット付き超お手軽無線モジュールXBee」に入っているXBeeモジュールは, このタイプです. 写真2に示します. ZigBeeプロトコルはIEEE802.15.4上に構築され規格化された業界標準（ZigBee アライアンス）のプロトコルで, ZigBee アライアンスの認定済み製品であれば相互に通信が可能です.

　シリーズ1の使いかたに加えて, 理論上約65000ノードのネットワーク・グループの管理が可能です.

　搭載されているZigBeeプロトコル・スタックにより始めからメッシュ・ネットワークを構築できるので, 購入後ファームウェアを変更する必要はありません.

　シリーズ2の古いタイプにはZNET2.5と呼ばれる昔のプロトコル・スタックを搭載したものがまだあるようですが, メーカはZBを推奨しています. 本記事でもZNET2.5は扱いません. X-CTUを使ってZBの最新のファームウェアに更新してください. ZBに更新した後, X-CTUを使って元のZNET2.5に戻すこともできます.

▶ S2B … シリーズ2に8ビット・マイコンを追加搭載

　写真3に示します. 2010年に, シリーズ2の後継として新しいシリーズが追加されました. 外形は従来

表1 XBeeの仕様

| シリーズ | シリーズ1 | | シリーズ2 | | | |
|---|---|---|---|---|---|---|
| タイプ | 通常版 | PRO版 | 通常版 | PRO版 | S2B | Programmable |
| ● 通信性能(実力値) | | | | | | |
| 屋内到達距離 | 30 m | 60 m | 40 m | 60 m | | |
| 屋外到達距離 | 90 m | 750 m | 120 m | 1500 m | | |
| 送信出力 | 1 mW | 10 mW | 2 mW | 10 mW | | |
| RFデータ転送レート | 250000 bps | | | | | |
| 端末速度 | 1200 bps 〜 250 kbps (標準は9600 bps) | | 1200 bps 〜 1 Mbps(標準は9600 bps) | | | |
| 受信感度 | −92dBm | −100dBm | −95 dBm −96 dBm(ブースト・モード有り) | −102dBm | | |
| RFコントロール・マイコン | S08 (フリースケール・セミコンダクタ) | | EM250(EMBER) | | | |
| アプリケーション・プロセッサ | 無し | | | | | 有り |
| ● 電源仕様 | | | | | | |
| 供給電圧 | 2.8 〜 3.4 V | | 2.1 〜 3.6 V | 3.0 〜 3.4 V | 2.7 〜 3.6 V | |
| 送信電流 (@3.3 V) | 45 mA | 150 mA (RPSMAアンテナ 180 mA) | 35 mA 40 mA(ブースト・モード有り) | 170 mA | 117 mA | 132 mA |
| 受信電流 (@3.3 V) | 50 mA | 55 mA | 38 mA 40 mA(ブースト・モード有り) | 45 mA | 47 mA | 62 mA |
| IDLE電流 (@3.3 V) | 50 mA | 55 mA | 15 mA | | | |
| パワー・ダウン電流 | 10 μA 以下 | 10 μA 以下 | 1 μA 以下 | | 3.5 μA | |
| ● 一般 | | | | | | |
| 使用周波数 | ISM 2.4 GHz | | | | | |
| 大きさ | 2.438 × 2.761 cm | 2.438 × 3.294 cm | 2.438 × 2.761 cm | 2.438 × 3.294 cm | | |
| 動作温度範囲 | −40 〜 85℃ | | | | | |
| アンテナ・オプション | チップ,ワイヤ,U.FL,RPSMA | | | PCB,ワイヤ,U.FL,RPSMA | | |
| ● ネットワークとセキュリティ | | | | | | |
| サポート・トポロジ | 1:1, 1:n | | 1:1, 1:n, メッシュ | | | |
| チャネル数 | 16 | 12 | 16 | 14 | 14 | |
| チャネル | 11 〜 26 | 12 〜 23 | 11 〜 26 | 11 〜 24 | 12 〜 25 | |
| アドレス割り付けオプション | PAN ID, チャネル, アドレス | | PAN ID, アドレス, クラスタID, エンド・ポイント | | | |

注釈:
- 環境によって変わる.参考値
- 国内仕様
- 無線LANなどと比べると,速くない.速くすると消費電力が増える.電池動作を考慮した値
- 長時間動かすならパワー・ダウンを上手く使うべき
- 周波数が高いので障害物があると裏に回り込みにくい.無線LANや電子レンジなどからの電波障害も考慮がいる
- XBeeで利用しているIEEE802.15.4規格の無線通信は,2.4 GHz帯の割り当て領域で16チャネルある(5MHz間隔,2MHz帯域幅).通常版では16チャネルすべてを利用できるが,PRO版では一部に制限がある

のPRO版と同じです.チップ・アンテナの代わりにパターン・アンテナとなり,それ以外のワイヤ・アンテナやダイポール・アンテナは変わらずです.

従来のPRO版と機能的にはほとんど変わりませんが,送信時の消費電流が小さくなっています.S2Bは出力が低くなるように変更でき,出力が低いときは通常版と同じ出力になります.

S2Bで面白いのは,8ビット・マイコンMC9S08QE32(フリースケール・セミコンダクタ)をアプリケーション・プロセッサとして搭載できるようにした点です.

この8ビット・マイコンを搭載したS2Bは,任意のユーザ・プログラムを実行できる機能を持つことからProgrammable XBeeと呼ばれています.

なお,S2Bにはアプリケーション・プロセッサを搭載していないタイプもあります.

## 表2 XBeeの端子配置

シリーズによって微妙に違うので差し替え時は注意する

| シリーズ | シリーズ1 | シリーズ2 | | 入出力 | 解説 |
|---|---|---|---|---|---|
| タイプ | 通常版/PRO版 | 通常版/PRO版/S2B | Programmable | | |
| 端子番号 | 信号名称 | 信号名称 | 信号名称 | | |
| 1 | $V_{CC}$ | $V_{CC}$ | $V_{CC}$ | 電源 | +3.3V(5V系のマイコンと直接つなげないので注意) |
| 2 | DOUT | DOUT | DOUT/PTB1 | Programmable XBeeは入出力，それ以外は出力 | 通常はシリアルの出力(TxD)として利用 |
| 3 | DIN/CONFIG | DIN/CONFIG | DIN/PTB0 | Programmable XBeeは入出力，それ以外は入力 | 通常はシリアルの入力(RxD)として利用 |
| 4 | DO8 | DIO12 | DIO12/PTB4/MISO1 | シリーズ1は入力，それ以外は入出力 | 汎用ディジタル端子 |
| 5 | RESET | RESET | RESET/PTA5 | シリーズ1はプルアップ付き入力，それ以外はプルアップ付き入出力 | 通常はリセット入力として利用するか，開放 |
| 6 | PWM0/RSSI | RSSI/PWM/DIO10 | RSSI/DIO10/PWM0/PTC5 | シリーズ1は出力，それ以外は入出力 | 通常はRSSI(電波の強さをPWM出力するので受信レベルをモニタできる)として利用 |
| 7 | PWM1 | DIO11 | DIO11/PWM1/PTA2/SDA | シリーズ1は出力，それ以外は入出力 | 汎用ディジタル端子 |
| 8 | 予約 | 予約 | BKGD/PTA4 | Programmable XBeeは入出力 | Programmable XBeeはデバック端子，それ以外は開放 |
| 9 | DTR/SLEEP_RQ/DI8 | DTR/SLEEP_RQ/DI8 | DTR/SLEEP_RQ/PTD5 | シリーズ1は入力，それ以外は入出力 | 外部から省電力機能を制御する場合はこの端子を利用 |
| 10 | GND | GND | GND | 電源 | グラウンド |
| 11 | AD4/DIO4 | DIO4 | DIO4/PTB3/MOSI1 | 入出力 | 汎用ディジタル端子/アナログ入力端子として利用するか，開放 |
| 12 | CTS/DIO7 | CTS/DIO7 | CTS/DIO7/PTC0 | 入出力 | フロー制御で使用を推奨 |
| 13 | ON/SLEEP | ON/SLEEP | ON/SLEEP/PTA1 | Programmable XBee以外は出力，Programmable XBeeは入出力 | 省電力モードかどうか，この端子をモニタして判断できる |
| 14 | $V_{REF}$ | $V_{REF}$ | $V_{REF}$ | 入力 | ADCの基準電圧．シリーズ2の，通常，PRO，S2Bではこの端子は利用されていない |
| 15 | ASSOCIATE/AD5/DIO5 | ASSOCIATE/DIO5 | ASSOCIATE/DIO5/PTD4 | 入出力 | 通常はLEDを付けてネットワーク参加のモニタとする |
| 16 | RTS/AD6/DIO6 | RTS/DIO6 | RTS/DIO6/PTD7 | 入出力 | フロー制御で使用を推奨 |
| 17 | AD3/DIO3 | AD3/DIO3 | AD3/DIO3/PTB5/SS | 入出力 | 汎用ディジタル端子/アナログ入力端子として利用するか，開放 |
| 18 | AD2/DIO2 | AD2/DIO2 | AD2/DIO2/PTB2/SPSCK | 入出力 | 汎用ディジタル端子/アナログ入力端子として利用するか，開放 |
| 19 | AD1/DIO1 | AD1/DIO1 | AD1/DIO1/PTA3/SCL | 入出力 | 汎用ディジタル端子/アナログ入力端子として利用するか，開放 |
| 20 | AD0/DIO0 | AD0/DIO0/COMMISSIONING BUTTON | AD0/DIO0/PTA0/COMMISSIONING BUTTON | 入出力 | シリーズ1以外ではCommisioning Buttonが標準 |

※信号名称で「DO〜」はディジタル出力，「DI〜」はディジタル入力，「DIO〜」はディジタル入出力，「AD〜」はA-Dコンバータの入力を示す
※信号名称で「PTA〜」「PTB〜」「PTC〜」とあるのは搭載しているアプリケーション・プロセッサ(フリースケール・セミコンダクタの8ビット・マイコン)固有の端子名称
※SCIだけでなくSPI，I²Cの機能も多重化されている

## ● 出力レベルの大きいPRO版と小さい通常版がある

▶ 出力電力は大きければ良いというわけでもない

広い範囲に電波を届かせるためには送信出力が大きく，受信感度が高い必要があります．しかし何でもかんでも大きな出力があれば良いわけではありません．

電波が届く範囲が広ければ，それだけ電波干渉を受ける可能性が上がります．特にISMバンドを利用し

ているIEEE802.15.4ではその傾向が強いでしょう．

昨今では，通信データのセキュリティも無線通信の重要な要素になっています．出力が大きければ盗聴など要らぬ心配ごとが増えます．届く範囲を極々狭くすればセキュリティを簡素化して低コストに無線機器を実現できます．

### ▶ 寸法の大小で出力電力を見分けられる

**写真1**はシリーズ1，**写真2**はシリーズ2です．アンテナ形状は別としてそれぞれ送信出力によってモジュールの外形が違います．外形の大きなモジュールは送信出力も大きく，シリーズ1では10mWと1mW，シリーズ2では10mWと2mWがあります（いずれも国内向け仕様）．

外形の大きなタイプはPRO版として製品名でも区別されています．型番でもXB24xxxが通常版，XBP24xxxと付くのがPRO版です．

1mW，2mW出力の製品は屋内見通しで30m程度の到達距離があります．これくらいあれば例えば一般的な木造家屋の1フロアくらいは十分にカバーできます．一つのノードの電波到達範囲（1ホップ）を超えても，複数のノードを中継（マルチホップ）する機能を利用すれば理屈では延々と到達距離を伸ばせます．

### ● 違うシリーズへの移行は簡単じゃない

**表2**に端子配置を示します．端子の割り付けはシリーズ1とシリーズ2とである程度共通しています．ただ，シリーズ1では入力専用だった端子がシリーズ2では入出力だったりと，搭載しているマイコンの違いから端子にも機能的な違いがあります．

Programmable XBeeでは，従来のシリーズ2と同じ端子割り付けに加えてアプリケーション・プロセッサの端子が割り付けられています．

一部の端子に多重化して割り付けられている機能は，後述するパソコン用ソフトウェアX-CTUを使って変更できます．

### ● アンテナは4種類から選べる

**写真1～2**に示すように，チップ・アンテナ，ワイヤ・アンテナ，そして2タイプのダイポール・アンテナの4種類あります．

国内で販売されているXBeeはすべてモジュール製品として技適を取得しているので，そのまま利用できます．技適取得済みのモジュール製品を機器に組み込むときに，アンテナを指定外の物に変更すると，ユーザがその機器の認証を取得する必要が出てきます．

アンテナ形状が複数あると選択の幅が増え，技適取得の手間から開放されやすくなるでしょう．

アンテナ形状の違いは電波の到達距離や基板のパターン・レイアウトに影響します．例えばシリーズ1のマニュアルの製品仕様の欄外に，チップ・アンテナ・タイプはワイヤ・アンテナやダイポール・アンテナに比べて到達距離が短くなると記載されています．

## ■ XBeeモジュールの入手方法 ■

「[XBee 2個+書き込み基板]超お手軽無線モジュールXBee」は，本書と，XBeeモジュール（XB24-Z7CIT-004）2個と，書込基板（XBee-USBインターフェース基板XU1）のキットになっています．

XBeeモジュールは，いろいろな部品ショップで入手できます．例えばスイッチサイエンスのウェブ・ショップ（**図A**）では，各種XBeeモジュールのほか，外部用アンテナ，ピッチ変換基板などのXBeeモジュール関連の部品やモジュールを購入できます．スイッチサイエンスは，XBeeのメーカであるディジインターナショナルの正規代理店です．

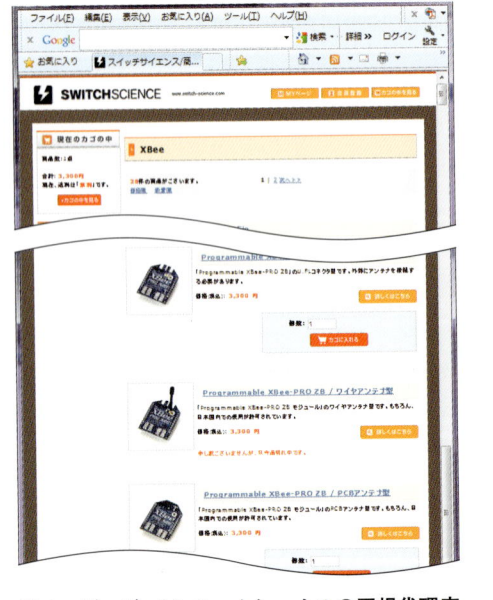

**図A** ディジインターナショナルの正規代理店スイッチサイエンスのウェブ・ページ

※ 0-3章は「トランジスタ技術」誌2011年9月号の記事を元に，加筆，再編集を加えたものです

# 0-4 早見図！XBeeを動かすまで
## 手順を見渡す

佐藤 尚一

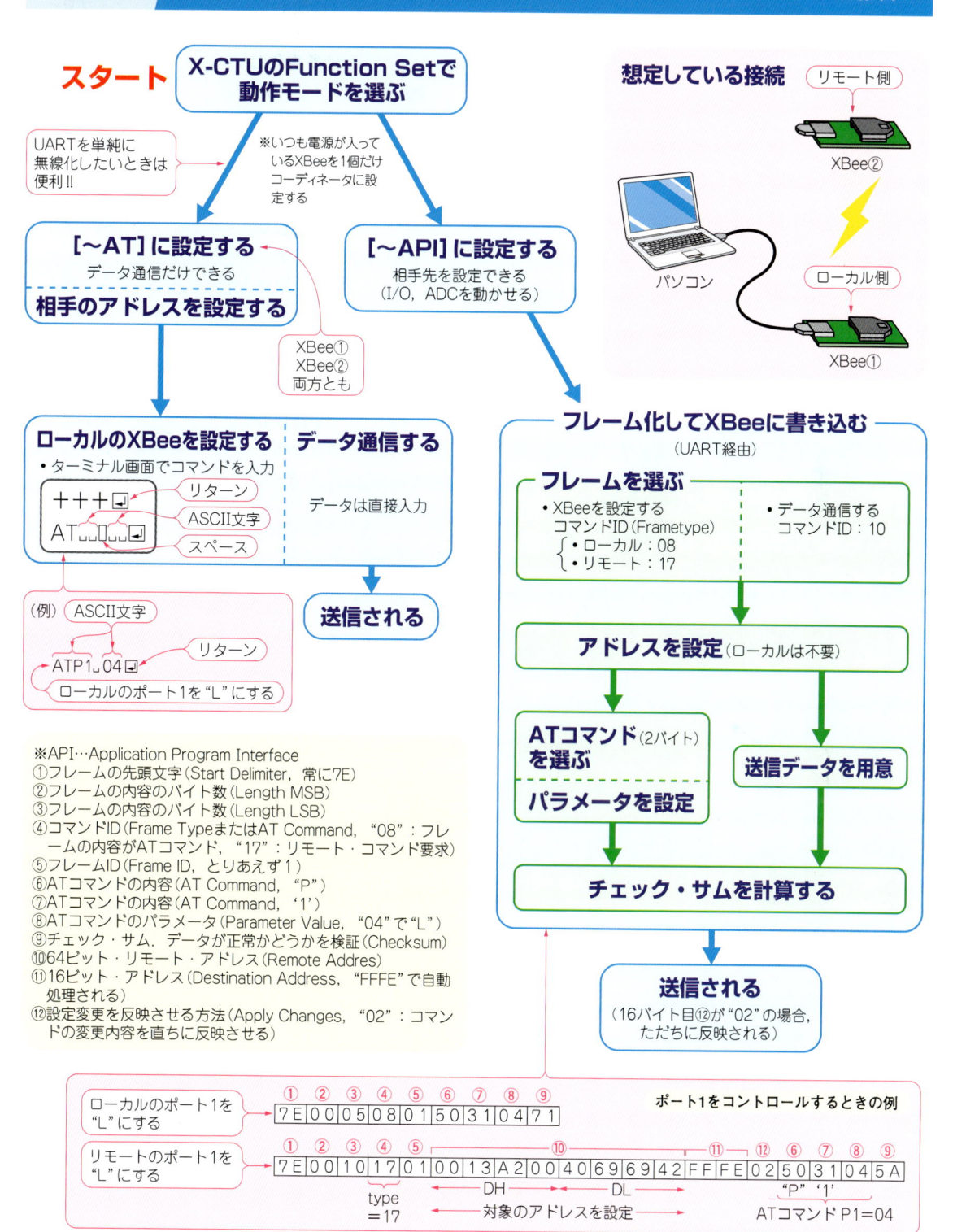

**スタート** → X-CTUのFunction Setで動作モードを選ぶ

- UARTを単純に無線化したいときは便利!!
- ※いつも電源が入っているXBeeを1個だけコーディネータに設定する

**想定している接続**
- リモート側：XBee②
- ローカル側：XBee①
- パソコン

### [～AT]に設定する
データ通信だけできる
**相手のアドレスを設定する**

### [～API]に設定する
相手先を設定できる（I/O，ADCを動かせる）

XBee① XBee② 両方とも

### ローカルのXBeeを設定する
・ターミナル画面でコマンドを入力

```
+++ ⏎
AT□□□□ ⏎
```
- リターン
- ASCII文字
- スペース

（例）
```
ATP1□04 ⏎
```
- ASCII文字
- リターン
- ローカルのポート1を"L"にする

### データ通信する
データは直接入力

**送信される**

### フレーム化してXBeeに書き込む
（UART経由）

**フレームを選ぶ**
- XBeeを設定する コマンドID（Frametype）
  - ローカル：08
  - リモート：17
- データ通信する コマンドID：10

↓

**アドレスを設定**（ローカルは不要）

↓

**ATコマンド**（2バイト）**を選ぶ** / **パラメータを設定**　|　**送信データを用意**

↓

**チェック・サムを計算する**

↓

**送信される**
（16バイト目⑫が"02"の場合，ただちに反映される）

---

※API…Application Program Interface
① フレームの先頭文字（Start Delimiter，常に7E）
② フレームの内容のバイト数（Length MSB）
③ フレームの内容のバイト数（Length LSB）
④ コマンドID（Frame TypeまたはAT Command，"08"：フレームの内容がATコマンド，"17"：リモート・コマンド要求）
⑤ フレームID（Frame ID，とりあえず1）
⑥ ATコマンドの内容（AT Command，"P"）
⑦ ATコマンドの内容（AT Command，'1'）
⑧ ATコマンドのパラメータ（Parameter Value，"04"で"L"）
⑨ チェック・サム．データが正常かどうかを検証（Checksum）
⑩ 64ビット・リモート・アドレス（Remote Addres）
⑪ 16ビット・アドレス（Destination Address，"FFFE"で自動処理される）
⑫ 設定変更を反映させる方法（Apply Changes，"02"：コマンドの変更内容を直ちに反映させる）

---

**ポート1をコントロールするときの例**

ローカルのポート1を"L"にする：
① ② ③ ④ ⑤ ⑥ ⑦ ⑧ ⑨
`7E 00 05 08 01 50 31 04 71`

リモートのポート1を"L"にする：
① ② ③ ④ ⑤ ⑩ ⑪ ⑫ ⑥ ⑦ ⑧ ⑨
`7E 00 10 17 01 00 13 A2 00 40 69 69 42 FF FE 02 50 31 04 5A`

- type=17
- DH / DL：対象のアドレスを設定
- "P" '1'：ATコマンド P1=04

## 0-5 付属CD-ROMのコンテンツと注意事項
### すぐに試せるソフトウェアで確実に動かす

濱原 和明

### 主なコンテンツ

付属CD-ROMには，本書に関連する以下のファイルなどが収録されています．

● 無線通信体験用ソフトウェア
- XBポート制御 v001.xls
- XBデータ取得 v001.xls

第2章と第3章の実験で使います．

● XBeeを設定するパソコン用ソフトウェアX-CTU
- XCTU 32-bit ver.5.2.7.5（40003002_B.exe）

Windows 2000/XP/2003/Vista/7に対応しています．ディジ インターナショナル（http://www.digi.com/）のサポート・ページからもダウンロードできます．

「Diagnostics, Utilities and MIBs」に入り，リスト・ボックスから「XCTU」を選択し［Select this product］ボタンをクリックして最新版のインストーラのページに進みます．

バージョン5.2.7.5は少し古いのですが，XBee Wi-Fiに対応しているほか，Windows7の32ビット製品にも正式対応しています．64ビット版のOSに付いては非公式ですが動作しているようです（筆者のパソコン Windows7, 64ビット，Home Premiumで確認した）．

本書はこのver.5で書かれています．まず，こちらをインストールしてください．

- XCTU Next Gen（40003026_A.exe）

Windows Vista/7の32ビット版と64ビット版，両方に正式対応しています．

新機能が追加され，使いやすくなっています．インターフェースが大きく変わっているため，本書の解説と合わない部分があります．

● XBeeのマニュアル
- XBee_XBee-PRO ZB RF Modules.pdf

ファームウエアのバージョンアップによる機能追加など，更新も度々なされています．

ディジ インターナショナル（http://www.digi.com/）のウェブ・ページからもダウンロードできます．

「Products」→「Wireless and Wired Embedded Solutions」→「ZigBee and RF Modules」→「ZigBee and Mesh Modules」→「XBee ZB ZigBee RF Modules」に入り［Documentation］タブをクリックすると各種のマニュアル類が入手できます．

● キット付属のXBee-USBインターフェース基板関連のファイルとソフトウェア
▶ 回路図/部品
▶ 各種部品のデータシート
▶ USBブリッジIC CP2104用ドライバ
- CP210x_VCP_Win_XP_S2K3_Vista_7.exe（Windows XP以降のパソコンをお使いの方用）
- CP210x_VCP_Win2K.exe（Windows 2000のパソコンをお使いの方用）

シリコン・ラボラトリーズ（http://www.silabs.com/）のウェブ・ページからも入手できます．

上記ウェブ・ページ内の検索欄に"CP2104"と入力し，検索結果にある「CP2104EK」のページに進み，どちらか御自分の環境に合わせたドライバ（VCP Driver Kit）をダウンロード，インストールして下さい．「CP2104EK」はシリコン・ラボラトリーズが用意しているCP2104を使った評価基板です．

### 使用上の注意事項

● ソフトウェアについて

本CD-ROMに収録されているスイッチサイエンス，ディジ インターナショナル，トレックス・セミコンダクター，シリコン・ラボラトリーズのソフトウェアは，サポート対象製品ではありません．サポートはいっさい行われません．あらかじめご了承ください．

● 免責

CD-ROMに収録されているすべてのファイルの使用にあたって生じたトラブルなどについて，著者，スイッチサイエンス，ディジ インターナショナル，トレックス・セミコンダクター，シリコン・ラボラトリーズおよびCQ出版社はいっさいの責任を負いません．

インターネットなどの公共ネットワーク，構内ネットワークへのアップロードなどは，著者，スイッチサイエンス，ディジ インターナショナル，トレックス・セミコンダクター，シリコン・ラボラトリーズ，CQ出版社の許可なく行うことはできません．

プログラム・ファイルは，著作権法により保護されています．個人で使用する目的以外に使用することはできません．

第1部 ～箱から出して動作チェック！～ 生まれて初めての無線通信 初級編

# 第1章 Are you ready?

―― これだけあれば始められる

佐藤 尚一　Hisakazu Satou

ここで紹介する五つのものと，単3形電池×2本，USBケーブル（MiniB），パソコン（対応OS＊：Windows 2000/XP/Vista/7の32ビット版），LED，抵抗器があれば，第2章の実験を始められます．

## ① 定番無線モジュール XBee × 2個

写真1　送信用と受信用のXBeeモジュール×2個
現行製品はチップ・アンテナからパターン・アンテナに変更されている

27.61mm
24.38mm

　XBeeはパーツ・ショップでも安価に買える送受信が可能な無線モジュールです（**写真1**）．通信距離は約30mで，ばらばらに散らばった位置にあるセンサのデータを無線でつなぐことができます．メーカはディジ インターナショナル社です．

　XBeeにはいろいろなシリーズ品がありますが，本書ではシリーズ2とシリーズ1，Programmable XBeeを扱います．

　XBeeの価格例は，通販専門のスイッチ・サイエンス（http://www.switch-science.com/）で，1,700円です．スイッチ・サイエンスはディジ インターナショナルの正規代理店でXBee関連の製品を幅広く扱っており，1個から購入可能で即日出荷です（13時前に振り込み時）．

### ■ キットも解説書も一気にそろえたい方へ ■

書籍名：**[XBee2個＋書込基板＋解説書]キット付き超お手軽無線モジュール XBee**
　　　　価格：10,500円（税込み）
● 付属品1：XBeeモジュール（XB24-Z7PIT-004，シリーズ2）2個
　＊XBeeは送受信が可能なモジュールですが，無線通信実験ができるように2個同梱しています
● 付属品2：XBee書込基板（XBee-USBインターフェース基板）
　＊XBee Wi-Fi，Programmable XBeeなど国内で入手できる全XBee製品に対応しています
● 付属品3：本書

　　　　　　　　　　　　　　全国の書店またはCQ出版WebShopでお求めいただけます．

＊筆者の手元ではWindows7の64ビット版も問題なく動いている

## ② XBee の動作設定をする XBee-USB インターフェース基板

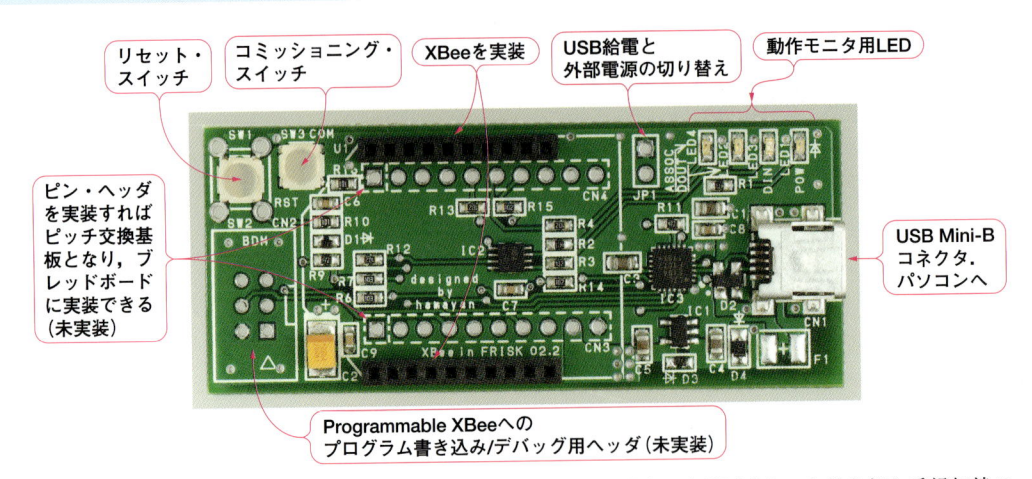

**写真2** XBee-USBインターフェース基板（[XBee 2個＋書込基板＋解説書]キット付き超お手軽無線モジュールXBeeに同梱されている．27×66mmで角を落とせばFRISKケースに入る）

画像内ラベル：
- リセット・スイッチ
- コミッショニング・スイッチ
- XBeeを実装
- USB給電と外部電源の切り替え
- 動作モニタ用LED
- ピン・ヘッダを実装すればピッチ変換基板となり，ブレッドボードに実装できる（未実装）
- USB Mini-Bコネクタ．パソコンへ
- Programmable XBeeへのプログラム書き込み/デバッグ用ヘッダ（未実装）

XBeeの動作はパソコンからUSB経由で設定します．このとき図1のようにXBeeのUART端子-パソコンのUSBコネクタ間をつなぐ基板を使います．本書では「[XBee 2個＋書込基板＋解説書]キット付き超お手軽無線モジュールXBee」に同梱されているUSB変換基板を利用しています（**写真2**）．

同等の基板は，プリント基板のネット通販サービスP板.com（http://www.p-ban.com/）の試作支援サービス「パネルdeボード」でお求めいただけます．パネルdeボードは，あらかじめ用意されたモジュール・データ（パネルと呼ぶ）を選んでつなぐだけですぐに試作してくれるサービスです．

パソコンからUSB経由でXBeeを設定するだけであれば，上記の基板がなくてもUSB-UART変換基板があればOKです．XBeeエクスプローラUSB（Sparkfun製，スイッチ・サイエンスにて販売，2,495円）などがあります．

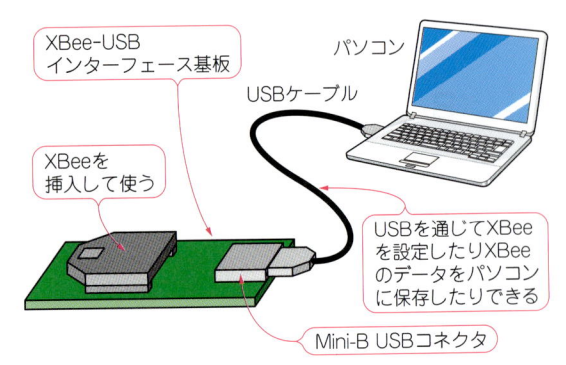

**図1** XBeeはXBee-USBインターフェース基板でパソコンとつなぐ

## ③ USB変換基板を動かすパソコンのドライバ・ソフトウェア　（CD-ROMに入ってる）

USB変換基板に搭載されている，USB-UART変換ICのドライバをパソコンにインストールします（**図2**）．

例えば，「[XBee 2個＋書込基板＋解説書]キット付き超お手軽無線モジュールXBee」に同梱されているXBee-USBインターフェース基板には，CP2104（シリコン・ラボラトリーズ製）というUSB-シリアル変換ICが搭載されているので，パソコンに，CP2104のドライバをインストールします．

CP2104のドライバは，本書に付属しているCD-ROMに収録されています．

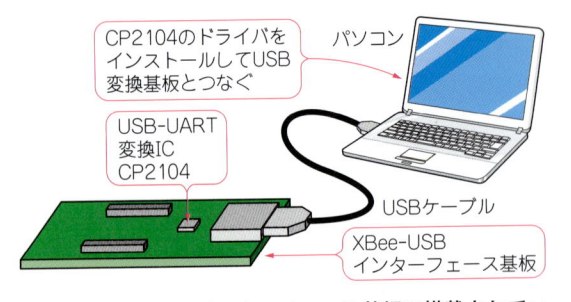

**図2** XBee-USBインターフェース基板に搭載されているUSB-UART変換ICのドライバをパソコンにインストールする

## ④ 2mm-2.54mm ピッチ変換基板

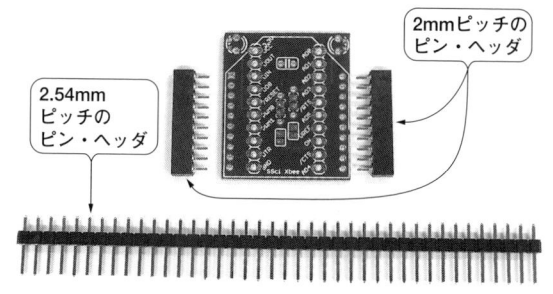

(a) XBee ピッチ変換基板とソケットのセット（スイッチ・サイエンス扱い）各種ピン・ヘッダ付きで 400 円．実験用キット（超お手軽無線モジュール XBee キット）に含まれている

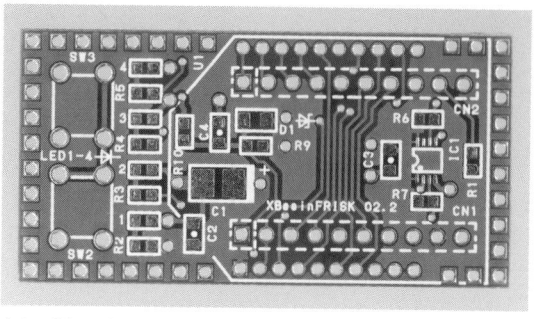

(b) パネル de ボードの XBEE-TR001A（ピーバンドットコム扱い）

写真 3　試作実験に便利な 2mm-2.54mm ピッチ変換基板

　XBee の端子は 2mm ピッチです．ブレッドボードやユニバーサル基板は一般的な 0.1 インチ・ピッチなので，そのままではピッチが合わず，端子が穴にうまく入りません．そこで，写真 3 のようなピッチ変換基板があると便利です．

## ⑤ XBee の動作を設定するソフトウェア X-CTU

**CD-ROMに入ってる**

　パソコンから XBee を設定するためのソフトウェアです．図 3 のように接続して使います．このときのパソコン画面を図 4 に示します．

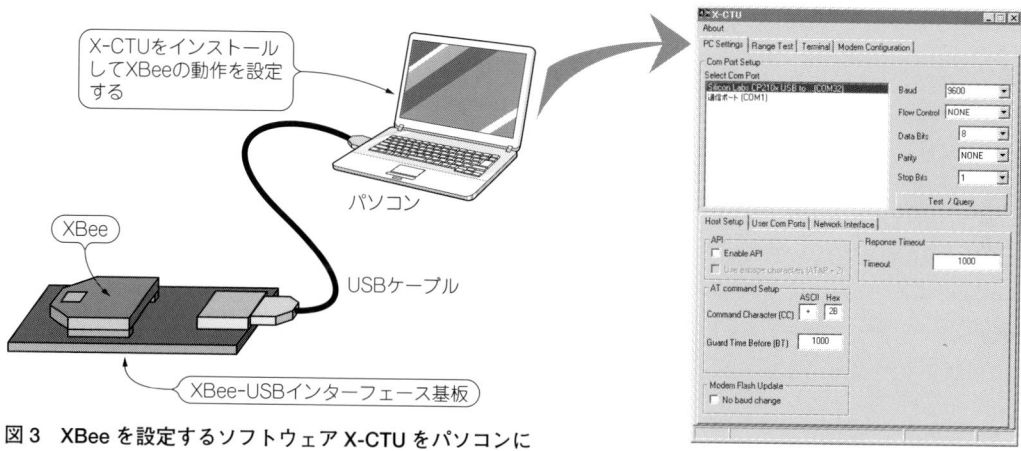

図 3　XBee を設定するソフトウェア X-CTU をパソコンにインストールする

図 4　X-CTU のパソコン画面

### ■ 本書の実験を試せる部品セット頒布のご案内 ■

第 2 章，第 3 章，第 7 章で行う実験用のキット「超お手軽無線モジュール XBee 部品セット」を，スイッチサイエンスのウェブ・ショップで扱っています（http://www.switch-science.com/）．

**部品セットに同梱されているもの**
- XBee ピッチ変換基板とソケットのセット
- ブレッドボード
- 単 3 形 × 2 直列接続電池ボックス
- 抵抗（1kΩ）× 2 個　など
- 配線セット
- LED（赤）× 2 個

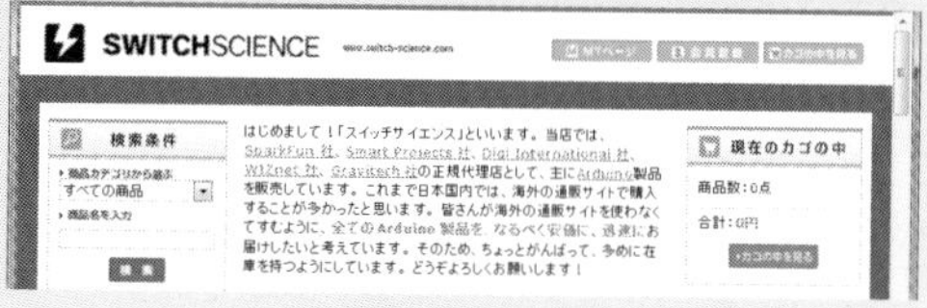

# 第2章 LED チカチカへのチカ道

―― XBee の入出力端子を L/H させる実験

佐藤 尚一　Hisakazu Satou

さっそく無線通信を体験してみましょう．パソコンと電池，XBee モジュール，XBee モジュールをパソコンにつなぐ基板，そして少しの部品を使います．電子回路をいじったことがなくても大丈夫！

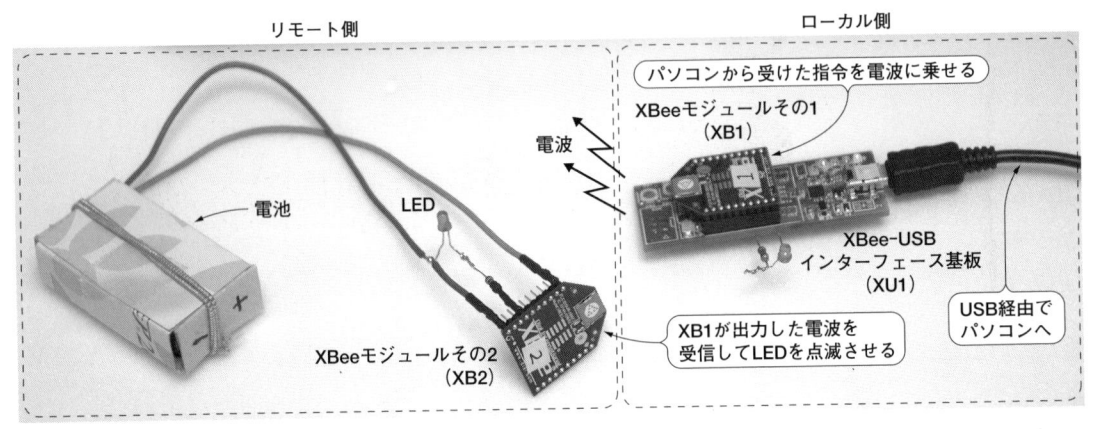

**写真1** 本章のゴールは LED をリモートでチカチカさせること！

## ゴール

本章では，パソコンから XBee モジュールを経由して，無線で LED を ON/OFF させます（**写真1**）．
まずは理屈抜きに，一緒に手順を踏んでいきましょう．

## 12個の部品を用意する

用意するものは，次のとおりです（**写真2**）．
**(1) (2) XBee モジュール二つ**（XB1，XB2）
シリーズ2（XB24-Z7CIT-004）を二つ用意します．識別しやすいように **XB1，XB2** と命名します（XB1と XB2 は同じ製品）．
XB24-Z7CIT-004 はスイッチサイエンスなどのパーツ・ショップで取り扱っています．［XBee 2個＋書込基板＋解説書］キット付き超お手軽無線モジュール XBee にも同梱されています．
**(3) XBee-USB インターフェース基板**（XU1）
XBee のもつさまざまな機能を利用するための，設定書き込み基板です．回路図を第5章に示します．インフロー社のプリント基板のインターネット通信販売サイト P 板.com（ピーバンドットコムと読む）で取り扱っています．CQ 出版で発売されている［XBee 2個＋書込基板＋解説書］キット付き超お手軽無線モジュール XBee にも同梱されています．
**(4) (5) LED**（赤）：二つ
**(6) (7) 電流制限抵抗**：二つ
**(8) (9) 単3形電池**：二つ（NiMH 蓄電池は不可）
**(10) 線材**
**(11) USB Mini-B ケーブル**
**(12) 電池パック**
電池ケースに紙と線材で作ったものを使いましたが，**写真3**のように市販品もあります．
ブレッドボードを使わない場合は，上記以外に，はんだごてとはんだが必要です．本章の実験部材が入った「超お手軽無線モジュール XBee キット」はスイッチサイエンスのウェブ・ショップ（http://www.switch-science.com/）で販売されています．

写真2に関する図中ラベル：
- パソコン
- (12) その辺の箱を使って手作りした電池パック
- (11) USB Mini-Bケーブル
- 輪ゴム（電池パックを閉じる）
- 蓋の裏側に電極がある
- (10) 線材
- (5) LED（赤）
- (8)(9) 単3形電池 2本
- 丸ピン・ソケット 1ピン分
- (2) XB2
- (1) XB1
- ラベル
- (4) LED（赤）
- (6) 電流制限抵抗（1kΩ）
- (3) XBee-USBインターフェース基板（XU1）
- XBeeモジュール（シリーズ2）2個
- (7) 電流制限抵抗（1kΩ）
- [XBee 2個＋書込基板＋解説書] キット付き超お手軽無線モジュールXBee（CQ出版）に同梱されている

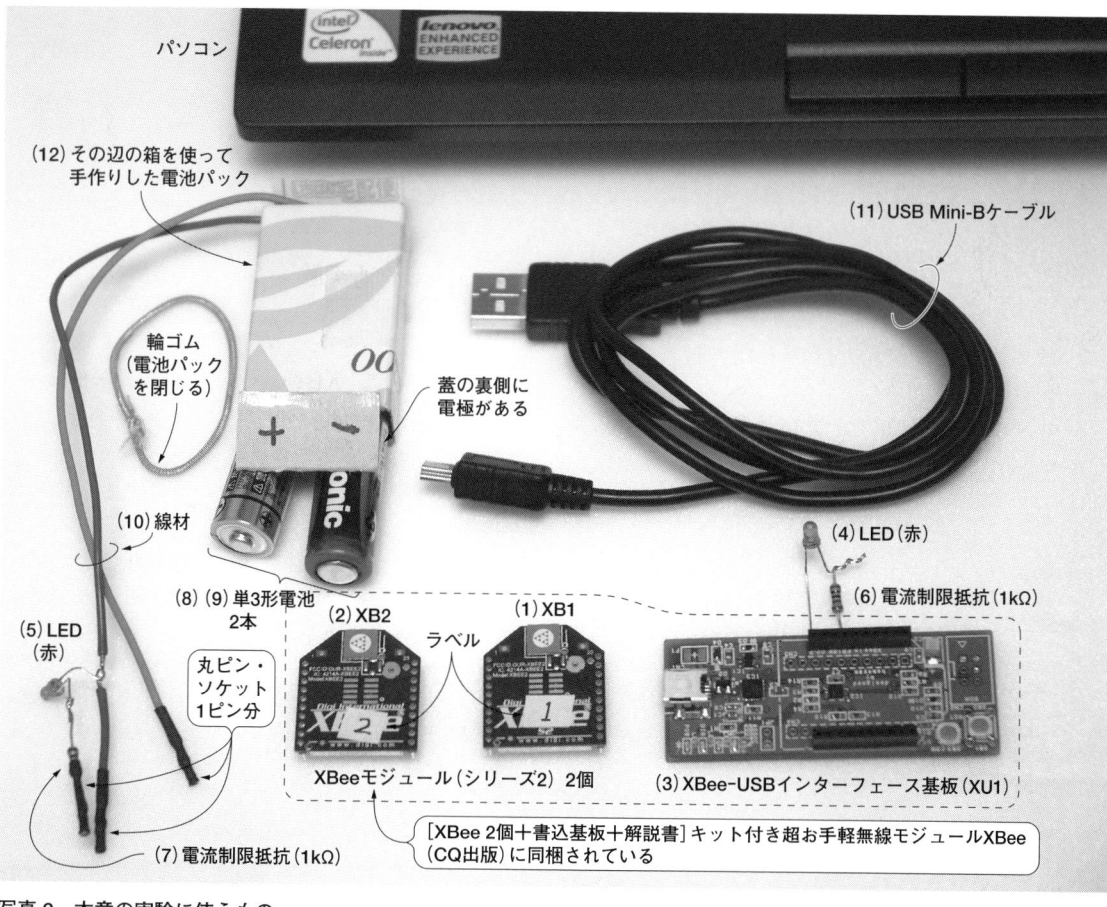

**写真2　本章の実験に使うもの**
「超お手軽無線モジュール XBee キット」はスイッチサイエンスのウェブ・ショップ（http://www.switch-science.com/）で販売されています．セットには単3形×2直列接続電池パック，LED（赤）×2個，抵抗（1kΩ）×2個，XBeeピッチ変換基板とソケットのセット，ブレッドボードが含まれる予定です（第7章でも使います）

## セットアップの手順

次の手順で XBee モジュールと XBee‐USB インターフェース基板をセットアップします．

- **STEP1**：2台の XBee モジュール（XB1 と XB2）にラベルを貼って識別しやすくする
- **STEP2**：XBee‐USB インターフェース基板（XU1）のドライバをパソコンにインストールする
- **STEP3**：XBee モジュール設定用ソフトウェア X-CTU をパソコンにインストールする
- **STEP4**：XBee モジュール（XB1，XB2）がそれぞれ正常に動作することを単体でチェックする
- **STEP5**：ローカル側の XBee‐USB インターフェース基板（XU1）に LED と抵抗器を接続する

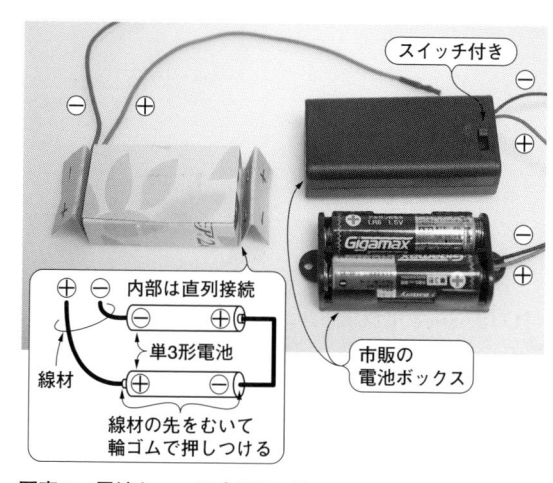

写真3内ラベル：
- スイッチ付き
- 内部は直列接続
- 単3形電池
- 線材
- 市販の電池ボックス
- 線材の先をむいて輪ゴムで押しつける

**写真3　電池ケースは市販品があるが，作っても簡単**
単3形電池2本を直列接続するものを使う

- **STEP6**：ローカル側とリモート側の両 XBee モジュール（XB1，XB2）の動作を設定す

**STEP7**：ハードウェアをつないだらできあいの
ソフトウェアでLチカ！

　ここでは2台のXBeeモジュールにコーディネータ（XB2）とルータ（XB1）という役割を割り当てます．このことは，本格的なネットワーク（PAN；Personal Area Network）の構成には大変重要ですが，トータル2台のネットワークなので，とりあえず気にせず進みます．

● **STEP1：2台のXBeeモジュール（XB1，XB2）にラベルを貼って識別しやすくする**

　写真2のように，2台のXBeeモジュール（XB1，XB2）の上面にラベルを貼って，後で個体の識別ができるようにします．

▶ **重要！**
　XBeeモジュールの裏面に写真4のようにシリアル・ナンバが記載されています．XB1，XB2それぞれのシリアル・ナンバをひかえておきます（STEP4で使う）．

● **STEP2：XBee-USBインターフェース基板（XU1）のドライバをパソコンにインストールする**

　XBee-USBインターフェース基板（XU1）とパソコンを接続します．XU1にはまだXBeeモジュール（XB1）は実装しないでください．

　このときXBee-USBインターフェース基板（XU1）が他の金属部分などと接触してショートしないようにしておきます．

　図1に，XB1とXU1の接続図を示します．
　XU1に実装されているUSBブリッジIC CP2104のドライバをパソコンにインストールすると，XU1がパソコンから操作できるようになります．ドライバは，付属CD-ROMに収録されています（￥XBee-USB_Interface_Board￥CP2104_driver）．最新のものは，シリコン・ラボラトリーズのウェブ・ページからダウンロードできます（イントロダクション0-5章参照）．

　CP2104のドライバのインストーラ（CP210x_VCP_Win_XP_S2K3_Vista_7.exe または CP210x_VCP_Win2K.exe）をダブルクリックして，図2のように指示に従い，インストールします．

　インストール終了後，図3のように，パソコンのデバイス・マネージャで，XU1のCOMポート番号を確認しておきます（STEP4で使う）．

● **STEP3：XBeeモジュール設定用ソフトウェア X-CTU をパソコンにインストールする**

　XBeeモジュール設定用のソフトウェアX-CTUを

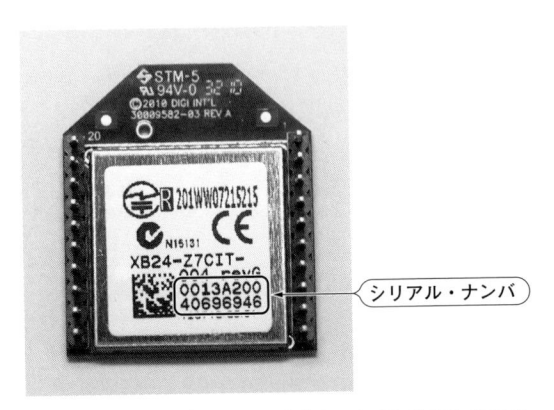

写真4　XBeeモジュール2台（XB1とXB2）のシリアル・ナンバはSTEP4で使うのでひかえておこう

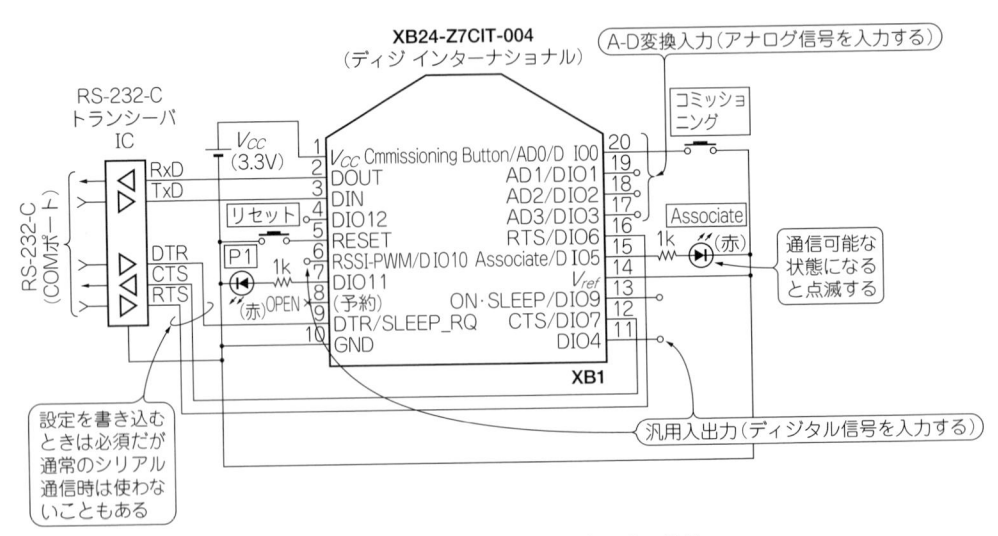

図1　XBeeモジュールとXBee-USBインターフェース基板（XU1）の接続

(a) インストーラの最初の画面
(b) 内容を確認して次へ
(c) 保存場所を指定
(d) インストールへ
(e) セットアップ終了
(f) インストール実行
(g) インストール修了

**図2 XBee-USBインターフェース基板(XU1)に実装されているUSBブリッジIC CP2104のドライバをパソコンにインストールする**(付属CD-ROMに収録されている)

**図3 XBee-USBインターフェース基板(XU1)のCOMポート番号を確認してひかえておく**
STEP4で必要になる

(a) インストーラの最初の画面
(b) 内容を確認して次へ
(c) 保存場所を指定
(d) [Next]をクリック. インストールへ
(e) インターネットにつないでアップデート
(f) [OK]をクリック. アップデート内容を確認して次へ
(g) [Close]をクリック. インストール終了

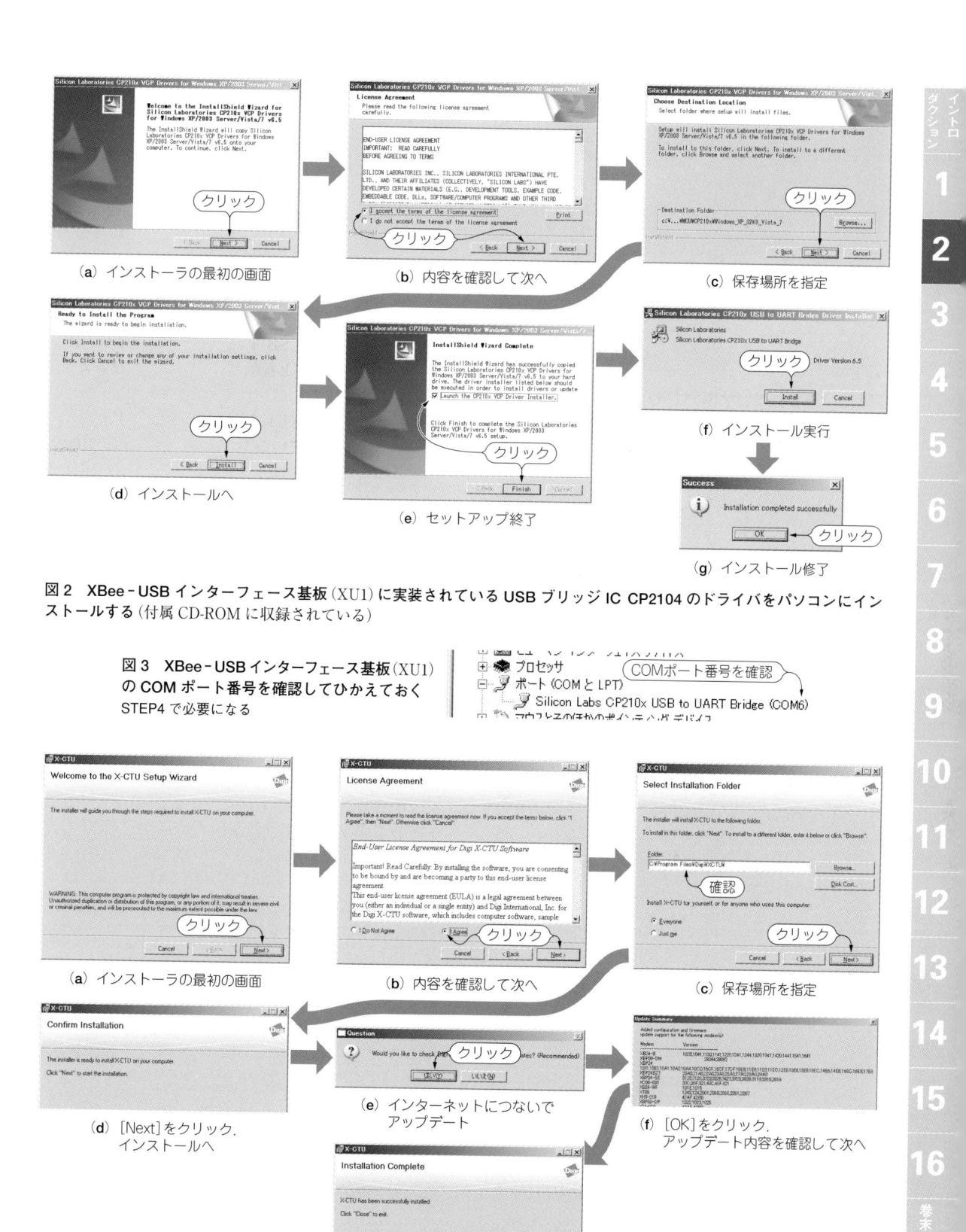

**図4 XBeeモジュール設定用ソフトウェアX-CTUをパソコンにインストールする**(付属CD-ROMに収録されている)

セットアップの手順 21

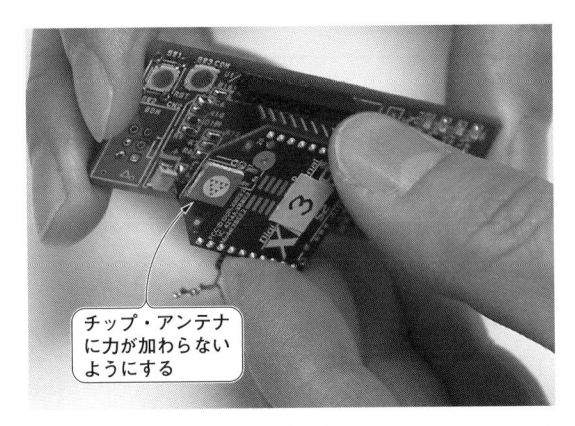

**写真5 XBee モジュールは端子付近を持って取り外しする**
USB コネクタ側をつかむと XBee モジュールが壊れる

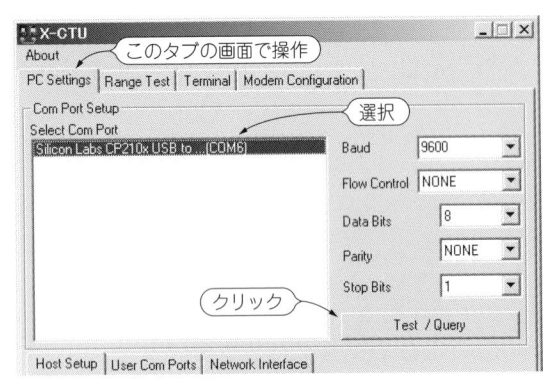

（チップ・アンテナに力が加わらないようにする）

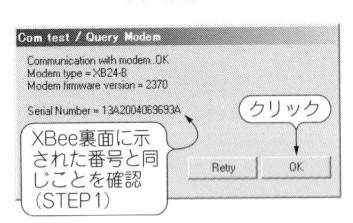

(a) 初期画面（このタブの画面で操作／選択／クリック）

(b) PCとXBeeの接続が成功するとこの画面が出る（シリアル・ナンバを確認する）
（XBee裏面に示された番号と同じことを確認（STEP1）／クリック）

**図5 XBee モジュール設定用ソフトウェア X-CTU で XBee モジュールが PC と接続されたことを確認する**

**図6 [Test/Query]ボタンをクリックしたとき，このようなエラー画面が出たら接続失敗**
接続されるまで，リセット・ボタンを押したり，USB を接続し直したりする

して実行します．

最新バージョンの XBee のファームウェアは，インストール後も入手できます．

● STEP4：XBee モジュール（XB1，XB2）がそれぞれ正常に動作することを単体でチェックする

手元にある XBee モジュールが正常に動作することを確認します．

▶ 1 台目の XBee モジュール XB1

XBee‐USB インターフェース基板（XU1）は，パソコンから外しておきます．

写真5 のように XU1 に XBee モジュール（XB1）を実装します．向きを確認し，ピンがずれないように慎重にコネクタに挿します．ピンの挿入はピンの上から垂直かつ均等に少しずつ力を加え，各部に無理な力が加わらないように行います．特にチップ・アンテナが実装されている付近に力が加わると，基板がたわんで XBee モジュールが壊れます．

XU1 を，USB ケーブルを介してパソコンに接続します．続けて，インストール済みの X-CTU をダブルクリックして実行します．

図5(a) の初期画面で「PC Setting」のタブが選択されているはずです．「Select Com Port」の欄から，STEP2 でひかえておいた XU1 の COM ポート番号を選択します．

[Test/Query] をクリックすると，図5(b) のポップアップ・ウィンドウが開き，XB1 のシリアル・ナンバが表示されます（16 けたの 16 進数．頭の 0 は表示されない）．STEP1 でひかえておいた XB1 の下面に記載されたシリアル・ナンバと見比べて一致していれば，パソコンとの接続は成功です．

パソコンにインストールします．

X-CTU は，CD-ROM に収録されています（¥XCTU 32-bit_ver.5.2.7.5）．最新のものはディジ インターナショナルのウェブ・ページでダウンロードできます（イントロダクション 0-5 参照）．

図4 のように X-CTU のインストーラ（40003002_B.exe）を実行し，指示に従ってインストールします．

インストールの途中で，最新バージョンの XBee のファームウェアを入手するか否かの判断を求められたら［はい］をクリックして常に最新版にしておきます．セキュリティでブロックされることがありますが解除

［Test/Query］ボタンをクリックしたときに，図6のようなエラー画面がでる場合があります．このときは，XU1上のリセット・ボタンを押します．一度では復帰しない場合もあります．復帰するまで繰り返しリセットを試みます．繰り返し押してもシリアル・ナンバが表示されない場合は，どこかに異常があります．X-CTUを終了し，XBee-USBインターフェース基板（XU1）のケーブルを抜いて電源を再投入してみます．

▶ 2台目XBeeモジュール XB2

1台目のXBeeモジュール（XB1）の動作を確認できたら，2台目のXBeeモジュール（XB2）の動作も確認します．

XBee-USBインターフェース基板（XU1）からUSBケーブルを外してからXB1を取り外します．取り付けるときと同じように，チップ・アンテナに力が加わらないよう，ソケット付近を持って少しずつゆっくり引き抜きます．

＊

XB1と同じようにXB2もテストします．

● STEP5：ローカル側のXBee-USBインターフェース基板にLEDと抵抗器を接続する

ローカル側（パソコン側）のLEDを点滅させる準備をします．

XBee-USBインターフェース基板（XU1）をパソコンから外して，写真6のようにLEDと抵抗をつなぎます．図7に接続を示します．

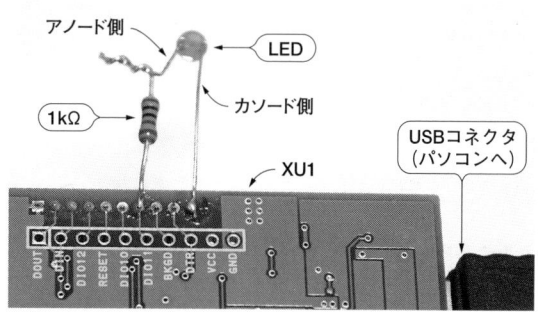

**写真6 ローカル側のXBee-USBインターフェース基板（XU1）に抵抗とLEDをつなぐ**
XBeeモジュール（XB1）は取り外しておく

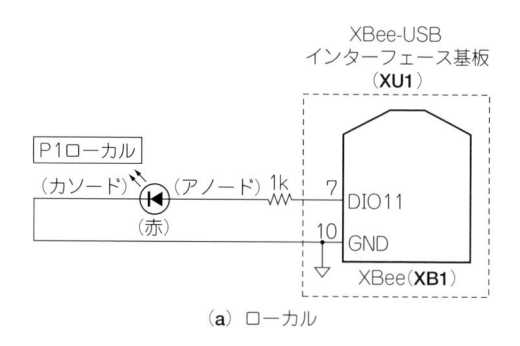

**図7 XBeeモジュール（XB1，XB2）とLEDを接続する**

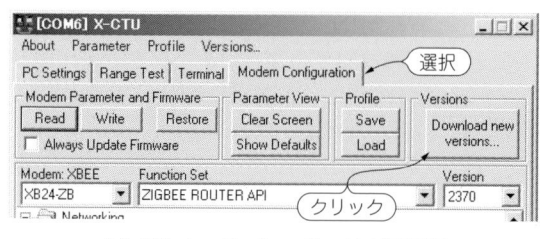

(a)「Modem Configuration」タブの画面

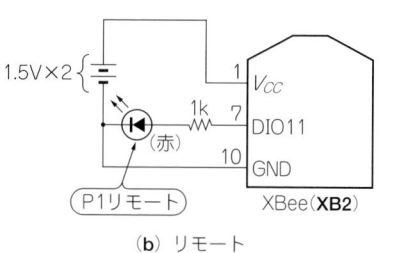

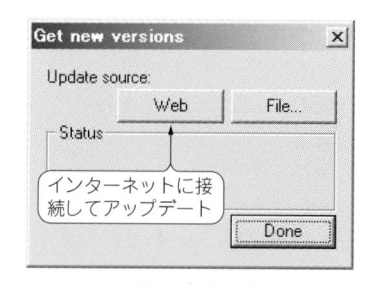

(b) アップデート開始

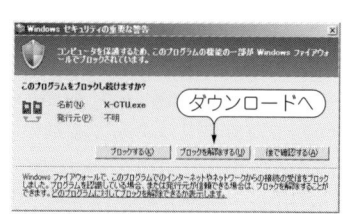

(c) エラーが出ることもある

**図8 XBeeのファームウェアは最新版をダウンロードしておく**

セットアップの手順　23

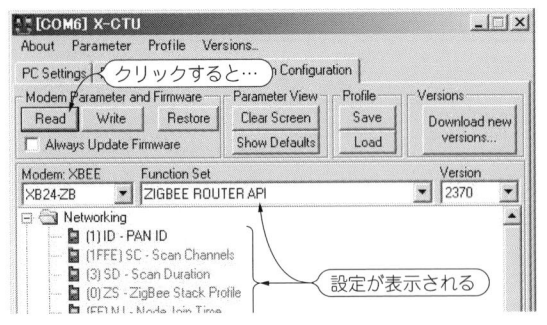

図9　[Read]をクリックするとXBeeモジュール（XB1）の現在の設定内容を読み込んで表示してくれる

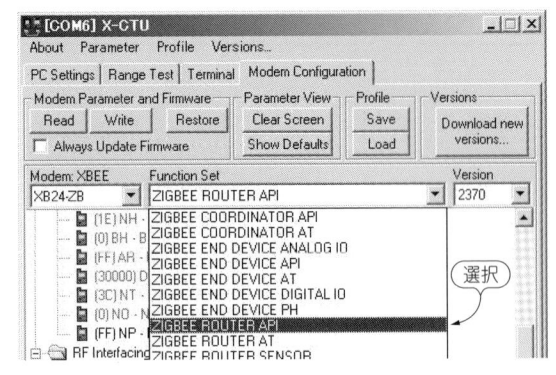

図10　XBeeモジュール（XB1）にルータとしての役割りを与える
表示を変えただけではXBee（XB1）の設定は変わらない．[Write]をクリックして初めて設定が書き込まれる

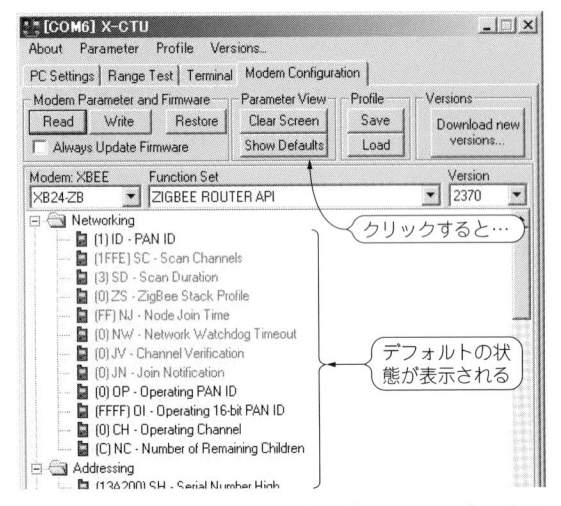

図11　XBeeモジュール（XB1）のデフォルト設定が表示される

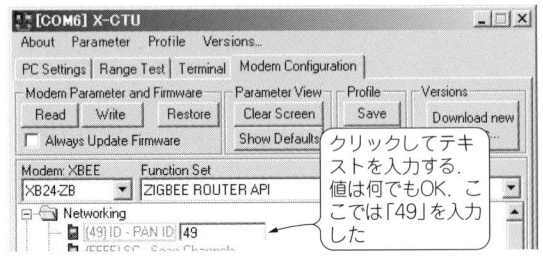

図12　「PAN ID」に任意の値を記入する
2台とも同じ値を入れる．この値が同じXBeeモジュールどうしが通信できるようになる

● STEP6：ローカル側とリモート側の両XBeeモジュール（XB1, XB2）の動作を設定する

　XBeeモジュール（XB1, XB2）の動作モードを設定します．

▶ ローカル側のXBeeモジュール（XB1）を設定
(1) XB1をXBee-USBインターフェース基板（XU1）に実装して，USBケーブルでパソコンに接続します．
(2) X-CTUを立ち上げます．
(3) 初期画面でCOMポートを選択します（**STEP4**と同じ）．
(4) 念のため[Test/Query]をクリックします．シリアル・ナンバが読み取れて，正常に通信できることを確認します（**STEP4**と同じ）．
(5) 図8のように，ウィンドウ上部の「Modem Configuration」タブをクリックして動作の設定画面を開きます．
(6) **STEP3**でXBeeの最新バージョンのファームウェアをダウンロードしなかった場合は[Download new virsions]ボタンをクリックしてダウンロードしておきます．

　実行途中にセキュリティでブロックされることがありましたが，解除してダウンロードしました．常に最新版をダウンロードしておくことが望ましいです．
(7)「Modem Parameter and Firmware」グループ・ボックスの[Read]ボタンをクリックすると，図9のようにXB1の現在の設定が表示されます．(6)で最新版のファームウェアを取得しないと，表示されないことがあります．
(8)「Function Set」で図10のように「ZIGBEE ROUTER API」を選択します．選択した時点では，XB1は表示されている設定内容には変更されません．

▶ XBeeモジュールの設定を初期状態に戻すには
　「Parameter View」の[Show Defaults]ボタンをクリックすると，図11のようにデフォルト設定が表示されます．この時点でもX-CTUの表示だけデフォルトの設定内容に変更され，XB1の設定は変更されていません．
(9) 図12のように「ID-PAN ID」の項目テキストをクリックすると，右に入力ボックスが開きます．ここに任意に決めたPAN ID（Personal Area Network IDentification）を入力します（値の範囲：16進数で1

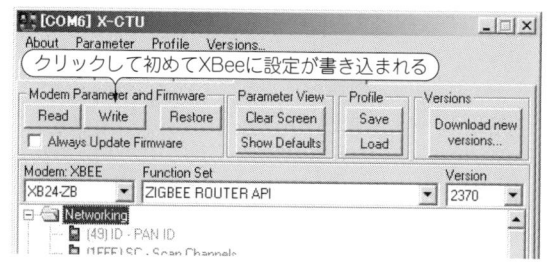

図13 ［Write］をクリックするとXBeeモジュール(XB1)に設定が書き込まれる

写真7 リモート側とローカル側のハードウェアを準備する

～FFFFFFFFFFFFFFFF)．

このPAN IDは送受信に使うXBeeモジュール2台(XB1, XB2)とも，同じ値に設定します．

入力ボックスにテキストを入力したら黒文字の部分(たとえば「Networking」の文字)をクリックしてボックスを閉じ，不用意に設定が変わることを防ぎます．

(10) 図13のように［Write］ボタンをクリックすると，画面に設定されている内容がXB1に書き込まれます．
(11) エラーのポップアップが開いたときは変換基板上のリセット・ボタンを押してください．一度で解決しない場合は少し時間をおいてからリトライしてください．
(12) 書き込みに成功したら，「Modem Parameter and Firmware」グループ・ボックスの［Read］ボタンをクリックして次の二つの設定内容を確認します．

① 「ZIGBEE ROUTER API」であることを確認
② デフォルト設定と異なる項目が青文字になるので，「PAN ID」の表示が青文字であることを確認

(13) 正常に設定されていることを確認後，X-CTUを終了し，XU1をパソコンと切り離します．

▶ リモート側のXBeeモジュール(XB2)を設定

XU1に実装されているXB1を抜いてXB2を挿します．以降の手順はXB1とほぼ同じです．
(1) 「Function Set」では「ZIGBEE COORDINATOR API」を選択します．

ここは，XB1と違う設定なので注意します．
(2) PAN IDを設定します．XB1と同じ値にします．

▶ 注意

XBeeの動作設定はフラッシュ・メモリの書き換え回数の限界まで何度でもやり直しできます．ただし，「Function Set」の選択や「Serial Interfacing」の値を間違うとXBeeへの書き込みそのものが受付られなくなる恐れがあります．理解が深まるまではここで説明した以外の設定は書き込まないようにしてください．よく見るといろいろ魅力的な項目が並んでいますが，今はじっとガマンします．

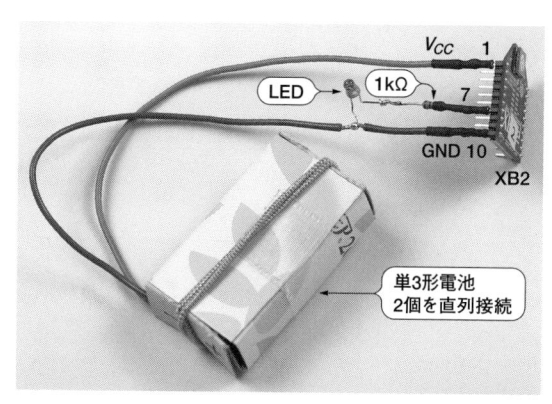

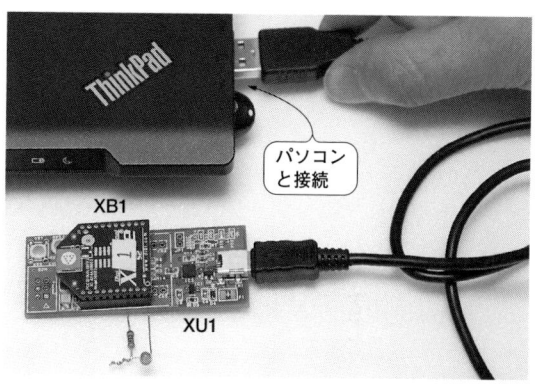

● STEP7：ハードウェアの準備が整ったらCD-ROMに入っているテスト用のソフトウェアでLチカ！
▶ ハードウェアの準備
(1) 「ZIGBEE COORDINATOR API」に設定したリモート側のXBeeモジュール(XB2)に，写真7(a)のように電源とLEDを配線します．電源はまだONしないでください．
(2) 「ZIGBEE ROUTER API」に設定したローカル側のXBeeモジュール(XB1)を搭載したXBee-USBインターフェース基板(XU1)を写真7(b)のようにパソコンに接続します．変換基板上の「Associate LED」が少しの間点灯，消灯した後，最終的に0.5s間隔の点滅動作となります．これは「ZIGBEE ROUTER API」の正常動作です．

ちなみに「ZIGBEE COORDINATOR API」の場合，点滅間隔が1sとなります．
(3) リモート側のXB2の電源をONします．

最初LEDは消灯しています．XBeeモジュール内にあるプルアップ抵抗の影響で，うすぼんやりと点灯

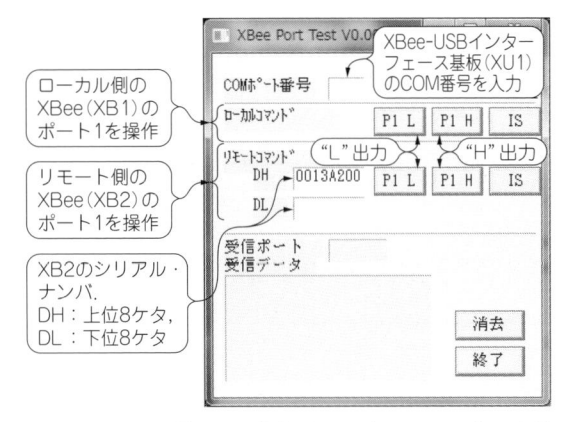

図14 XBeeモジュール経由でLEDをON/OFFさせる通信テスト・プログラム「Xbp.exe」で無線I/Oを体験！
COMポート経由でXBeeにATコマンドを送り，ポート1を"H""L"と変えてLEDをON/OFFさせる

- ローカル側のXBee（XB1）のポート1を操作
- リモート側のXBee（XB2）のポート1を操作
- XB2のシリアル・ナンバ．DH：上位8ケタ，DL：下位8ケタ
- XBee-USBインターフェース基板（XU1）のCOM番号を入力
- "L"出力 ⇔ "H"出力

して見えるかもしれませんが正常です．

▶ テスト用のLチカ・プログラムがCD-ROMに収録してあります

　ここまでで，XB1，XB2の設定とLEDを点灯させるためのハードウェアの準備が整いました．いよいよLEDを点滅させる実験を始めます．LEDの点滅はX-CTUから行うことができますが，フレーム・データを作ったり，チェック・サムを設定したり，少し手間がかかります．そこで，とりあえずの通信テスト・プログラム(xbp1.exe)を作成してCD-ROMに収録しました．

(1)「xbp1.exe」を起動します．「xbp1.exe」は，CD-ROMに収録されています．適当なフォルダに「xbp1.exe」をコピーして，ダブルクリックします．図14に起動時の画面を示します．

(2)「COMポート番号」にXU1のCOMポート番号を入力します．

(3) ローカル側（パソコン側）のLEDをON/OFFさせます．

　「ローカルコマンド」の[P1 H]ボタンを押すとLEDが点灯します．[P1 L]ボタンを押すと消灯します．

(4) リモート側のLEDをON/OFFさせます．

　「リモートコマンド」の「DH」のボックスに，リモート側XB2のシリアル・ナンバ全16けたのうち上位8けたを，「DL」ボックスに下位8けたをそれぞれ入力してから[P1 H]ボタン，[P1 L]ボタンを押します．

*　*　*

いかがでしょう！点滅しましたか？

● おまけプログラム

　通信テスト・プログラムxbp1.exeは単純な動作のチェックには便利ですが，応用がききません．しくみ（XB1からXB2に送られるデータなど）が分かる道具として同じ機能をエクセルのマクロ（VBA）で記述したワーク・ブック「XBポート制御v001.xls」を用意しました．

　LEDチカチカは，パソコンからCOMポートを使ってXBeeモジュール（XB1）からXBeeモジュール（XB2）にATコマンドを送ることで行っています．詳しい説明は第4章でします．

---

**Column**

## 故障？と早合点しないで！
## XU1のリセット・ボタンは何度も押すハメになる

　[XBee 2個＋書込基板＋解説書]キット付き超お手軽無線モジュールXBee付属のXBee-USBインターフェース基板には，リセット・ボタン（リセット・スイッチ）が実装してあります．

　X-CTUは，「XU1のリセット・ボタンを押せ」と何度も要求してきます．例えばX-CTUの「PC Settings」で[Test/Query]をクリックしたときなどです．

　図6のようなメッセージが出ることがあります．この長い英語のメッセージの最後には「リセット・ボタンを押して離すとダイアログ・ボックス（エラー・メッセージ）が10秒以内に閉じる」とあります．

　これに従ってリセット・ボタンを押すと，メッセージどおりダイアログ・ボックスが閉じることもあれば，何度か押した後にようやく閉じることもあります．さらには何度押してもエラーが解除できない場合もあります．そのときはX-CTUを終了して立ち上げ直します．

　場合によっては，USBケーブルを抜いてXBeeモジュールの電源投入からやり直して，ようやくOKになることもあります．

　最初は私だけの問題かと思いましたが，インターネット上の情報などから，そういうものであることがわかってきました．何種類かの違うXBeeモジュールで試してみましたが，いずれも同じような現象が出ました．気分の良いものではありませんが，エラーを解除したあとは支障なく使えるようなので，故障と早合点しないようにしましょう．ちなみに順調なときはまったく起こりません．

〈佐藤 尚一〉

# 第3章 リモート操作でデータをGETする実験

―― XBeeの端子に入力されたアナログ信号やディジタル信号を飛ばす

佐藤 尚一　Hisakazu Satou

XBeeを使えば，離れたところにあるセンサの出力電圧や，スイッチのON/OFFの状態などを，ワイヤレスで収集することができます．本章では，リモート側のXBeeモジュールに対して「ディジタルやアナログの信号を読み取って送れ！」と命令する方法を紹介します．

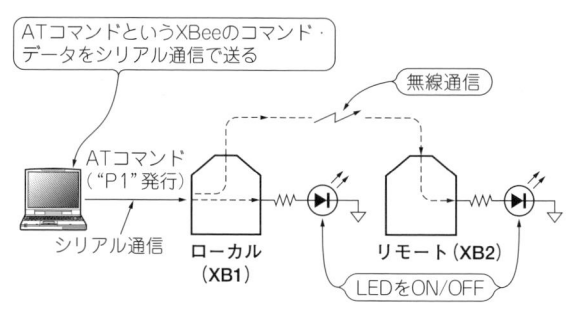

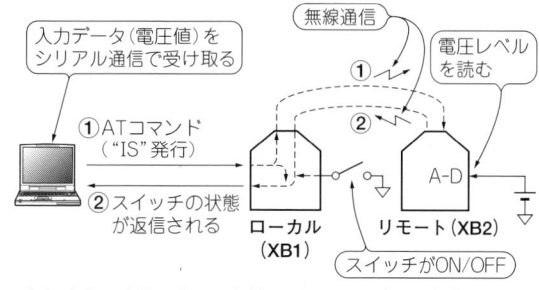

(a) 第2章の実験…ローカル側(XB1)でリモート側(XB2)の端子をL/H出力させてみた

(b) 本章の実験…リモート側の電圧レベルをA-D変換してローカル側に送ってみる

**図1　第2章と本章の実験条件の違い**

　第2章のLEDのON/OFFは，図1(a)のようにパソコンのUSBポートから，XBeeモジュールのコマンド・データを，XBeeモジュールのシリアル通信ポート(端子)へ送ることで行っています．

　逆に，図1(b)XBeeモジュールに入力されたディジタル信号やアナログ信号を，シリアル通信ポートからパソコンに取り込めます．シリアル通信ポートは，パソコンのCOMポートを指します．

## スイッチの状態や電圧値を検出してパソコンで確認

### ■ 実験1…ローカル側だけで実験！スイッチのON/OFFを検出

#### ● ハードウェア

　まずはローカル側だけで実験します．XBee-USBインターフェース基板(XU1)にXBeeモジュール(XB1)を挿入し，写真1のようにUSBケーブルでパソコンとつなぎます．

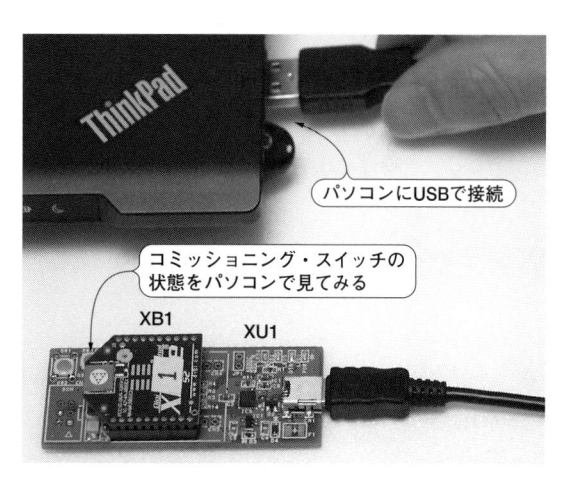

**写真1　XBee-USBインターフェース基板XU1に実装されているスイッチを使ってXBeeにディジタル信号を入力してみる**(ローカル側)

#### ● XBeeモジュールの端子を設定する

　図2のようにX-CTUを使い「Modem Configuration」の「I/O settings」の一部を変更します．

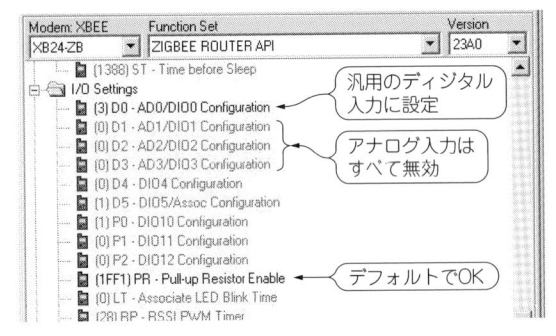

**図2** ローカル側の XBee モジュール（XB1）の D0 ポートで L/H を検出するように設定する（X-CTU を使用）

XBee - USB インターフェース基板XU1 のコミッショニング・スイッチを単なる入力用のスイッチとして使います．D0（20 ピン，DIO0）の設定を「3-Digital Input」に変更します．変更内容を確認したら忘れずに［Write］をクリックして設定を XBee モジュールに書き込みます．

● 手順

D0 の入力状態をパソコン画面に表示します（**図3**）．

(1) 第2章と同様に通信テスト・プログラム xbp1.exe（付属 CD-ROM に収録）を立ち上げます
(2) COM 番号を入力します
(3) 「ローカルコマンド」欄の［IS］をクリックします

パソコンから XBee - USB インターフェース基板 XU1 上の XBee モジュール（XB1）に入力状態の要求コマンドが発行されます．

(4) 受信データの欄に XB1 から返信されてきた D0 ポートの状態が表示されます
(5) 図3の③が "01" つまり D0 ポートの入力が "H" であることを確認します
(6) 変換基板上のコミッショニング・スイッチを押したまま「ローカルコマンド」欄の［IS］ボタンを押します
(7) 返信されてきたデータの③が "00" つまり "L" に変化します

## ■ 実験 2 …リモート側の XBee にアナログ電圧を読み込ませてローカル側に飛ばす実験

● ハードウェア

▶ ローカル側

XBee モジュール（XB1）を搭載した XBee - USB インターフェース基板（XU1）を使います（**写真1**）．

▶ リモート側

XBee モジュール（XB2）の接続を**図4**に示します．アナログ入力ポートに電圧を加えます．内蔵の A - D

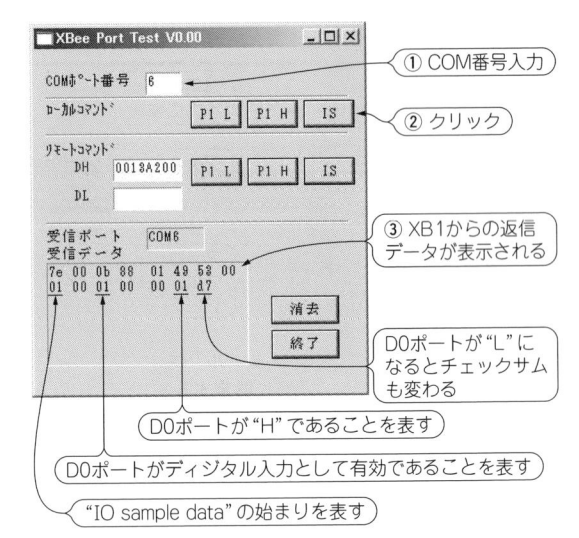

**図3** ［IS］をクリックして D0 ポートの状態のデータを XB1 から出力させる
画面はコミッショニング・スイッチを押していないとき

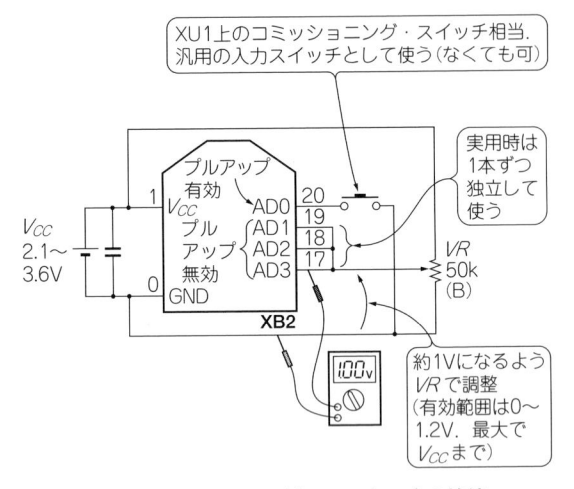

**図4** リモート側の XBee モジュール（XB2）の接続
端子に入力された電圧を A‐D 変換してローカル側の XBee モジュール（XB1）に送る

変換器が正常に変換できる電圧範囲 0 ～ 1.2V に調節します．電源電圧（3.3V など）を直接接続しての測定はできません（仕様上，破損はしない）．

● XBee モジュールの使う端子を設定する

リモート側の XBee モジュール（XB2）は，**図5**のように X-CTU で「Modem Configuration」の「I/O settings」の一部を次のように変更します．

- DIO0 を「3-Digital Input」に変えます．
- AD0 を除くすべてのアナログ入力を有効にするため D1 ～ D3 を「2-ADC」に変えます．

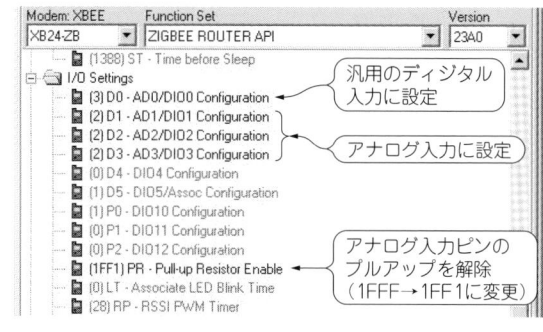

**図5** リモート側のXBeeモジュール(XB2)のD1, D2, D3ポートで電圧を検出するように設定する(X-CTUを使用)

- A-D変換入力の内部プルアップを無効にするためPRの値を"1FF1"に変更します．
  [Write]をクリックしてXB2に書き込みます．

● 手順
(1) 通信テスト・プログラム xbp1.exe (付属CD-ROMに収録)を立ち上げます
(2) COM番号を入力します(図6)
   ※ COMポート番号が10以上の場合，COMポート番号を1～9に変更してください
(3) 「DH」「DL」の欄にリモート側のXBeeモジュール(XB2)のシリアル番号を入力します
(4) 「リモートコマンド」の[IS]をクリックします
   パソコンからローカルのXBeeモジュール(XB1)を経由して無線でXB2に入力状態を要求するコマンドが発行されます．
(5) 受信データの欄にXB2から返信されてきた入力の状態が表示されます(データの詳細は後述)
(6) 図6では後ろから6バイト目と7バイト目の「03 5b」という16進数の値がAD1のA-D変換結果です

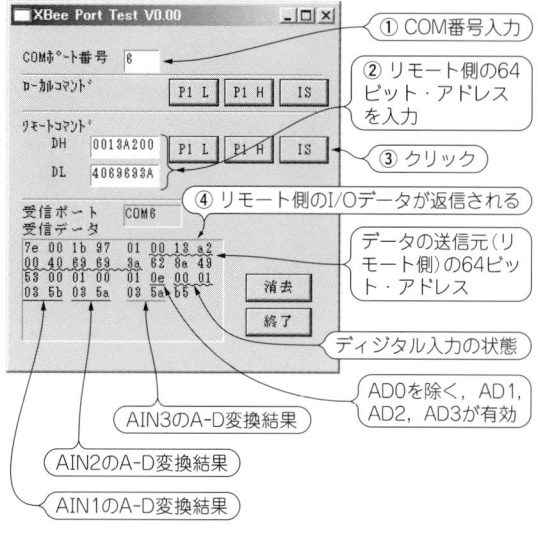

**図6** リモート側(XB2)のA-D変換データがXB1に送られてきた

(7) 図4のボリューム $VR$ で別の電圧を設定して[IS]をクリックしなおすと，表示されるデータが変わります

● A-D変換の16真数のデータを10進数の電圧値に直す方法
データシートによれば変換データ「03FF」は 1.2V に相当します．AD1のデータ「035B」は，次のように10進数の電圧値に変換できます．

$$1.2V \times (035Bh)/(03FFh) = 1.2V \times 859/1023 = 1.007V$$

$VR$ で設定した入力電圧と誤差の範囲で一致します．h は16進数であることを示しています．

# 第4章 XBeeモジュールと会話する方法

―― コントロール・データの送信方法と受信データの読み解き方

佐藤 尚一　Hisakazu Satou

本章では，第2章，第3章の通信実験において，XBeeとパソコン，またはXBeeどうしがどのような形のデータをやりとりしたのかを解説します．

## 「ATコマンド」というデータ列で会話する

XBeeモジュールのコントロールは「ATコマンド」というデータ列を，シリアル通信ポートを通じてXBeeに送り込むことで行います．各端子のL/Hや入力ピンの状態の入力，A-D変換（アナログ-ディジタル変換）結果の取得なども同様です．

▶ ATコマンドの例

ATコマンドの一例として，**表1**にXBeeモジュールの7ピン（DIO11端子）をコントロールするATコマンド"P1"を（第2章の実験で使った），**表2**にポート状態を入力するATコマンド"IS"を示します（第3章の実験で使った）．

なお，巻末付録「ATコマンド集（シリーズ2）」を掲載しています．

はじめてXBeeモジュールのI/Oを制御するときにとまどうのは，ATコマンドを利用しなければならない点です．マイコンの場合デフォルト・レベルの設定のほかに，直接L/Hを書き込めるのが普通なので，マイコン経験者もとまどうかもしれません．

ATコマンドでのI/O設定はピンのレベルのL/H以外も含めてX-CTUで「Modem Configuratin」を設定することと同等です．ただし，ATコマンドで設定した状態はリセットまたは電源OFFで失われて以前の状態に戻ります．

ATコマンドで"WR"コマンドを発行するとその時点の設定をフラッシュ・メモリに書き込めます．ただ，シリアル通信の設定を誤っていることに気づかないまま書き換えてしまうとX-CTUで復元不能になる恐れもあります．慣れるまで"WR"コマンドは封印しておきましょう．

## XBeeの動作モードによって ATコマンドの扱い方を変える

XBeeには，「AT（トランスペアレント・モード）」と「API」という二つの動作モードがあります．そしてそれぞれでATコマンドの扱い方が違います（ATコマンドそのものは共通）．

本章ではモジュールのI/O機能を利用できるAPIモードに限定して解説します．

「AT」モードと「API」のモードには次のような特徴があります．

### ● 1対1通信に向く動作モード「AT」

▶ 長所
- シリアル・ポートでユーザが用意したデータをそのまま送受信できる（トランスペアレント・モード）「A」という文字を送りたければ「A」というデータを送ればよい）
- あらかじめアドレスを指定した相手同士の1対1のシリアル通信が簡単にできる
- 既存の有線RS-232-Cの無線化に向く

**表1 XBeeモジュールの7ピンのL/HをコントロールできるATコマンド"P1"を使ってできること**

| ATコマンド | ATコマンドのコード（16進） | ATコマンドのパラメータ | できること |
|---|---|---|---|
| P1 | 50 31 | 00 | 状態検出なしディジタル入力 |
|  |  | 03 | 状態検出つきディジタル入力 |
|  |  | 04 | ディジタル出力"L" |
|  |  | 05 | ディジタル出力"H" |

**表2 XBeeモジュールの全端子のデータを取り込めるATコマンド"IS"を使ってできること**

| ATコマンド | ATコマンドのコード（16進） | ATコマンドのパラメータ | できること |
|---|---|---|---|
| IS | 49 53 | なし | 入力ポート状態のデータが返信される |

▶ 短所
- 細かい制御が苦手
  リモート側の設定ができない．第2章で実験したモジュールのディジタル I/O を使った LED チカチカのリモート操作はできない

● XBee のもつ機能をフル活用できる動作モード「API」

▶ 長所
- 細かい制御が可能
  リモート側の機能も設定できる．これにより LED チカチカをリモートで操作できる
- ネットワーク内の任意のモジュール間で通信が即時可能
- PAN (Personal Area Network) をフルに利用するにはこれ！

▶ 短所
- すべてのデータ，コマンドは「API フレーム」というフォーマットに収めなければならない
  例えば，第2章で LED を ON している AT コマンドは "P1 5" というデータ列．しかし "P1 5" というデータ列をそのままシリアル・ポートで XBee モジュールに送り込んでも機能しない (AT モードでは "ATP1 5" という文字列を送ればよい)

## XBee を API モードで動かしたときの送受信の方法

### ■ XBee に AT コマンドを送るときに API フレームを利用する

API モードには AP=1 と AP=2 の2種類がありますが，ここでは AP=1 を使います（コラム参照）．

● 親書を封筒に入れて送るイメージ

API モードで AT コマンドを XBee モジュールに送信するときは，API フレームというフォーマットで行います（図1）．

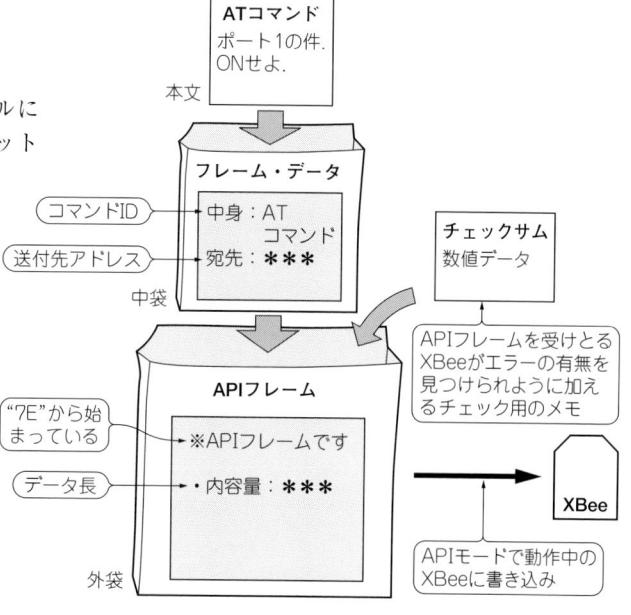

図2に，API モードで動作させるときのハードウェアの例としてリモートで XBee の端子を操作するときの接続を示します．表3に XBee モジュールの設定内容を示します．

API フレームの内容は，ローカルとリモートで違います．図3に API フレームの構造を示します．

リモートの XBee モジュールへは，AT コマンドに，リモートの XBee モジュールのアドレスや，AT コマンドであることを示す ID などを付加して発行します．

API フレームの例えば，表4に XBee モジュールの7ピン (DIO11端子) を L/H させる AT コマンド "P1" の API フレームを示します．

XBee モジュールのメーカ（ディジ インターナショナル）のウェブ・サイトに，図4に示す API フレーム生成ページがあります．http://ftp1.digi.com/support/utilities/digi_apiframes.htm

● チェックサムは API フレーム生成のたびに計算し直す

はじめての利用で一番とまどうのは API フレーム最後の「チェックサム」です．チェックサムというデータをフレームに入れて送信することで，API フレームが転送中にデータ化けしていないかを XBee (受信側) でチェックできます．次式で計算します．

チェックサム = 0xFF − (API フレームの4けた目
　　～チェックサム直前までの総和の下2けた)
（16進数で計算）

図1 API モードで動作中の XBee モジュールにはデータを API と呼ばれるフレーム・スタイルにまとめ上げてから送信する
API モードでは AT コマンド名は16進の ASCII コードだが，パラメータは ASCII コードではなく16進の数値そのまま（例：P1 0 → 50 31 00 は OK，50 31 30 は NG）

(a) ローカル側

(b) リモート側

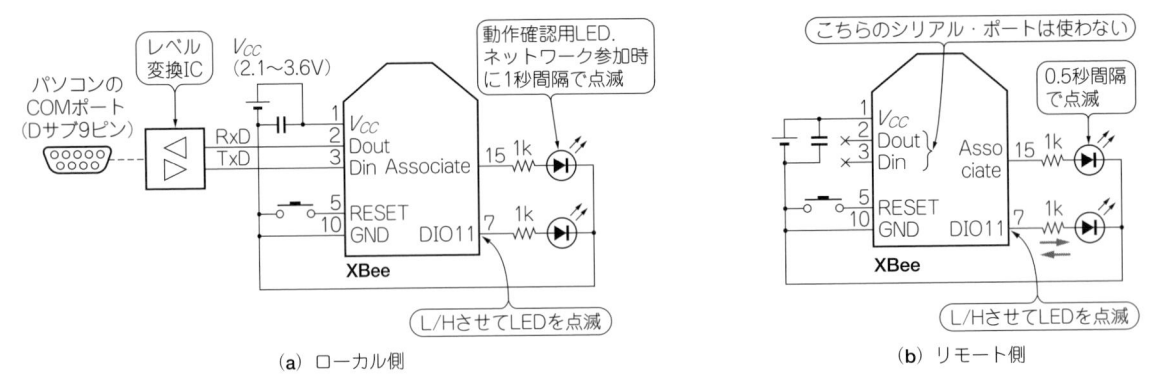

**図2 APIモードで動作させるときのXBeeモジュールの接続例**

**表3 APIモードで動作させるときのXBeeモジュールの設定内容**

(a) パソコンとXBee間の通信設定(デフォルト)

| 通信設定 | XBeeの設定 |
|---|---|
| ボー・レート | 9600bps |
| フロー制御 | なし |
| データ | 8ビット |
| パリティ | なし |
| ストップ・ビット | 1ビット |

(b) XBeeに書き込む内容

| 項目 | XBee&#9398;の設定 | XBee&#9399;の設定 |
|---|---|---|
| Function Set | ZIGBEE COORDINATOR API | ZIGBEE ROUTER API |
| PAN ID | 0以外(任意) ←同じ値→ | 0以外(任意) |
| ポート | リセット解除後の入出力端子を設定．出力の時は"H"か"L"のレベルを設定する | |
| 内部プルアップ設定 | 入出力端子はXBeeの内部で$V_{CC}$にプルアップされている(デフォルト)．ATコマンド"PR"で解除できる | |

（APIモードを使う／ルータとコーディネータ逆でも可／一つはコーディネータに／APIモードを使う）

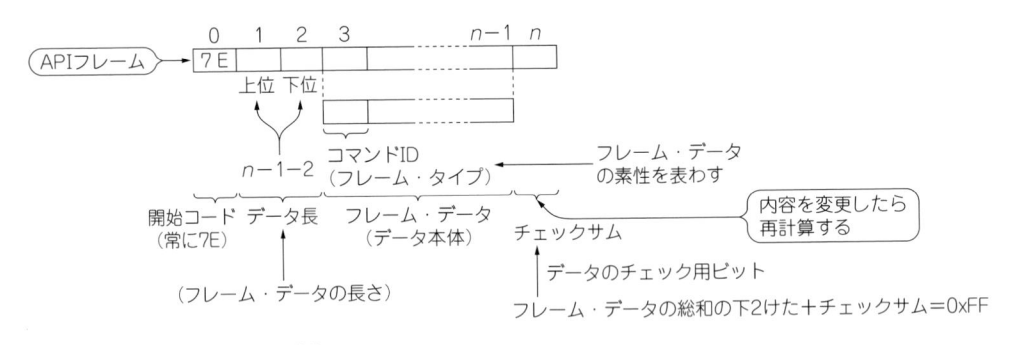

**図3 APIフレームのデータ構造**

開始コード（常に7E）／データ長（フレーム・データの長さ）／フレーム・データ（データ本体）／コマンドID（フレーム・タイプ）／フレーム・データの素性を表わす／チェックサム／データのチェック用ビット／フレーム・データの総和の下2けた＋チェックサム＝0xFF／内容を変更したら再計算する

● XBee設定用ソフトウェアX-CTUを使ってAPIフレームを送ってみる

　XBeeモジュールとシリアル通信ができればAPIフレームをXBeeに送れます．ほとんどのパソコンに標準でついている通信ソフトウェア「ハイパーターミナル」やフリーでダウンロードできる「Tera Term」を使えばXBeeモジュールとパソコンでシリアル通信できます．ただし，APIモードでは，ASCII文字だけでなく，数値を直接入力する必要があります．

　XBeeモジュール設定用ソフトウェアX-CTUには，16進数の入力・表示のできるシリアル通信機能があります．図5にX-CTUのシリアル通信機能の画面を示します．APIフレームを手動で入力して送信し，動作を確認できます．X-CTUは与えられたデータに

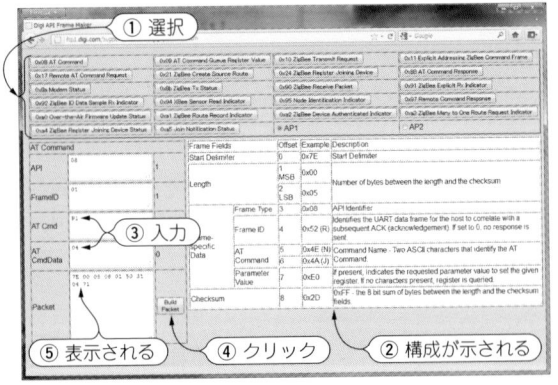

**図4 XBeeの製造元のウェブ・ページでAPIフレームのデータ構造を確認できる**
ディジインターナショナルの「Digi API Frame Maker」

**表4 XBeeモジュールの7ピンのL/HをコントロールできるATコマンド"P1"のAPIフレーム**

(a) ローカル側に送るフレームの内容

| バイト | フレーム・フィールド | APIフレーム(16進数) "L"出力時 | APIフレーム(16進数) "H"出力時 | 備考 |
|---|---|---|---|---|
| 0 | Start Delimiter | 7E | 7E | フレームの先頭文字.常に"7E" |
| 1 | Length MSB | 00 | 00 | フレームの内容(バイト:3〜7)のバイト数 |
| 2 | Length LSB | 05 | 05 | |
| 3 | Frame Type | 08 | 08 | "08"はフレームの内容がATコマンドであることを表す |
| 4 | Frame ID | 01 | 01 | '0'以外に設定する |
| 5 | AT Command | 50 | 50 | "P" ATコマンド"P1" |
| 6 | AT Command | 31 | 31 | '1' |
| 7 | Parameter Value | 04 | 05 | L/H |
| 8 | Checksum | 71 | 70 | チェックサム:通信エラーを減らすために付加するデータ |

(b) リモート側に送るフレームの内容

| バイト | フレーム・フィールド | APIフレーム(16進数) "L"出力時 | APIフレーム(16進数) "H"出力時 | 備考 |
|---|---|---|---|---|
| 0 | Start Delimiter | 7E | 7E | フレームの先頭文字.常に"7E" |
| 1 | Length MSB | 00 | 00 | フレームの内容(バイト3〜18)の長さ |
| 2 | Length LSB | 10 | 10 | |
| 3 | Frame Type | 17 | 17 | "17"はフレームの内容がリモート・コマンド要求であることを表す |
| 4 | Frame ID | 01 | 01 | '0'以外に設定する |
| 5 | Remote Addres 1/8 (64ビット) MSB | 00 | 00 | 64ビット・リモート・アドレス 送り先XBeeのシリアル番号を設定する |
| 6 | Remote Addres 2/8 (64ビット) | 13 | 13 | |
| 7 | Remote Addres 3/8 (64ビット) | A2 | A2 | |
| 8 | Remote Addres 4/8 (64ビット) | 00 | 00 | |
| 9 | Remote Addres 5/8 (64ビット) | 40 | 40 | |
| 10 | Remote Addres 6/8 (64ビット) | 69 | 69 | |
| 11 | Remote Addres 7/8 (64ビット) | 69 | 69 | |
| 12 | Remote Addres 8/8 (64ビット) LSB | 42 | 42 | |
| 13 | Destination Address 1/2 (16ビット) | FF | FF | 16ビット・アドレス "FFFE"を設定することで自動処理される |
| 14 | Destination Address 2/2 (16ビット) | FE | FE | |
| 15 | Apply Changes (Options) | 02 | 02 | "02"はコマンドの実行結果を直ちに反映させる指示 |
| 16 | AT Command | 50 | 50 | "P" ATコマンド"P1" |
| 17 | AT Command | 31 | 31 | '1' |
| 18 | param | 04 | 05 | L/H |
| 20 | Checksum | 5A | 59 | チェックサム:通信エラーを減らすために付加するデータ |

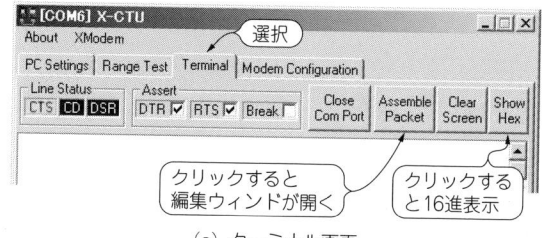

(a) ターミナル画面

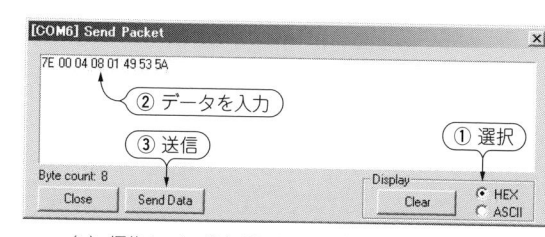

(b) 編集ウィンドウが開き16進データをXBeeに送信

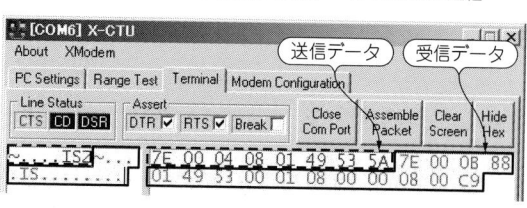

(c) 送受信データがターミナル画面に表示される

**図5 XBeeモジュール設定用ソフトウェアX-CTUのシリアル通信機能を使えば送受信しているデータの詳細を確認できる**

XBeeをAPIモードで動かしたときの送受信の方法

手を加えることなく淡々と送受信するので，通信のしくみの理解に役立つと思います．
**(1) ターミナル画面に入ります**
　［Show Hex］をクリックすると16進表示ができます．
**(2)** ［Assemble Packet］をクリックしパケット編集ウィンドウを開きます
　ラジオ・ボタン「Hex」を選択すると16進表示になります．
**(3)** データを入力し［Send Data］をクリックするとデータが送信されます

手入力は面倒なので，テキスト・ファイル上にあらかじめデータを用意しておき，コピー&ペーストで入力欄に貼り付けるとよいでしょう．
**(4)** ターミナル画面に送信したデータと受信したデータの双方が表示されます

## ■ XBeeもAPIフレームで返信する

XBeeモジュールに対して送るデータだけでなく，XBeeモジュールから送られてくるデータもAPIフレーム形式になっています．ここでは，指定したXBeeモジュールに入力されたディジタル信号と，ア

---

### Column　XBeeとパソコンの通信インターフェースは「RS-232-C」

「シリアル通信」という言葉は，USBなど多くの通信インターフェースを含みます．現在では，そうではない通信インターフェースを探すほうが難しいほどです．

パソコンの分野で単に「シリアル通信」というと，俗称RS-232-Cが採用する調歩同期方式の通信インターフェースを指します．もっとくだけて言えば，パソコンのCOMポート（シリアル・ポート）のことです．COMポート（RS-232-C）の信号レベルは±12Vなので，電源電圧5Vや3.3VのICとは直接接続できません．電圧レベルを変換して接続する必要があります．

図Aにパソコンと XBeeのシリアル通信のようすを示します．ATコマンドのデータ列をシリアル通信の送信バッファに書き込んでおき，シリアル通信の送信命令を発行します．

XBeeモジュール，パソコンそしてマイコンは，シリアル通信専用の端子を備えています．送信（TxD）と受信（RxD）の2本の信号線と，必要に応じていくつかの制御用の信号線の電圧レベルを合わせてつなげば通信できます．

制御線は，XBeeモジュールのCTS，RTS，DTR端子をつなぐようになっています．ファームウェアの書き換え以外は，送受信（TxD, RxD）の2本だけでも良いです．

プログラムは，パソコンとマイコンそれぞれに必要です．それらを利用すればボー・レートなどを設定するだけで通信できます．

シリアル通信は，送受信の両方で通信条件を合わせればできます．いったんXBeeとの通信が確立できたら，それ以降シリアル通信を意識する必要はありません．　　　　　　　　　　〈佐藤 尚一〉

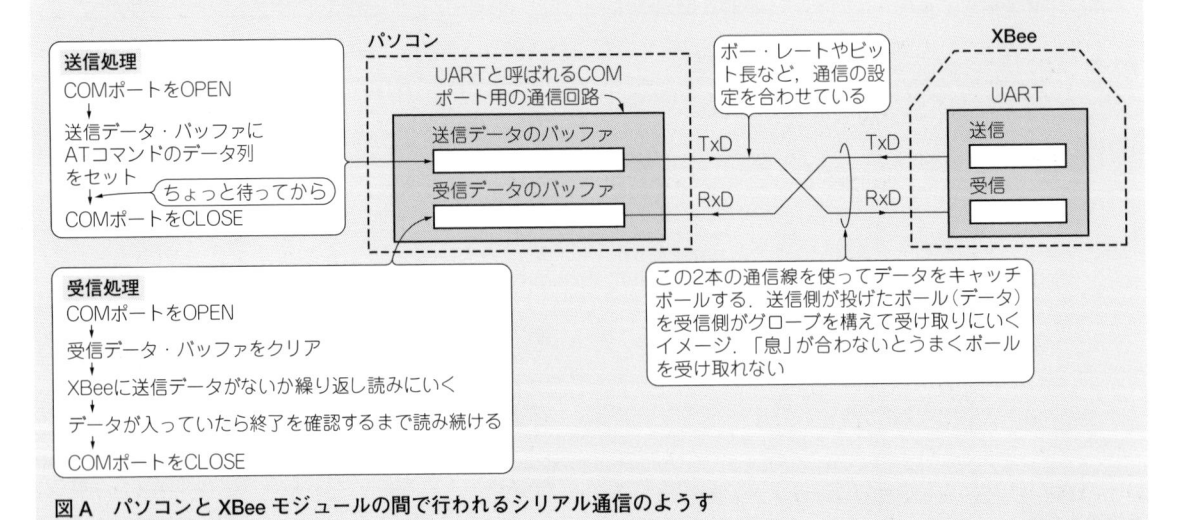

**図A　パソコンとXBeeモジュールの間で行われるシリアル通信のようす**

ナログ信号（A-D変換値）を同時に知れる"IS（I/O Samplong command)"というATコマンドの送受信データを例に説明します．ハードウェアを図6に示します．ディジタル信号出力のときと同じ図2の回路に，入力回路を加えます．

● XBeeに信号の読み込みと送信を要求する

XBeeのポート入力をコントロールするATコマンドは"IS"一つです．XBeeモジュールにディジタル入力の状態とA-D変換結果を要求します．

▶ XBeeはAPIフレームでデータを送り返す

XBeeモジュールのすべての有効な入力ポートの状態が，一括してAPIフレーム形式で送り返されてきます．データの要求元はAPIフレームから必要な箇所を取り出して使います．

表5に"IS"というATコマンドのAPIフレームを示します．図7にAPIフレーム例を示します．

表6にATコマンド"IS"を受けたXBeeモジュールから返信されてくるAPIフレームを示します．図8に返信されてくるAPIフレーム例としてディジタル入力端子の状態やA-D変換後のデータを示します．

▶ 返信データのフォーマットは統一すると扱いが簡単

ATコマンド"IS"の返信データの長さは，データを送信させるXBeeモジュールの入力端子の設定によって変わります．

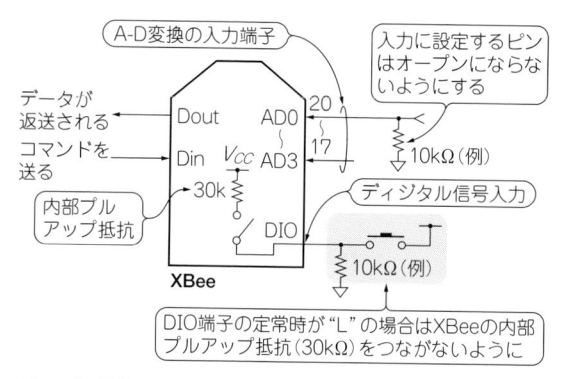

図6 "IS"というATコマンドでディジタルやアナログ信号を取り込むときの接続例

● ATコマンド"IS"発行前に使うポートをイネーブルにする

"IS"というATコマンドを発行する前に，次の準

---

## Column　XBeeはなぜフレームで送受信するの？

高度なネットワークを構成するための技術にデータのパケット化があります．パケット化とは大きなデータのかたまりを一定の大きさに細分化することで，分割した最小単位がパケットです．

XBeeでもパケット化を意識しています．APIモードでのパケットの枠組み（構造）がAPIフレームです．

● 細切れにするのは占有や破損を避けるため

大きなデータをそのままネットワークに転送すると，共用の通信回線を長時間占有することになります．データを細かく分けると，断片ごとの占有時間が短くなり，他の利用者が入る余地を作れます．

ディジタル・データは，一ヵ所でも破壊されたら使えなくなります．データが大きいままだと，一ヵ所が壊れただけで全体を送り直すことになり，無駄が発生します．細分化して送れば一ヵ所が壊れても全体がNGになることはなく，壊れたデータだけを送り直せばOKです．

ただ適当に分割したのでは再構成できないので出所のアドレスなどを付加し，書式に決まりを持

たせたのがAPIフレームです．

● 通信できるデータ量の上限値は84バイト

API送信フレームは最大255バイトのデータを含むことができます．一方，XBeeモジュールが無線で1回の送信で送れる最大データ量は84バイトです（条件によっては84バイト以下）．よってAPI送信フレームの大きさが84バイトを超える場合は無線での送信時にさらに分割されます．ネットワークの性能向上のためのパケット化とXBeeモジュールの無線通信上の制限によるデータ分割が存在してややこしいのですが，後者によるデータ分割はデータシート上で"Fragmentation"と呼ばれています．"Fragmentation"を避けたい場合はAPI送信フレームの大きさを無線通信上の上限以下に抑える必要があります．

XBeeはネットワーク構築用のモジュールなので高度な機能が実装されています．パケットの使用もその一部分です．ただし，モジュールのI/Oのコントロールなど初歩的な応用ではデータパケットの本来の目的を意識することはないと思います．　　　　　　　　　　　〈佐藤 尚一〉

**表5 XBeeモジュールの全端子のデータを取り込めるATコマンド"IS"のAPIフレーム**

(a) ローカル側に送るフレームの内容

| バイト | フレーム・フィールド | APIフレーム(16進数) | 備考 |
|---|---|---|---|
| 0 | Start Delimiter | 7E | フレームの先頭文字．常に"7E" |
| 1 | Length MSB | 00 | フレームの内容(バイト：3～6)のバイト数 |
| 2 | Length LSB | 04 | |
| 3 | Frame Type | 08 | "08"はフレームの内容がATコマンドであることを表わす |
| 4 | Frame ID | 01 | '0'以外に設定する |
| 5 | AT Command | 49 | "I" ATコマンド"IS" |
| 6 | AT Command | 53 | "S" |
| 7 | Checksum | 5A | チェックサム：通信エラーを減らすために付加するデータ |

(b) リモート側に送るフレームの内容

| バイト | フレーム・フィールド | APIフレーム(16進数) | 備考 |
|---|---|---|---|
| 0 | Start Delimiter | 7E | フレームの先頭文字．常に"7E" |
| 1 | Length MSB | 00 | フレームの内容(バイト3～19)の長さ |
| 2 | Length LSB | 0F | |
| 3 | Frame Type | 17 | "17"はフレームの内容がリモート・コマンド要求であることを表わす |
| 4 | Frame ID | 01 | '0'以外に設定する |
| 5 | Remote Addres 1/8(64ビット)MSB | 00 | 64ビット・リモート・アドレス 送り先XBeeのシリアル番号を設定する |
| 6 | Remote Addres 2/8(64ビット) | 13 | |
| 7 | Remote Addres 3/8(64ビット) | A2 | |
| 8 | Remote Addres 4/8(64ビット) | 00 | |
| 9 | Remote Addres 5/8(64ビット) | 40 | |
| 10 | Remote Addres 6/8(64ビット) | 69 | |
| 11 | Remote Addres 7/8(64ビット) | 69 | |
| 12 | Remote Addres 8/8(64ビット)LSB | 42 | |
| 13 | Destination Address 1/2(16ビット) | FF | 16ビット・アドレス "FFFE"を設定することで自動処理される |
| 14 | Destination Address 2/2(16ビット) | FE | |
| 15 | Apply Changes(Options) | 02 | "02"はコマンドの実行結果を直ちに反映させる指示 |
| 16 | AT Command | 49 | "I" ATコマンド"IS" |
| 17 | AT Command | 53 | "S" |
| 20 | Checksum | 43 | チェックサム：通信エラーを減らすために付加するデータ |

(a) ローカル側に送るフレームの構成　7E 00 04 08 01 49 53 5A
　　type=08　ATコマンド IS　"I" "S"

(b) リモート側に送るフレームの構成　7E 00 0F 17 01 00 13 A2 00 40 69 69 42 FF FE 02 49 53 43
　　type=17　64ビット・リモート・アドレス　DH　DL　"I" "S"

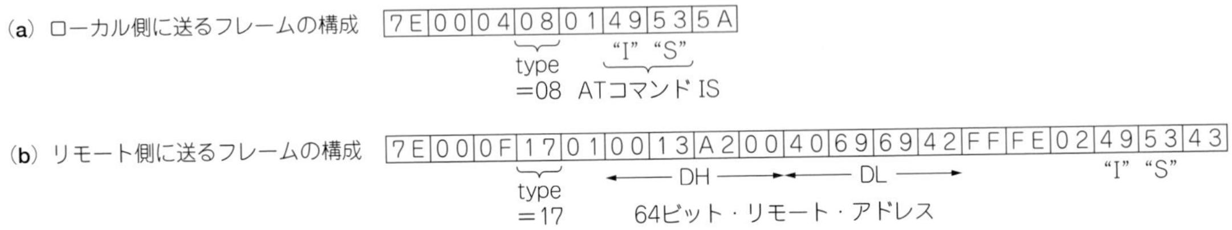

**図7 ATコマンド"IS"をXBeeモジュールに送るときのAPIフレーム例**

---

備が必要です．
① ディジタル信号入力ポート(DIO端子)またはA-D変換入力ポート(AD端子)のうち，使うポートをイネーブルに設定
② アナログ入力のときはプルアップを解除(ディスエーブルにする)
▶ 入力ポートをイネーブルに設定する
　入力ポートを使うには，ポートをイネーブルにする

必要があります．方法は次の2通りです．
**(1)「Modem Configuration」を書き換える**
　第1章でセットアップしたときのSTEP6で，パラメータのウィンドウをスクロールすると図9(a)のように「I/O Setting」の項目があります．ここでI/Oピンを設定した後，[Write]をクリックして書き換えます．

　図9(b)に示すとおり，コマンドのパラメータは

**表6 ATコマンド"IS"で取り込んだディジタルやアナログ信号の返信データ**

| バイト | フレーム・フィールド | APIフレーム（16進数） | 備考 | |
|---|---|---|---|---|
| 0 | Start Delimiter | 7E | フレームの先頭文字．常に"7E" | |
| 1 | Length MSB | 00 | フレームの内容（バイト3～21）の長さ | |
| 2 | Length LSB | 13 | | |
| 3 | Frame Type | 88 | "88"はフレームの内容がATコマンドに対する応答であることを表わす | |
| 4 | Frame ID | 01 | '0'以外に設定する | |
| 5 | AT Command | 49 | "I" | ATコマンド"IS"（の応答） |
| 6 | AT Command | 53 | "S" | |
| 7 | Command status | 00 | | |
| 8 | Sample sets (Always set to 1.) | 01 | "IS"応答データの先頭（常に1） | |
| 9 | Digital Channel Mask (1/2) MSB | 08 | イネーブル状態のディジタル入力 | |
| 10 | Digital Channel Mask (2/2) LSB | 00 | | |
| 11 | Analog Channel Mask | 0F | イネーブル状態のアナログ入力（A-D変換入力） | |
| 12 | Sampled Data Set DIO 13 to 8 | 00 | ディジタル入力の状態 | |
| 13 | Sampled Data Set DIO 7 to 0 | 00 | イネーブル状態の入力が一つも無ければ出力されない | |
| 14 | Sampled Data Set AIN0 Hi | 02 | イネーブル状態の端子のA-D変換結果が順に出力される | |
| 15 | Sampled Data Set AIN0 Lo | 07 | | |
| 16 | Sampled Data Set AIN1 Hi | 02 | | |
| 17 | Sampled Data Set AIN1 Lo | 0A | | |
| 18 | Sampled Data Set AIN2 Hi | 02 | ディセーブル状態の端子のA-D変換結果は出力されない | |
| 19 | Sampled Data Set AIN2 Lo | 0C | | |
| 20 | Sampled Data Set AIN3 Hi | 02 | | |
| 21 | Sampled Data Set AIN3 Lo | 09 | | |
| 22 | Checksum | 94 | チェックサム | |

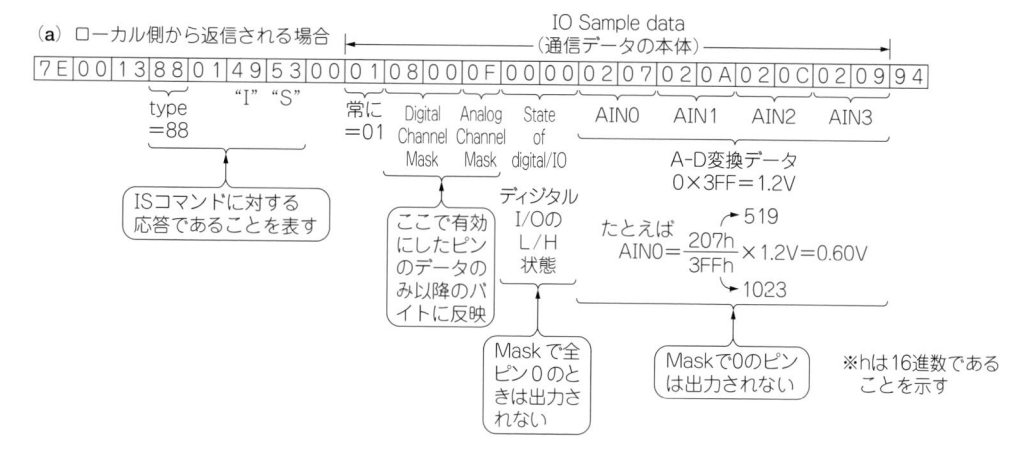

(a) ローカル側から返信される場合

```
7E 00 13 88 01 49 53 00 01 08 00 0F 00 00 02 07 02 0A 02 0C 02 09 94
```

type=88、"I""S"、常に=01、Digital Channel Mask、Analog Channel Mask、State of digital I/O、AIN0、AIN1、AIN2、AIN3

ISコマンドに対する応答であることを表す

ここで有効にしたピンのデータのみ以降のバイトに反映

ディジタルI/OのL/H状態

Maskで全ピン0のときは出力されない

A-D変換データ 0×3FF = 1.2V

たとえば AIN0 = $\frac{207h}{3FFh} \times 1.2V = 0.60V$

519 / 1023

Maskで0のピンは出力されない

※hは16進数であることを示す

(b) リモート側から返信される場合

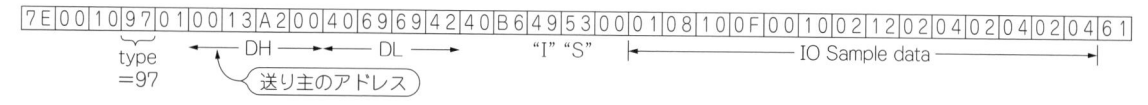

```
7E 00 10 97 01 00 13 A2 00 40 69 69 42 40 B6 49 53 00 01 08 10 0F 00 10 02 12 02 04 02 04 02 04 61
```

type=97、DH、DL、"I""S"、IO Sample data

送り主のアドレス

**図8 ATコマンド"IS"を送った先のXBeeモジュールから返信されてきたAPIフレーム**

ポートごとに異なります．A-D変換の割り当てられているポートではA-D変換も選択できます．

**(2) ポートの制御コマンドを発行する**

図9 (b) に示した「Modem Configuration」の設定画面でP1の状態を確認すると「0-DISABLED」が選択されており，その下に「3-DIGITAL INPUT」，「4-DIGITAL OUT, LOW」，「5-DIGITAL OUT, HIGH」と項目が続きます．「4-…」「5-…」の番号は，ATコ

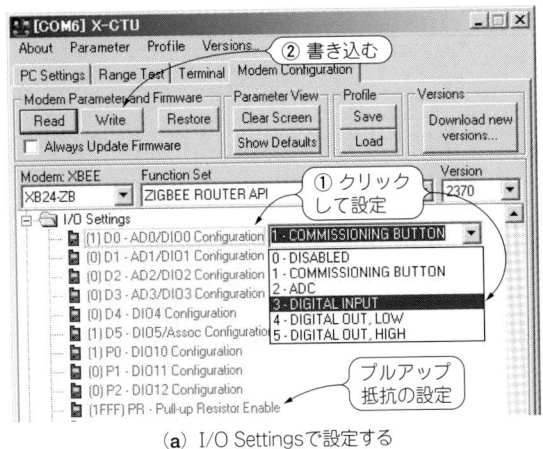

**(a)** I/O Settingsで設定する

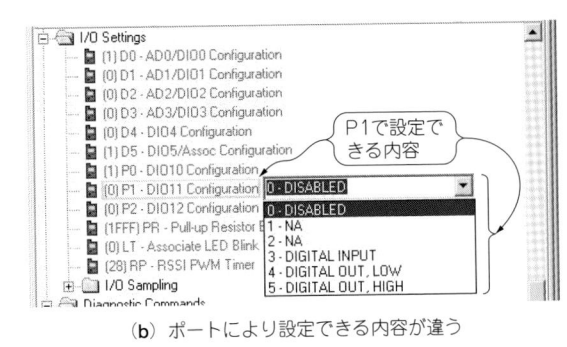

**(b)** ポートにより設定できる内容が違う

**図9** ATコマンド"IS"をXBeeに送る前に使うポートをX-CTUでイネーブルにしておく

マンドでポート1(P1)を操作するときの"P1 4"と"P1 5"の4と5にそれぞれ対応しています．つまりATコマンドで"P1 3"を発行すればポート1を「3-DIGITAL INPUT」と設定するのと同じことになるわけです．

ポート制御コマンドによる設定はリセットで失われます．ここでは説明しませんが，現在の設定をフラッシュに書き込み固定化するATコマンドもあります．

▶ XBee内部プルアップ抵抗を使うかどうか設定する

XBeeモジュール内部で，30kΩの抵抗で$V_{CC}$にプルアップするかどうかを設定できます．「Modem Configuration」の書き換えか，"PR（Pull-up Resistor Enable）"というATコマンドの発行かのどちらかで設定します．

**表7**にPRコマンドのAPIフレームを示します．**表8**にPRコマンドでプルアップの設定/解除を決めるパラメータ・ビットを示します．

アナログ入力に設定したピンや，ディジタル入力に設定し外部のプルダウン抵抗で入力電圧レベルを決めたい場合などは，プルアップしないディセーブル設定'0'にします．オープンのピンはイネーブル設定'1'のままにします．

---

## Column　大量のデータを効率良く転送できるAPIモード「AP=2」

データシートを読むと，APIモードにはAP=1モードとAP=2モードの2種類あることがわかります．

AP=1は本書で使用している通常のAPIモードです．AP=2モードは，先頭の"7E"を除くAPIフレーム内に"7E"という数値の並びが存在した場合，決められたルールで別の数値列に置き換えるものです．APIフレーム内の"7E"を先頭の"7E"と誤認するのを防ぐためです．

通常，APIフレームの送信は送信側のパソコンなりマイコンなりが送信フレームを管理しているので，余計なデータが送信されることはありません．データ長の記述バイトやチェックサムによりデータの正当性をチェックしており，XBeeモジュールに入力された時点で誤ったデータは拒否されます．よって，たとえフレーム内に"7E"があっても先頭と見間違えることはありません．

AP=2モードはXBeeモジュールとシリアル通信でつながる機器のために用意されています．例えば，シリアル・ポート経由で多量のデータを扱う場合はいちいちバッファをクリアしたり，ポートをクローズせずにある程度ため込んでから処理するほうが高速です．その場合，一つのバッファ内に複数のAPIフレームが存在することになり，フレームの先頭以外に"7E"が存在すると判別が難しくなります．

AP=2モードは「Lチカ」程度の用途では必要ありません．高度な応用になってはじめて必要になります．なお，AP=2モードでは"7E"以外にも"7D"，"11"，"13"が変換されます． 〈佐藤 尚一〉

表7 XBeeモジュールの内部プルアップ抵抗を設定するATコマンド"PR"のAPIフレーム

(a) ローカルに送るフレームの内容

| バイト | フレーム・フィールド | APIフレーム (16進数) |
|---|---|---|
| 0 | Start Delimiter | 7E |
| 1 | Length MSB | 00 |
| 2 | Length LSB | 06 |
| 3 | Frame Type (AT Command) | 08 |
| 4 | Frame ID | 01 |
| 5 | AT Command | 50 ← "P" |
| 6 | AT Command | 52 ← "R" |
| 7 | param | 1F |
| 8 | param | FF |
| 9 | Checksum | 36 |

(b) リモートに送るフレームの内容

| バイト | フレーム・フィールド | APIフレーム (16進数) |
|---|---|---|
| 0 | Start Delimiter | 7E |
| 1 | Length MSB | 00 |
| 2 | Length LSB | 11 |
| 3 | Frame Type (Remote Command) | 17 |
| 4 | Frame ID | 01 |
| 5 | Remote Addres 1/8 (64ビット) MSB | 00 |
| 6 | Remote Addres 2/8 (64ビット) | 13 |
| 7 | Remote Addres 3/8 (64ビット) | A2 |
| 8 | Remote Addres 4/8 (64ビット) | 00 |
| 9 | Remote Addres 5/8 (64ビット) | 40 |
| 10 | Remote Addres 6/8 (64ビット) | 69 |
| 11 | Remote Addres 7/8 (64ビット) | 69 |
| 12 | Remote Addres 8/8 (64ビット) LSB | 42 |
| 13 | Destination Address 1/2 (16ビット) | FF |
| 14 | Destination Address 2/2 (16ビット) | FE |
| 15 | Apply Changes (Options) | 02 |
| 16 | AT Command | 50 ← "P" |
| 17 | AT Command | 52 ← "R" |
| 18 | param | 1F |
| 19 | param | FF |
| 20 | Checksum | 43 |

表8 ATコマンド"PR"のパラメータ・ビット

| パラメータ・ビット | 機能 | 端子No. | デフォルト設定 2進数 | デフォルト設定 16進数 |
|---|---|---|---|---|
| 0 | DIO4 | 11 | 1 | F (下位) |
| 1 | AD3 / DIO3 | 17 | 1 | |
| 2 | AD2 / DIO2 | 18 | 1 | |
| 3 | AD1 / DIO1 | 19 | 1 | |
| 4 | AD0 / DIO0 | 20 | 1 | F |
| 5 | RTS / DIO6 | 16 | 1 | |
| 6 | DTR / Sleep Request / DIO8 | 09 | 1 | |
| 7 | DIN / Config | 03 | 1 | |
| 8 | Associate / DIO5 | 15 | 1 | F |
| 9 | On/Sleep / DIO9 | 13 | 1 | |
| 10 | DIO12 | 04 | 1 | |
| 11 | PWM0 / RSSI / DIO10 | 06 | 1 | |
| 12 | PWM1 / DIO11 | 07 | 1 | 1 (上位) |
| 13 | CTS / DIO7 | 12 | 0 | |

※ '1'でプルアップ

---

**Column**

## ATコマンド"IS"を使うときはイネーブルにする入力ピンを統一しておくと処理が楽チン

　XBeeのディジタル入力の状態やA-D変換入力の変換データは，XBeeのシリアル出力ピンから"IO Sample data(IS)"というデータ列として出力されます．

　一つのXBeeモジュールのすべてのピンの情報が，一つの"IO Sample data"に含まれています．厄介なのは可変長なのでフォーマットが一定でないことです．

　"IO Sample data"の形は図7のとおりです．ディジタル入力の状態は，XBeeモジュールのコンフィグレーションで有効になったピンだけが有効になります．

　有効なディジタル入力ピンが全く無い場合，この2バイトは省略され，詰められます．

　A-D変換結果のバイトは，有効になったピンの分だけ出力されます．無効なピンのバイトは詰められます．

　有効な入力ピンがディジタル，アナログ共に全く無い場合は"Analog Channel Mask"までしか出力されません．

　すべてのXBeeで有効にする入力ピンを統一しておくと"IO Sample data"のフォーマットも同一となり処理が簡単になります．　〈佐藤 尚一〉

第2部 ～XBeeがもつ機能を使いこなす～ 生まれて初めての無線通信 中級編

# 第5章 XBee-USBインターフェース基板の作り方

—— パソコンによるXBeeの機能設定に欠かせない

濱原 和明　Kazuaki Hamahara

XBeeモジュールのもつさまざまな機能を利用するには，パソコンから動作を設定してやる必要があります．ここではXBeeモジュールをパソコンとつなぐためのXBee-USBインターフェース基板の作り方を説明します．

　XBeeモジュールは必要に応じてパソコンから動作モードなどを設定（コンフィグレーション）します．

　設定には，パソコンが必須です．さらに，コンフィグレーション機能とターミナル機能を持ったパソコン用ソフトウェアX-CTUが必要です．

　X-CTUはCD-ROMに収録されています．最新版はディジ インターナショナルから無償で提供されています（http://www.digi.com/）．サポート・ページの「Diagnostics, Utilities and MIBs」に入り，リスト・ボックスから「XCTU」を選ぶか，検索し，ダウンロードします．詳細は，「0-5 付属CD-ROMの使い方と注意事項」を参照してください．

## こんな基板

　パソコンのシリアルから直接XBeeを操作してXBeeの設定を変更するためには，写真1のようなシリアル・インターフェース基板が必要です．ここでは「[XBee 2個＋書込基板＋解説書]キット付き超お手軽無線モジュールXBee」に同梱されているXBee-USBインターフェース基板（XU1）を紹介します．写真2のようにXBeeを挿入し，USB経由でパソコンとつなぎます．図1に回路を，表1に部品表を示します．最低1枚あれば間に合いますが，いろいろ実験していると複数枚欲しくなります．XU1相当の基板は，P板.com（ピーバンドットコム）のサービス「パネルdeボード」のサイトから購入できます．

## 使い方

　XBee-USBインターフェース基板の例として，「[XBee 2個＋書込基板＋解説書]キット付き超お手軽無線モジュールXBee」に同梱されているXU1の機能を紹介します．

### ● パソコンやXBeeと接続する

　パソコンとの接続はUSB AとUSB Mini-Bのコネクタ仕様をもつUSBケーブルを使います．

(a) 表面

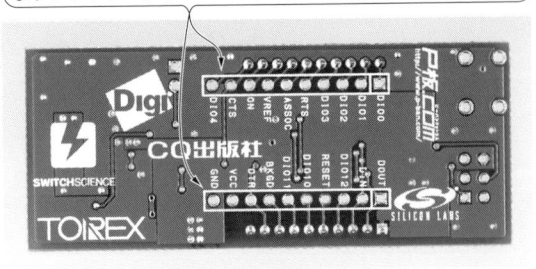

(b) 裏面

**写真1　パソコンでXBeeの機能を設定するときに便利！XBee-USBインターフェース基板XU1**
XBeeを挿してパソコンとUSBケーブルでつなぎ設定を書き換える．「[XBee 2個＋書込基板＋解説書]キット付き超お手軽無線モジュールXBee」に同梱されている．基板サイズが異なる相当品を，P板.comのパネルdeボードというサービスで扱っている（http://www.p-ban.com/）

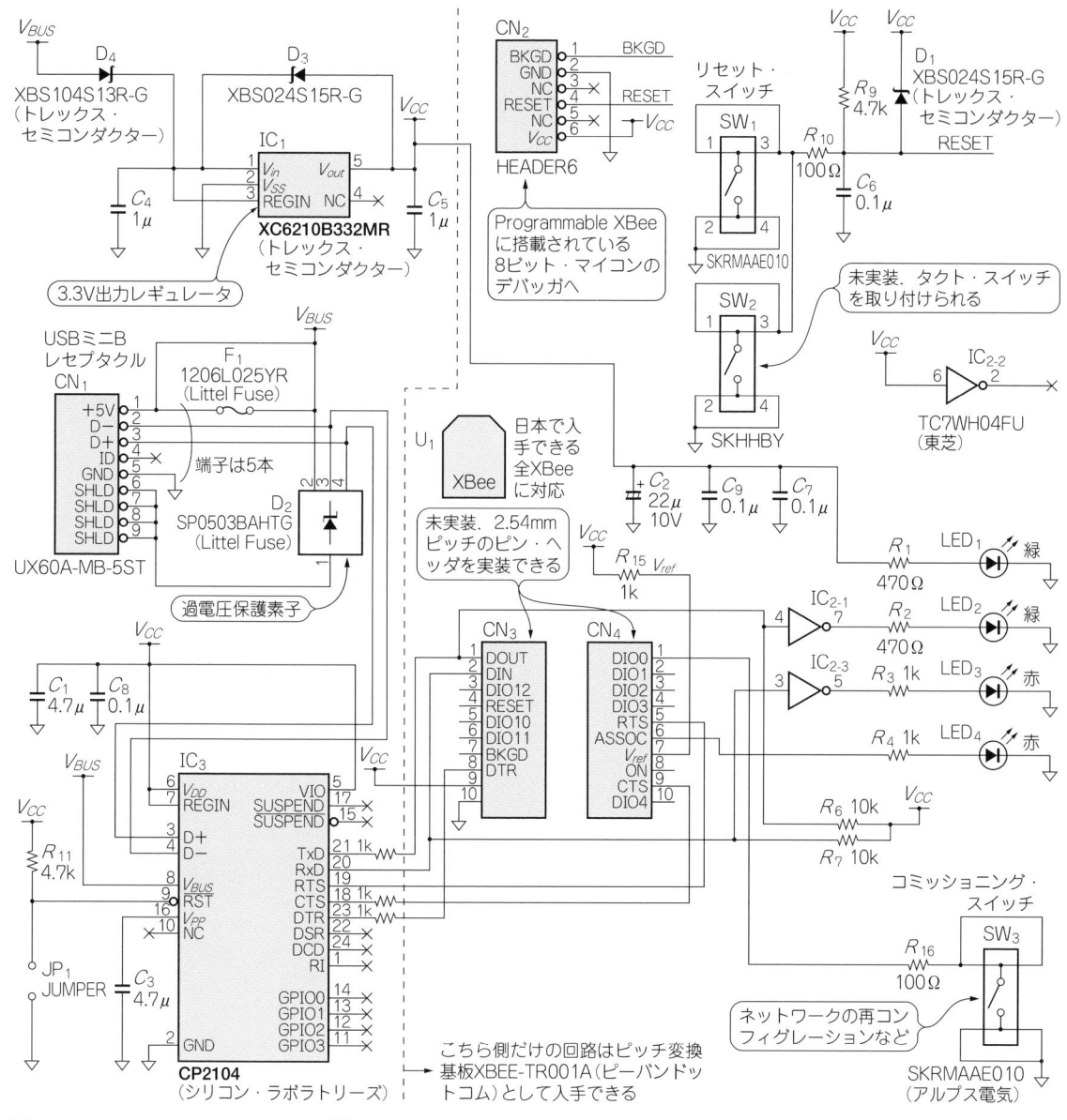

**図1 XBee‐USBインターフェース基板XU1の回路**
XBeeの設定を変更するためのシリアル・インターフェース回路．XBee Wi-Fiはピーク消費電流が700mAとUSBの供給電流の規格を越えているのでセルフ・パワーのUSBハブ（エレコムのU2H-EG4SBKなど）を使う

　XBeeモジュールは，2mmピッチの10ピン・コネクタ2本に差し込みます．基板上にはXBeeモジュールの外形を示すシルクが描かれているので，このシルクの外形に一致する向きに挿します（**写真2**参照）．

● 設定時によく押すリセット・スイッチ

　XBee‐USBインターフェース基板XU1の左上には二つのスイッチが実装されています．SW$_1$はXBeeのRESET端子に接続されているリセット・スイッチです．SW$_3$はコミッショニング・スイッチです（詳細は後述）．

　リセット・スイッチはXBeeの設定を行うときに頻繁に押すことになります．

　リセット・スイッチの基板パターンは，実装済みのスイッチに被せるようにタクト・スイッチを搭載できるようにしています．タクト・スイッチを搭載するときは，実装済みのスイッチが押されっ放しにならないように，若干の隙間を開けて搭載します．

● Programmable XBeeのデバッガ接続用コネクタ

　Programmable XBeeにプログラムを書き込んだりデバッグしたりする場合にはCN$_2$と書かれている6

ピンのヘッダに搭載します．Programmable XBee を使わないのなら，未実装のままで大丈夫です．$CN_3$ と $CN_4$ は，XBee-USB インターフェース基板 XU1 をピッチ変換基板として利用するときに，シングル・ラインのピン・ヘッダを実装して使います．

### ● ブレッドボードやユニバーサル基板に挿せる

$CN_3$ と $CN_4$ の間隔は 600mil，つまり 0.6 インチで配置しています．連結ソケットを挿入すれば，ブレッドボードなどにそのまま挿して使えます．

$CN_3$ と $CN_4$ には XBee のすべての端子が引き出されています．信号配置は基板の裏側を見るとシルクで書かれています．注意が必要なのは電源電圧は XBee の電源仕様そのまま，つまり 3.3V 程度の電源を $CN_3$ の 9 ピンと 10 ピンの電源に接続して下さい．

### ● 電源切り替え用ジャンパ

$JP_1$ は，USB 給電と外部からの電源を切り替えるジャンパです．USB に接続して使うときは，必ずオープンとします．外部から電源を入れるときは，ショートしてください．

### ● XBee の動作を示すインジケータ LED

$LED_1$～$LED_4$ まで順に，電源，DIN，DOUT，ASSOC をモニタしています．

電源が投入されている間は，$LED_1$ が点灯します．

X-CTU からアクセスしているとき，DIN，DOUT の LED が頻繁に点滅します．

XBee が他のモジュールと通信が可能となったとき，ASSOC の LED が 1 秒周期または 0.5 秒周期で点滅します．

## ネットワークへの参加がらくちん！ コミッショニング・スイッチ

### ● 使い方

コミッショニング・スイッチ（ネットワークへの参加を依頼するスイッチ）は，主にシリーズ 2 のネットワークへの参加時および再参加時に使います．

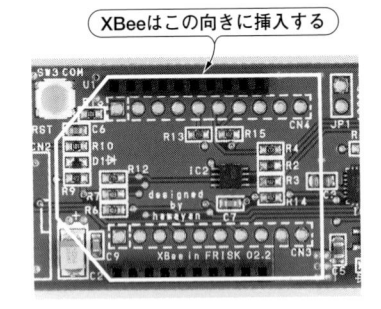

写真 2 XBee-USB 変換基板 XU1 に XBee を搭載する向き

表 1 XBee-USB インターフェース基板 XU1 の部品

| 参照番号 | 数量 | 品名 | 型名 | メーカ名 |
|---|---|---|---|---|
| $CN_1$ | 1 | コネクタ | UX60A-MB-5ST | ヒロセ電機 |
| $CN_2$ | 1 | 6 ピン・コネクタ | (未実装) | － |
| $CN_3$, $CN_4$ | 2 | 連結ソケット | (未実装) | － |
| $C_1$, $C_3$ | 2 | 積層磁器コンデンサ 4.7μF | (1608 サイズ) | － |
| $C_2$ | 1 | タンタル・コンデンサ 22μF/10V | TAJB226M010RNJ | AVX |
| $C_4$, $C_5$ | 2 | 積層磁器コンデンサ 1μF | (1608 サイズ) | － |
| $C_6$, $C_7$, $C_8$, $C_9$ | 4 | 積層磁器コンデンサ 0.1μF | (1608 サイズ) | － |
| $D_3$, $D_1$ | 2 | ショットキー・バリア・ダイオード | XBS024S15R-G | トレックス・セミコンダクター |
| $D_2$ | 1 | TVS ダイオード | SP0503BAHTG | Littelfuse |
| $D_4$ | 1 | ショットキー・バリア・ダイオード | XBS104S13R-G | トレックス・セミコンダクター |
| $F_1$ | 1 | リセッタブル・ヒューズ | 1206L025YR | Littelfuse |
| $IC_1$ | 1 | 電源レギュレータ | **XC6210B332MR** | トレックス・セミコンダクター |
| $IC_2$ | 1 | CMOS インバータ | **TC7WH04FU** | 東芝 |
| $IC_3$ | 1 | USB－シリアル変換 IC | **CP2104** | シリコン・ラボラトリーズ |
| $JP_1$ | 1 | ジャンパ | (未実装) | － |
| $LED_1$, $LED_2$ | 2 | LED 緑 | APT1608CGCK | Kingbright |
| $LED_3$, $LED_4$ | 2 | LED 赤 | APT1608SRCPRV | Kingbright |
| $R_1$, $R_2$ | 2 | 炭素皮膜抵抗 470Ω | (1608 サイズ) | － |
| $R_3$, $R_4$, $R_{12}$, $R_{13}$, $R_{14}$, $R_{15}$ | 6 | 炭素皮膜抵抗 1kΩ | (1608 サイズ) | － |
| $R_6$, $R_7$ | 2 | 炭素皮膜抵抗 10kΩ | (1608 サイズ) | － |
| $R_{11}$, $R_9$ | 2 | 炭素皮膜抵抗 4.7kΩ | (1608 サイズ) | － |
| $R_{10}$, $R_{16}$ | 2 | 炭素皮膜抵抗 100Ω | (1608 サイズ) | － |
| $SW_1$, $SW_3$ | 2 | タクト・スイッチ | SKRMAAE010 | アルプス電気 |
| $U_1$ | 2 | 2mm ピッチ 10pin ソケット | NPPN101BFCN-RC | Sullins Connector Solutions |

表2 コミッショニング・スイッチが押されたときのXBeeの動作

| 押された数 | ネットワークへの参加が済んでいる | ネットワークへの参加が完了していない |
|---|---|---|
| 1 | ・エンド・デバイスを30秒間起動する<br>・ノード識別子をブロードキャストで送信する | ・エンド・デバイスを30秒間起動する<br>・点滅数で表された失敗要因をASSOC LEDで示す |
| 2 | ・ネットワークへの参加を1分間だけ可能とするブロード・キャストを送信<br>・もしNJ = 0xFFで常にネットワークへの参加が受け付けられていたら，この動作は効果を持たない | N/A |
| 4 | ・デバイスをPAN（XBeeのネットワーク）から離脱させる<br>・「ID」や「SC」コマンドを含むモジュール・パラメータの初期化を行うためにATRE（リストア・コマンド）を実行する<br>・「ID」や「SC」の設定に基づいてネットワークへの参加を試みる | ・「ID」や「SC」コマンドを含むモジュール・パラメータの初期化を行うために，ATRE（リストア・コマンド）を実行する<br>・「ID」や「SC」の設定に基づいてネットワークへの参加を試みる |

コミッショニング・スイッチが押されたときのXBeeの動作は，ネットワークへの参加状態や，押された数で変わります．表2に動作を示します．

例えばネットワークに参加できないルータやエンド・デバイスのコミッショニング・スイッチを1回押せば，「AI」コマンドで返されるステータス番号をASSOC LEDの点滅で表現します．コーディネータやルータのスイッチを2回押せば，一時的にデバイスのネットワークへの参加を許可します．スイッチを4回押せば，現在参加しているネットワークから離脱し，ネットワークへ再参加を試みます．

● セキュリティと使い勝手を両立

セキュリティの実現には暗号化が一般的ですが，その他の方法も併用すれば，高い安全性を確保できます．XBeeでは，時間による受け入れ制限を併用しています．

具体的には，図2のようにコーディネータやルータがネットワークを立ち上げたり参加したらタイマをスタートし，一定時間が来たらそれ以降エンド・デバイスのネットワークへの参加を受け付けない，という方法です．

ネットワークへの参加受け付けを短時間に制限することで，時間外に起動した無関係な機器の，ネットワークへの意図しない参加を防ぎます．その結果，セキュリティの確保に役立ちます．

ネットワークの再起動無しで新たな機器をネットワークに参加させる手段として，XBeeではコミッショニング・スイッチを接続できるようになっています．

ネットワークへの参加受け付け時間は"Networking"カテゴリの「NJ」コマンドで設定します．単位は秒です．標準では0xFFとなっており，いつでもネットワークへの参加を受け付ける状態です．ホーム・オートメーションなどで利用するときは，適切な値に設定する必要があります．

エンド・デバイスがネットワークに参加するときは，「NJ」コマンドで設定された時間（最大は254秒間）

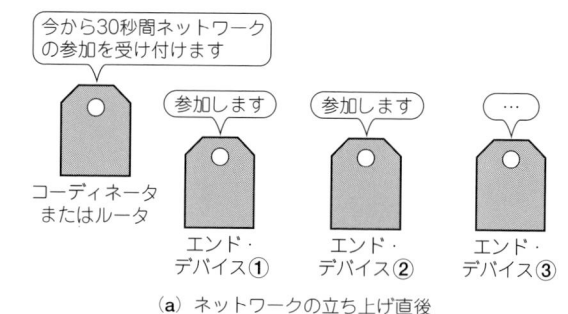

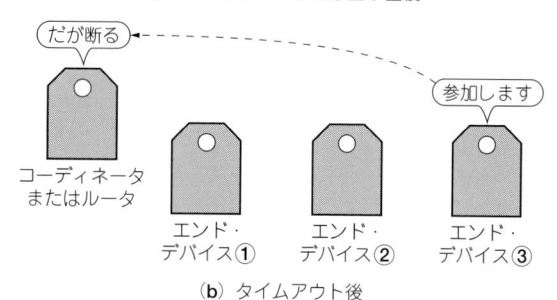

図2 XBeeは新たな機器が参加できる期間を制限してセキュリティを確保する

にエンド・デバイスが起動し，ネットワークへの参加に必要な処理を完了させる必要があります．

● セキュリティの必要性

ZigBeeを使ってホーム・オートメーションやスマート・エナジなどのプロファイルを実現するときは，セキュリティが必須です．例えばホーム・オートメーション機器の場合，セキュリティが存在しなければ，外部の悪意を持った人に照明やエアコンを勝手に操作されたり，電気の使用状況から生活パターンを把握されたり，外部からの侵入を許してしまいます．これらをセキュリティで防ぐ必要があります．

もしセキュリティが必要なアプリケーションの開発を行うなら，ZigBeeアライアンスから無償で公開されているZigBeeの仕様書を読むべきでしょう．ZigBeeアライアンス（http://www.zigbee.org/）

# 第6章 XBee搭載 オリジナル・モジュールを作る

―― ピッチ変換やマイコンとの接続方法

濱原 和明　Kazuaki Hamahara

XBeeのピン・ピッチは2mmなので，そのままブレッドボードに挿入できず，すぐ実験！とはいきません．いっしょにピッチ変換基板を購入しておくとよいでしょう．ピッチ変換基板に搭載したら，あとはセンサやマイコンと組み合わせたりして，オリジナルの無線モジュールに仕上げます．

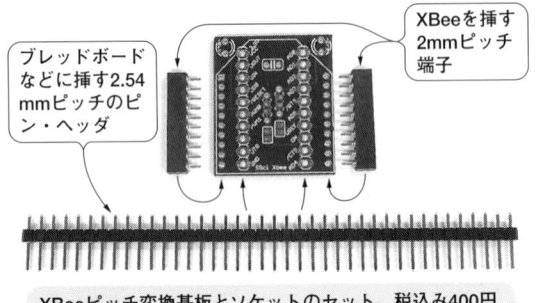

**写真1　市販の2mm-2.54mmピッチ変換基板の例**
XBeeをユニバーサル基板やブレッドボードに実装して使うときに便利

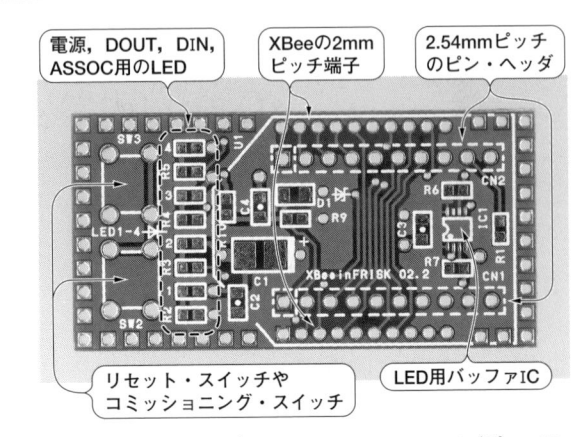

**写真2　パネルdeボードのXBEE-TR001A**（ピーバンドットコム）

## ① ピッチを変換する

XBeeの端子は一般的な0.1インチ・ピッチ（2.54mmピッチ）ではなく2mmピッチで並んでいます．0.1インチのブレッドボードやユニバーサル基板に搭載して実験をする場合は，**写真1**のようなピッチ変換基板があると便利です．それぞれ**図1**のウェブ・サイトで購入できます．

**写真2**に示すのは，第5章で作ったパソコンからXBeeに設定を書き込むときに使えるXBee-USBインターフェース基板XU1（回路図は第5章 図1参照）から，USBブリッジ回路とレギュレータを除いた回路が搭載された基板です．リセット・スイッチ，コミッショニング・スイッチ，ピッチ変換コネクタの実装部，パワーONと通信状態を表すインジケータLEDなど，オリジナル・モジュールを作るときに最小限の回路が搭載されています．

## ② 電源端子直近にコンデンサをつける

「XBeeモジュールは低消費電力」とよく言われますが，これは無線LANモジュールなどと比較して低い，と言っているだけで，仕様書上の消費電流は電源電圧が3.3Vのとき，送信時にPRO版で170mA，受信時にProgrammable XBeeで62mAも流れます．

**図2**にXBeeモジュールの消費電流の波形を示します．電源端子と電源の間に1Ωの抵抗を挿入し，その両端電圧をモニタしています．**図2(a)**は2mW出力版，**図2(b)**は10mW出力版です．2mW出力版ではピークが48mA，10mW出力版ではピークが130mAでした．消費電流は動作に応じて激しく変動しています．

このため1ピンの極近い位置に電源のバイパス・コンデンサ1μFと8.2pFを実装することが推奨されています．Programmable XBeeを使う場合はさらに10μFのコンデンサを追加します．

※XBeeピッチ変換基板とソケット，ブレッドボード，電池パックなどがセットになった「超お手軽無線モジュール XBee部品セット」を，スイッチサイエンスのウェブ・ショップで扱っています（http://www.switch-science.com/）

(a) スイッチサイエンスのウェブ・ページ

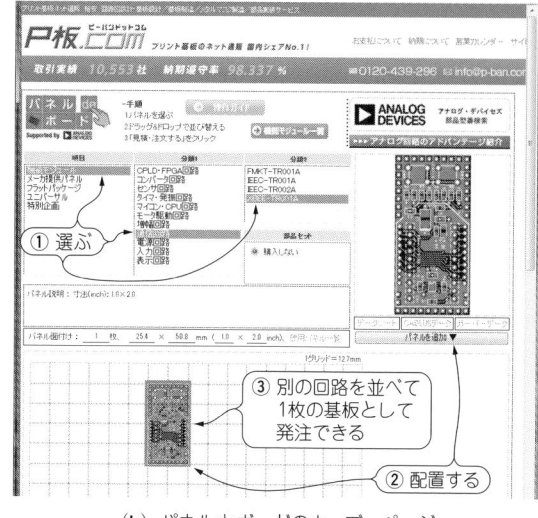

(b) パネルdeボードのウェブ・ページ

**図1 写真1または写真2 ピッチ変換基板を扱っている2社のウェブ・サイト**

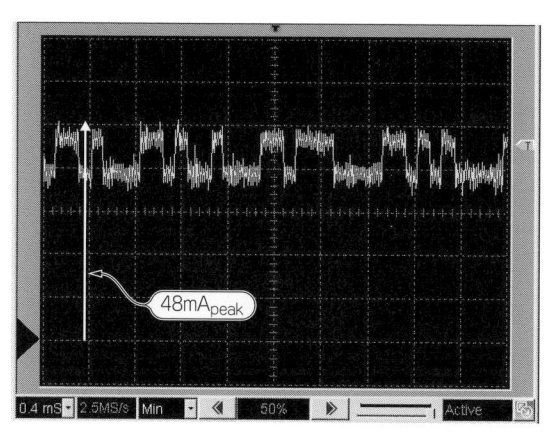

(a) 2mW出力品（10mV/div）

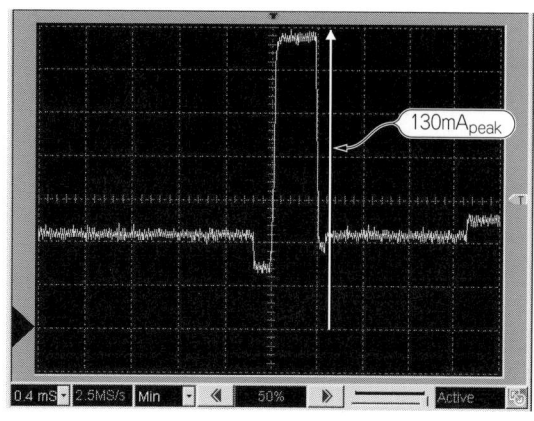

(b) 10mW出力品（20mV/div）

**図2 XBee モジュールの消費電流をモニタした波形**（0.4ms/div）
消費電流の変動が激しいのでバイパス・コンデンサが必要

　電源にスイッチング電源を使う場合は，周波数は500kHz以上で，リプルが250mV$_{P-P}$以下のものが推奨されています．

## ③ 5V系と3.3V系のXBeeをつなぐ信号レベル変換回路

### ● 5V系と3.3V系の電源回路が必要

　XBeeモジュールを単独で動作させるときは，単3形乾電池2本と電池ボックスを使って，3V程度の電源を用意すればOKです．

　XBeeモジュールは5V電源で動かせないので，5V系のマイコン回路と接続して使うときは，3.3Vの電源を別途用意します．XBeeモジュールの仕様書上の最大電圧のおよそ3.4Vを超えない電源を選びます．

### ● 5V系の信号をXBeeに入力できる3.3V系に変換する

　問題は，5V系マイコンとXBeeモジュール間のインターフェース部です．XBeeモジュールの入出力端子に加わる信号のレベルも，電源電圧を超えてはいけません．ここでは信号のレベルを合わせる回路を紹介します．

▶ 専用ICを使う方法

　最も安全なのは専用のレベル変換ICを使う回路です．
　例えば5Vの信号を3.3Vに落とすときは，3.3Vを電源とする5V耐性のあるバッファIC（TC74VHC，TC74LVX，TC74LCXなど）を経由させれば安全に利用できます．

　逆に3.3Vの信号を5Vに上げるときは，電源5Vで"H"と判断する入力端子電圧$V_{IH}$が2V，を満足する

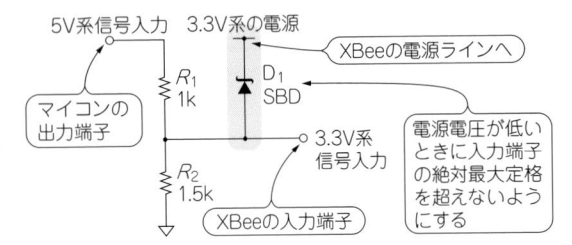

**図3** 抵抗分割を使って5V系信号をXBeeの3.3V系信号に変換する回路

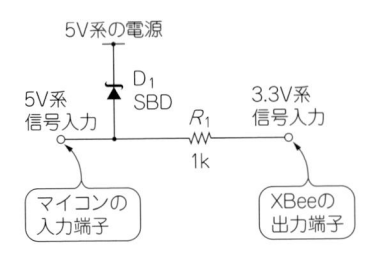

**図4** XBeeの3.3V系信号を5V系信号に変換する回路

バッファIC（TC74VHCT，TC74ACTなど）を経由させます．

▶ 抵抗で分圧する方法

端末通信速度をあまり速くする必要がなければ，抵抗分割を使う方法もあります．**図3**に回路を示します．

5Vの信号は1kΩと1.5kΩの抵抗で分割して3Vに変換できます．しかしこれは定常状態の話です．マイコンの5V系とXBeeモジュール用の3.3V系の二つの電源が立ち上がる/立ち下がるとき，つまり定常状態ではないときに破損を防ぐ配慮が必要です．

入力電圧の絶対最大定格は，電源電圧$V_{CC}$を基準とすることがほとんどで，多くのICでは入力の上限は$V_{CC}+0.3$V，下限はGND$-0.3$Vです．

もし5V系電源の方が3.3V系電源より早く立ち上がったら，抵抗分割回路では3.3V系の電源電圧がまだ低い状態で3Vの信号を入力してしまい，入力端子の絶対最大定格を超える可能性があります．このため，3.3V側の入力と3.3V電源間にショットキー・バリア・ダイオードを挿入して最大定格を超えないようにします．

● XBeeの3.3V系信号を5V系ICに入力する回路

**図4**に回路を示します．

前提として，5V系ICが"H"と判断する入力端子電圧$V_{IH}$の最小値が，XBeeなど3.3V系の"H"出力電圧$V_{OH}$の最高値以下である必要があります．シリーズ1の$V_{OH}$の最小値は（電源電圧$-0.5$V）なので，3.3Vで動かした場合は2.8Vです．シリーズ2の"H"出力電圧$V_{OH}$の最小値は（電源電圧$\times 0.82$）なので，3.3Vで動かした場合は約2.7Vです．つまり5V系ICが"H"と判断する$V_{IH}$は2.7V以下である必要があります．

上記条件を満たせば，5V系ICとXBeeモジュールの端子同士を直結できる気もしますが，やはりここでも定常以外の状態を考慮する必要があります．

5V系電源の立ち上がりが3.3V系電源よりも遅いと，5V系ICの入力の絶対最大定格を超えてしまう可能性があり，入力電圧の上限を制限する回路が必要です．具体的には端子間に1kΩ程度の抵抗を直列に挿入し，さらにクランプ用のショットキー・バリア・

ダイオードも必要でしょう．

## ④ シリアル・インターフェースでマイコンとつなぐ

● 最低限必要な接続

XBeeモジュールと，マイコンまたはパソコンとの最低限の信号線の接続は，**図5**(**a**)のようにDIN，DOUTだけで実現できます．これはハードウェア上最低限の接続で，この状態で運用するならアプリケーション側で何らかの対策が必要になるかもしれません．

● ファームウェア更新時の接続

**図5**(**b**)のように，DIN，DOUT，以外に，RTS，DTRも使います．XBee-USBインターフェース基板を自作するときは，必ずこれらを接続し，リセット・スイッチも用意すると良いでしょう．

● フロー制御する場合の接続

▶ 目的はデータのとりこぼし防止

比較的大きなデータを転送するとき，相手側がデータの大きさに対応できず取りこぼすことを防ぐための制御です．

例えばトランスペアレント・モードを使って大量のデータを転送する場合は，必ずXBeeモジュールと，マイコンまたはパソコン側でハードウェア・フロー制御を有効とします．

▶ XBeeはハードウェア制御がサポートされている

フロー制御の実現方法には，データの中に制御データを入れるソフトウェアによるものと，RTS，CTS制御線を使ったハードウェアによるものがあります．

XBeeモジュールではハードウェアの制御がサポートされています．**図5**(**c**)のような信号線を接続する必要があります．

受信データ（DINから入力）の取りこぼしを防ぐためのフロー制御は以下の様に行われます．

①CTS端子を"L"として相手にデータの受け入れが可能なことを示す
②受信バッファの残りサイズが17バイト以下となったらCTS端子を"H"とし，受け入れでき

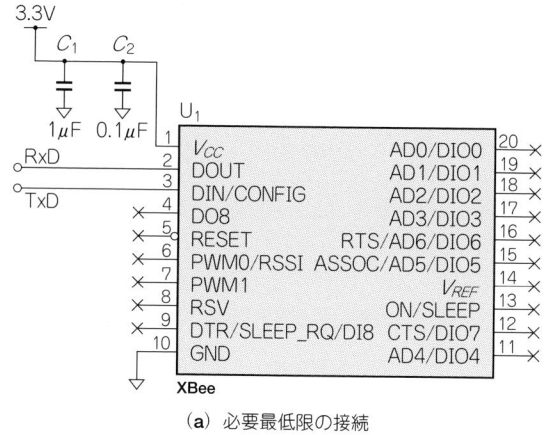

**図5 シリアル通信をするための接続**

(a) 必要最低限の接続

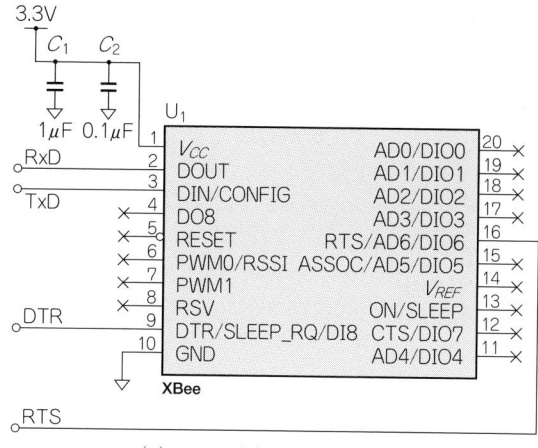

(b) ファームウェア更新時の接続

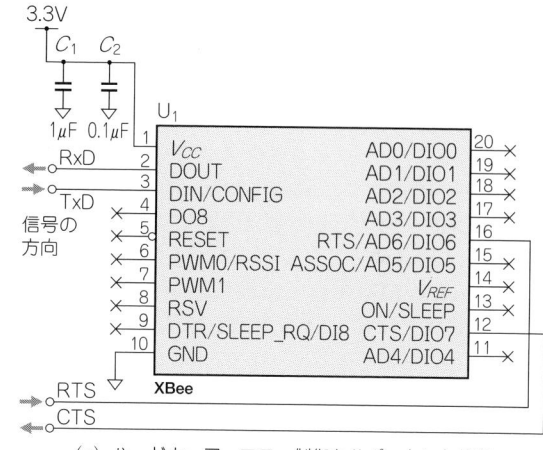

(c) ハードウェア・フロー制御もサポートした接続

ないことを示す
③ 受信バッファの残りサイズが34バイトまで回復したらCTS端子を"L"とし，受け入れ可能なことを示す

信号の向きが前述とは反対，つまりDOUTから出力する場合は，RTS端子が"L"のときにデータを送信し，"H"のときは送信を一時停止します．その後RTS端子が"L"に戻るのを待ちます．

▶XBeeモジュールのフロー制御を有効にする設定

フロー制御を有効とするためにはDIO7，DIO6端子をそれぞれD7 = 1（標準），D6 = 1とする必要があります．

---

## Column　アンテナ近くに金属を配置しない

図Aに，アンテナがチップまたはPCBタイプのXBeeモジュールを使うときの推奨パターンを掲載します．

図A(a)は最低サイズのレイアウトです．基板の全層に渡って金属を避けるべき領域は，横に約84mm，縦に約15mmです．

図A(b)は推奨レイアウトです．基板の全層に渡って金属を避けるべき領域は，横に約112mm，縦に約40mmです．チップやPCBアンテナを使用した場合，アンテナの性能を阻害しないためにはかなり大きなレイアウト上の制限があることが分かります．

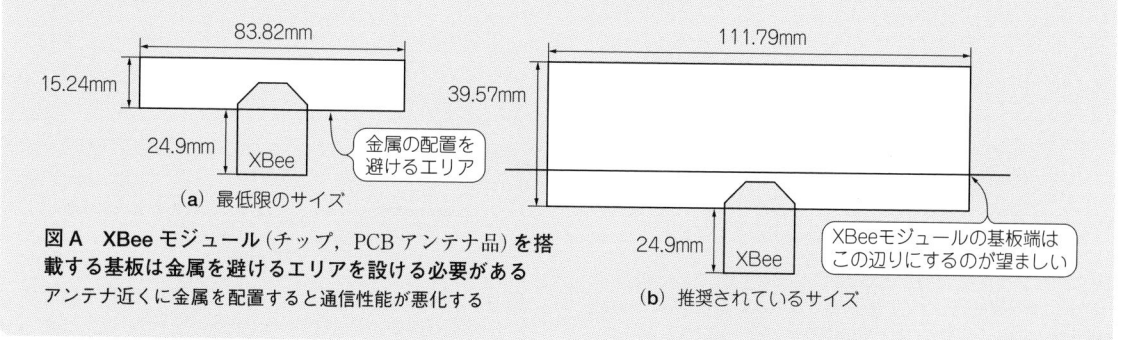

(a) 最低限のサイズ

(b) 推奨されているサイズ

**図A　XBeeモジュール（チップ，PCBアンテナ品）を搭載する基板は金属を避けるエリアを設ける必要がある**
アンテナ近くに金属を配置すると通信性能が悪化する

④ シリアル・インターフェースでマイコンとつなぐ

# Appendix1 XBee-USB インターフェース基板の電源設計
―― USBの5VからXBeeの電源電圧3.3Vを生成する

## USB バス・パワーで動かしたい！どんな IC がいい？

### ● 電源 IC に求められる特性

　LSIを安定して動作させるために電源ラインとして気を付けなくてはならないことは，LSIのデータ処理に使用されるバースト・モードや，データ転送，無線通信などによる負荷電流の変動です．負荷電流が激しく変動しても出力電圧が安定している強い電源ICを選定しなくてはなりません．

　電圧レギュレータのなかでも，高速LDO（Low DropOut）と呼ばれる電源ICは，携帯電話や無線LAN，Bluetoothなど無線機器のベースバンドLSIなども安定して動作できるように作られています．

### ● 電源 IC の負荷電流の変動に対する出力電圧の変化の度合いはリプル除去性能に表れる

　高速LDOの特性を見極める手段の一つとしてリプル除去率PSRRのグラフを確認することが挙げられます．リプル除去率は，図Aに示すように入力電圧の変動に対する出力電圧の変動率を（PSRR），周波数をパラメータとして表した特性になります．

　一般的に，このリプル除去率が良いICは，特性を得るために内部回路の誤差増幅器の増幅率を大きくするとともに回路の消費電流を大きくし，回路動作全体のスピードを上げています．その結果，入力電圧の変動に対する出力電圧の高速な収束安定性だけではなく，負荷電流の変化による出力電圧の変動に対しても回路が高速に動作することができ，負荷電流変化に対しても強い電源ICとなります．一般的には，1 kHzの入力電圧変動時に60 dB程度以上の除去特性があるものが高速LDOと言えます．

　また，図Bに示す負荷過渡応答特性のグラフでは，実際のドロップアウト波形を確認することができます．実際に起こる電流変化に対して所望する特性を得られているかを確認するにはよいでしょう．

　メーカの示しているデータの見方のポイントは，ドロップアウト電圧と収束性です．過渡変化のあとでリンギングが生じているような場合は，位相余裕が少ないことも確認できます．

　さらに，電流変化の立ち上がり/立ち下がりスピードが実機と大きな差異がないかと，出力コンデンサの値も確認するとよいでしょう．データシートの標準的なコンデンサの値ではドロップアウトが大きくなる場合，入力あるいは出力コンデンサを増やすことで，過渡時のドロップアウトを抑制できます．どちらを増やすかは，レギュレータの入力側か出力側のどちらで電圧変動が大きくなっているかで判断します．

### ● 電源 IC XC6210B332MR が使える

　XBee-USBインターフェース基板XU1では，トレックス・セミコンダクター社のXC6210B332MRを使用しています．リプル除去率が60 dB@1 kHzであ

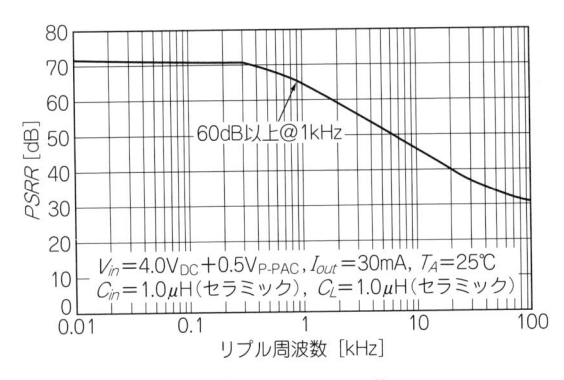

**図A　リプル除去特性**（XC6210シリーズ）
1kHzの負荷変動（リプル）の除去率（PSRR：Power Supply Rejection Ratio）が60dB以上あれば高速LDOと考えていい

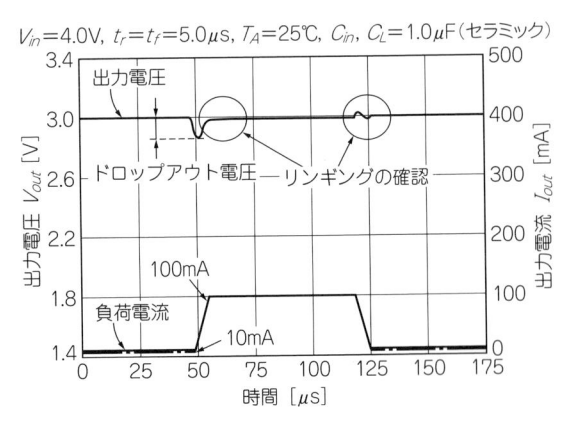

$V_{in}=4.0V_{DC}+0.5V_{P-PAC}$, $I_{out}=30mA$, $T_A=25℃$
$C_{in}=1.0\mu H$（セラミック）, $C_L=1.0\mu H$（セラミック）

**図B　XBee-USBインターフェース基板に使った電源ICの負荷過渡応答特性**（XC6210シリーズ）

$V_{in}=4.0V$, $t_r=t_f=5.0\mu s$, $T_A=25℃$, $C_{in}$, $C_L=1.0\mu F$（セラミック）

**表A 高速LDOレギュレータXC6210の仕様**

| 項目 | 仕様 |
|---|---|
| 最大出力電流 | 700mA以上（リミット：800mA$_{typ}$） |
| 入出力電位差 | 100mV（200mA時） |
| 動作電圧範囲 | 1.50～6.00V |
| 出力電圧設定範囲 | 0.80～5.00V（0.05Vステップ） |
| 精度 | ±2％（1.55V≦$V_{out}$≦5.00V） |
| 消費電流 | 35$\mu$A$_{typ}$ |
| リプル除去比 | 60dB@1kHz |
| 動作周囲温度 | －40～＋85℃ |
| その他 | セラミック・コンデンサ対応，RoHS指令対応，鉛フリー |

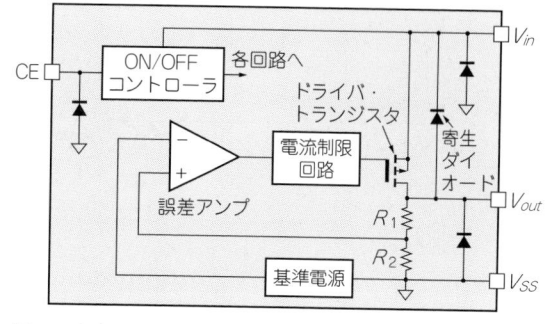

**図C 高速LDOレギュレータXC6210の内部構成**

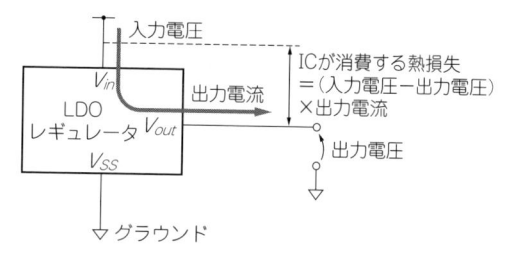

**図D 電源ICが消費する電力（熱損失）は入出力間電圧と出力電流の積で求まる**

り，高速LDOレギュレータの分類になります．
おもな仕様を**表A**に，内部構成を**図C**に示します．

● 小型化とパッケージの許容損失

無線機器に使用する部品類には小型化が求められます．LDOも例外ではなく小型のパッケージを選定したいのですが，LDOの場合は電源ICとしての発熱を考慮した許容損失のパッケージにしなければなりません．

LDOでは，入力電圧と出力電圧の電圧差分と，そのときの出力電流を掛けた値が，熱損失として発熱源になります（**図D**）．出力電流や入出力電圧差が大きい場合は，基板への放熱や大きめのパッケージの選定に特に注意が必要になります．

XBee-USBインターフェース基板XU1（第5章参照）は，USB接続時の$V_{BUS}$電圧は5Vで，D$_4$の$V_F$ぶん電圧降下したとすると，LDOの$V_{in}$端子にかかる電圧は約4.6Vとなります．出力設定電圧は3.3Vなので，LDOの入出力電圧差は，次のとおりです．

　　4.6V － 3.3V ＝ 1.3V

想定する最大出力電流が250mAなので，損失は

　　W ＝ 0.25A × 1.3V ＝ 0.325W

となります．

今回使用しているSOT-25パッケージの許容損失は，IC単体では250mWですが，基板への実装時に十分に放熱を行えば600mWまで大きくなるので問題はないでしょう．

## 確実に動く高速応答の3.3V出力USBバス・パワー電源回路

**図E**に，高速LDOレギュレータXC6210を使った5V入力3.3V出力の電源回路を示します．実際に，XBee-USBインターフェース基板XU1上で問題なく動作しています．

● アブノーマル時の破損を防ぐダイオード

一般的なCMOSプロセスのLDOでは，$V_{out}$端子（出力電圧端子）に$V_{in}$端子（入力電圧端子）以上の電圧を入力してはいけません．CMOSプロセスのLDOの多くは，出力ドライバ・トランジスタとしてPチャネルMOSFETを使用しているからです．このような素子の構造上，出力端子（P-MOSのドレイン）の電圧が入力端子（P-MOSのソース）の電圧より0.6V以上高くなると，寄生ダイオードの順方向バイアス以上となり，電流が流れてしまいます（**図F**）．

この方向の電流は，通常のドライバ・トランジスタの使用では想定していない電流であり，素子の信頼性を損なう原因となります．よって，電源OR回路などで，出力電圧端子に入力電圧端子以上の電圧がかかることが考えられる場合，寄生ダイオードの順方向バイアス電圧（$V_F$：0.6V）より低い順方向バイアス電圧のショットキー・バリア・ダイオードを，D$_3$（XBS024S15R-G）のように，$V_{out}$端子から$V_{in}$端子に向けて接続し，電源IC内で電流の逆流を起こさないようにします．

逆流防止機能を備えたLDOもあります．XC6227シリーズでは，$V_{out}$端子に$V_{in}$端子より高い電圧が印加されたことを検出し，内部回路でPチャネルMOSFETの逆流電流を止めるように動作するので，外部にダイオードを付ける必要はありません．

● USBへの電流の逆流を防ぐダイオード

D$_4$（XBS104S13R-G）は$V_{BUS}$への逆流を防止します．

今回の回路では，$V_{CC}$へ外部より電圧を印加することができます．このとき，$V_{BUS}$電圧より低い電圧であれば，外部電源から$V_{BUS}$へ逆流することはありませんが，誤って高い電圧を印加してしまってもUSB側を破壊しないようにするダイオードです．

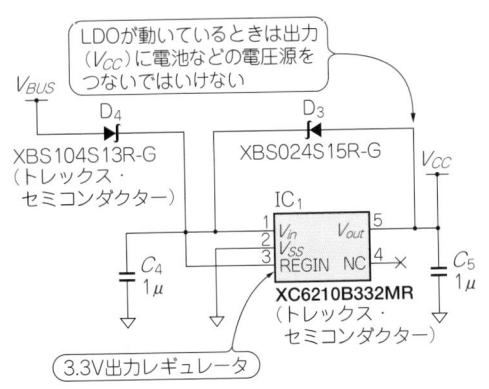

**図E** USBバス・パワー動作と電池動作を両立するときの電源回路構成（XBee-USBインターフェース基板XU1の電源部）

吹き出し:
- LDOが動いているときは出力（$V_{CC}$）に電池などの電圧源をつないではいけない
- 3.3V出力レギュレータ

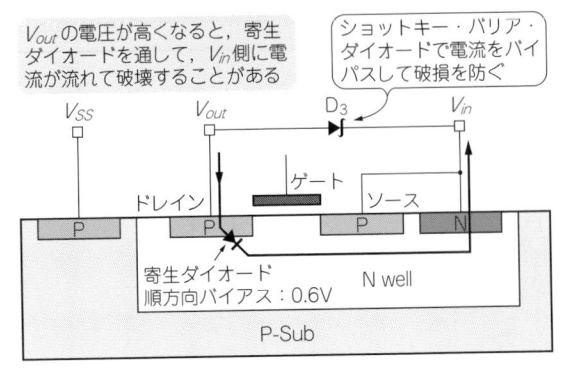

**図F** PチャネルMOSFETの構造

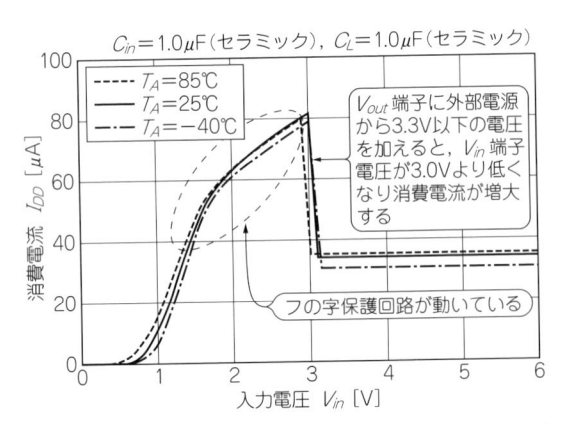

吹き出し:
- $V_{out}$の電圧が高くなると，寄生ダイオードを通して，$V_{in}$側に電流が流れて破壊することがある
- ショットキー・バリア・ダイオードで電流をバイパスして破損を防ぐ
- 寄生ダイオード 順方向バイアス：0.6V

**図G** 3.3V仕様のLDO電源ICの出力に3.3V電源（電池など）を加えたときの消費電流の変化

吹き出し:
- $V_{out}$端子に外部電源から3.3V以下の電圧を加えると，$V_{in}$端子電圧が3.0Vより低くなり消費電流が増大する
- フの字保護回路が動いている

通常動作では，このショットキー・バリア・ダイオードを通じて回路への電流が供給されるように動作するので，$V_F$が小さく，順方向電流にUSB電流以上の定格を備えたものを選定します．

● LDOが動いている間は出力端子に電圧源をつないではいけない

USB接続をしたままで外部電源（電圧源）を$V_{CC}$（LDO出力端子）へ接続してはいけません．$V_{CC}$に加えられる電圧がXC6210B332MRの設定電圧3.3Vより高いつまり，LDOの$V_{out}$端子が設定電圧より高いと，PチャネルMOSドライバ・トランジスタがOFFします．しかし，3.3Vより低くなるとドライバ・トランジスタがONとなり，LDOは0.3Ωの低抵抗のようにふるまいます．

$V_{CC}$へ外部から電池を接続している場合は，電池に充電を行っている状態となり，非常に危険です．絶対にUSBと電池の同時接続はしないでください（**図F**）．

USBを切り離した状態で$V_{CC}$に電圧を印加した場合，LDOは$D_3$を通った電圧が$V_{in}$端子に印加されるため動作状態になっています．

印加電圧によってXC6210B332MRの動作状態が異なります．外部から$V_{CC}$に与えられる電圧がLDOの設定電圧である3.3Vより高い場合，ドライバ・トランジスタはOFFとなり$V_{out}$端子から数μAのシンク電流が流れ込みます．印加電圧が3.3Vより低い場合，ドライバ・トランジスタはONしていますが，$V_{in}$端子電圧のほうが$D_3$の$V_F$ぶん低いので，大きな問題は発生しません．ただし，LDOの動作としては，「フの字回路」が動作している状態となり，**図G**のように消費電流が多くなっています．

〈前川 貴〉

---

## Column 電源と同じくらい確実性が求められるリセット回路のくふう

XBee-USBインターフェース基板XU1の回路（第5章）の$D_1$（XBS024S15R-G）は，リセット信号の発生回路の一部としてXBeeモジュールのRESET端子から$V_{CC}$へ向けて電流が流れるように接続されています．パワーオン・リセットのためのディレイ時間を$R_9$と$C_6$で作成し，マニュアル・リセット信号作成のために$SW_1$が付いています．

ダイオード$D_1$は，$V_{CC}$の電源が落ちた場合の$C_6$のディスチャージと，再電源立ち上げ時にRESET端子が中間電位で停止することなく確実にリセットが働く電圧まで降下させるために挿入されています．

使用目的から，小型の小リーク電流のショットキー・バリア・ダイオードで十分に機能を果たします．

〈前川 貴〉

# 第7章 XBee 設定用の専用ソフトウェア X-CTU を使ってみる

―― シリーズ2を使った簡単なデータの送受信をしながら

濱原 和明　Kazuaki Hamahara

XBeeがもつたくさんの便利な機能を利用するには，**X-CTU**と呼ばれる専用ツールを利用して，XBeeの動作モードを細かく設定する必要があります．本章では，この**X-CTU**を使ってみます．**XBee-USB** インターフェース基板（**USB**ブリッジIC CP2104）のドライバ・ソフトウェアと**X-CTU**は各自でインストールをすませてください．

　XBeeシリーズ2を2個使った送受信実験（図1）を通じて，X-CTUがどのようなものか体験してみます．

　まず最初に，X-CTUを使ってリモートXBeeの役割を「ルータ」に，ローカルXBeeを「コーディネータ」に設定します．さらに，XBeeをデフォルト・モード（トランスペアレント・モード）で動かし，X-CTUを使って，マニュアル感覚でXBeeを操作できるATコマンドをXBeeに送信します．そして，コーディネータとルータの間で文字データを送受信（ループバック試験）してみます．

▶ 実験に使う部品

　この実験は，XBeeモジュール（シリーズ2）が2個，XBee-USBインターフェース基板のほか，ピッチ変換基板，ブレッドボード，1個のLED，1個の470Ω抵抗，単3形電池2本と電池ボックス，若干の配線が必要です．

　XBeeモジュール（シリーズ2）とXBee-USBインターフェース基板は，「［XBee 2個＋書込基板＋解説書］キット付き超お手軽無線モジュールXBee」同梱のものを使います．

## 実験の準備

　XBee設定用ソフトウェアX-CTUを使ってXBeeモジュールのシリーズ2を設定します．

### ■ STEP1：各XBeeをパソコンで設定する

　まずXBee-USBインターフェース基板（XU1）にXBeeモジュールを搭載します．

　USBコネクタと逆側にXBeeのアンテナ搭載側が向くようにします．お間違えのなきように．

　USBケーブル（USB-AとUSB mini-Bのポートをもったもの）で，パソコンとXBee-USBインターフェース基板（XU1）を接続します．XBee-USBインターフェース基板（XU1）に実装されているUSBブリッジIC CP2104のドライバのインストールが始まれば，ウィザード通りにインストールさせます．CP2104のドライバは，付属CD-ROMに収録されています（¥XBee-USB_Interface_Board¥CP2104_driver¥CP210x_VCP_Win_XP_S2K3_Vista_7.exe）．

　ドライバのインストールが完了したら，図2のよ

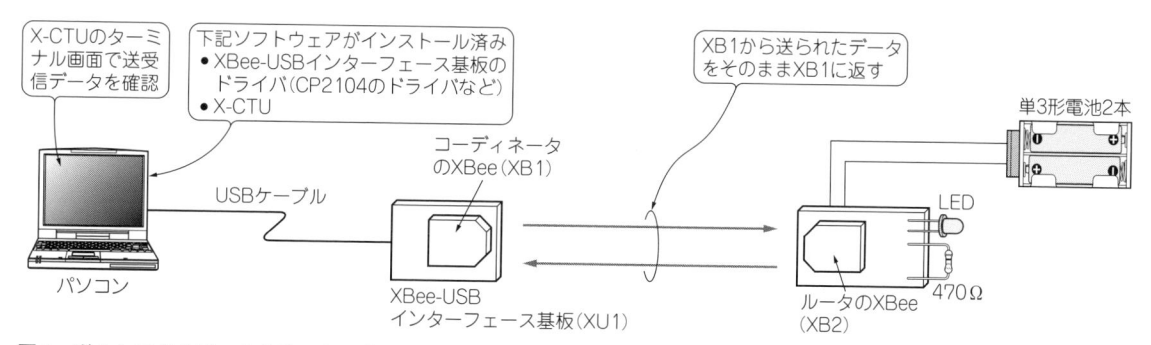

**図1　送られてきたデータをそのまま送り返す簡単な実験でX-CTUでXBeeを設定する流れを確認**

※スイッチサイエンスのウェブ・ショップで，本章の実験用キット「超お手軽無線モジュールXBee部品セット」を扱っています（http://www.switch-science.com/）．

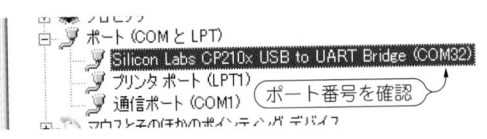

**図2 パソコンのデバイス マネージャの画面で COM ポート番号を確認**

うにパソコンのデバイス マネージャの画面で COM ポート番号を確認しておきます．

## ■ STEP2 ： X-CTU を起動する

X-CTU を起動します．最初起動したときは，図3(a) のようにパソコンとのインターフェースを決定する画面が表示されています．購入直後の XBee モジュールであればこのまま [Test/Query] をクリックすると，図3(b) のようなダイアログが表示されます．

使いたい XBee モジュールが，すでに通信条件を変更済みの場合，その通信条件と一致させる必要があります．通信条件が一致していても，エンド・デバイスに設定されている場合は，スリープに入っていて X-CTU からの問い掛けに対して無反応な場合があります．

X-CTU は XBee モジュールから反応がないと，XBee モジュールがスリープに入っていると判断し「リセット・ボタンを押すように」とのメッセージを出します．このメッセージが表示されたら，XBee - USB インターフェース基板の（XU1 の場合は SW1）リセット・スイッチを押してください．

XBee の操作に慣れるまでは可能な限り標準の通信条件を使うことをお勧めします．

## ■ XBee に役割を設定する

### ● STEP3 ：ルータ側（XB2）の設定

図4(a) に，X-CTU の設定画面を示します．黄土色の文字は変更した項目，緑の文字はユーザが変更可能な項目，黒の文字はユーザが変更できない項目です．

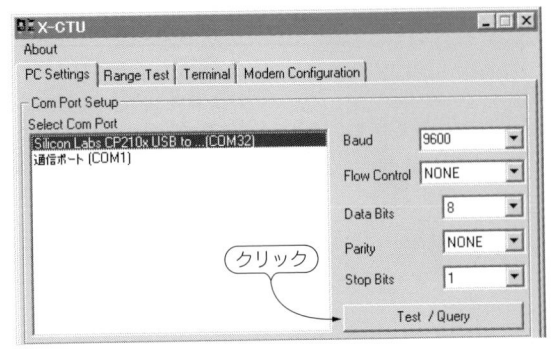

(a) XBee と接続

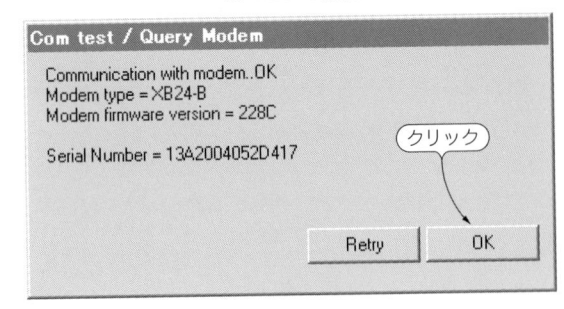

(b) 接続できた

**図3 X-CTU を立ち上げて XBee - USB インターフェース基板経由で XBee モジュールをパソコンにつなぐ**

この他に，設定変更済みの XBee モジュールの設定を [Read] で読み出したときは，標準設定と違う値は青色，パラメータにミスがある項目は赤色の表示となります．

▶ ルータにする

X-CTU の「Modem Configuration」タブに移動し，[Read] をクリックして現在の XBee の設定情報を取得します．

「Function Set」はプルダウン・メニューから「ZIGBEE ROUTER AT」を選択します．この機能に設定されたモジュールをルータと呼びます．

---

**Column　X-CTU 設定情報の保存と読み出し**

X-CTU は設定内容を保存したり，設定内容をロードする機能があります．保存した設定情報を他の人に渡せば，同じ設定を簡単に完了できます．

図A に，X-CTU で設定内容の保存/読み出しをしている画面を示します．「Profile」をクリックすれば，現在の設定情報を保存（Save）するのか読み出す（Load）かを選べます．　〈濱原 和明〉

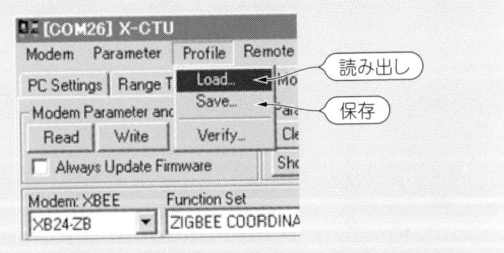

**図A　X-CTU は設定内容の保存や読み出しができる**

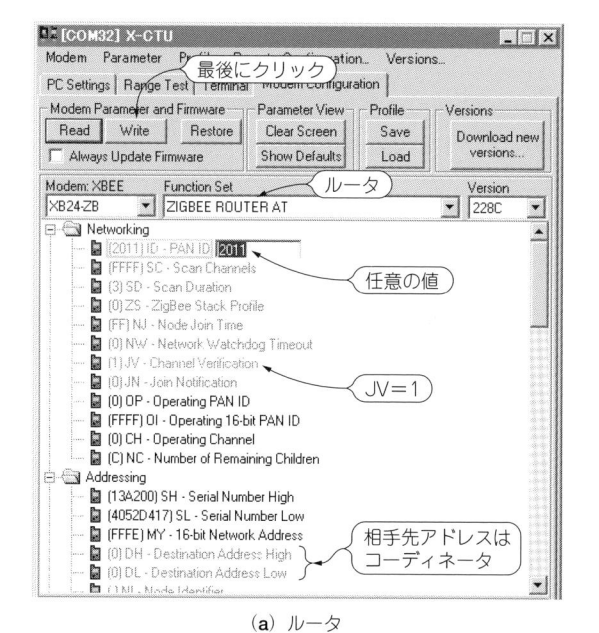

**図4 X-CTUでXBeeモジュールを設定する**

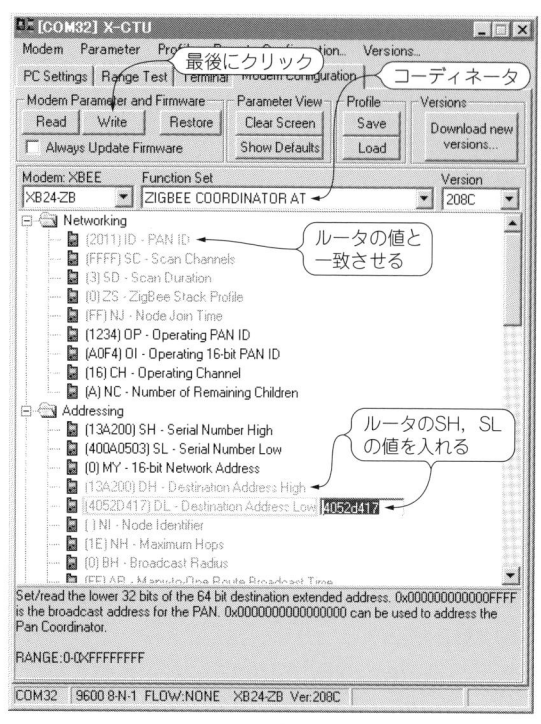

(a) ルータ

(b) コーディネータ

「Parameter View」から[Show Default]を2回くらいクリックしておきます．

「Addressing」項目のSHとSLの項目の内容を控えておきます．XBeeにこの値を書いたシールを貼り付けておくと便利です．

▶ 参加するネットワークのグループIDを設定する

「Networking」項目のIDに任意の値を入力します．IDは64ビット長のネットワーク・グループIDです．XBeeモジュールはネットワーク・グループに参加し，ネットワーク・グループIDが一致する相手とだけ通信を行います．

ルータはネットワーク・グループIDが設定されていればその値を参考とします．特に何も設定されていない場合（ID = 0）は，コーディネータによって自動的に決められたIDを使います．しかし，周囲に別のZigBeeネットワーク・グループが存在するとき，コーディネータにお任せ設定では立ち上げ過程で面倒なことになるので，この実験ではユーザがあえて設定することにします．

▶ 参加するネットワークを柔軟に切り替えられるようにする

「Networking」項目のJVはルータ特有の設定項目です．JVを設定しなくてもXBeeモジュールをルータとして使えますが，XBeeモジュールを使って各種実験をしている段階ではJV = 1としておくほうが何かと便利です．

標準設定はJV = 0です．この設定の場合，ルータが一度参加したネットワーク・グループの情報を不揮発性メモリに記憶します．電源再起動などでネットワークへの再参加処理の時間を短縮できます．

この本を読みながら頻繁に設定変更，再起動が繰り返される状況下では，参加したネットワークの情報を記憶する機能が邪魔をして，新しい設定下でのルータのネットワークへの参加を失敗させることがあります．

JV = 1にしておけば，ルータは再起動の際に現在持っているネットワーク情報と周囲のネットワーク情報を比較して，もし食い違いがあったら新しい設定に切り替えます．

▶ 相手先アドレスを設定する

DH，DLは相手先のアドレスです．すべて'0'はコーディネータを示します．

▶ 設定をXBeeモジュールに書き込む

設定後［Write］をクリックして設定内容をXBeeモジュールに書き込みます．

後々分からなくならないようにXBeeに，設定したタイプやID，自分の64ビット・アドレスの下位32ビットを示すSLの値をシールで貼り付けておきます．64ビット・アドレスの上位32ビットを示すSHは常に0x13A200です（"0x"は16進数を表す）．

● **STEP4：コーディネータ側（XB1）の設定**

ルータのときと同様にX-CTUの「Modem

(a) コーディネータ側

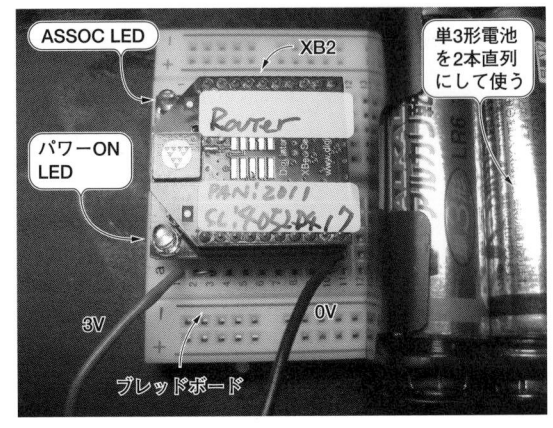

(b) ルータ側

**写真1　実験に使ったXBeeモジュールの接続**
スイッチサイエンスのウェブ・ショップ（http://www.switch-science.com/）で、本章の実験ができる「超お手軽無線モジュールXBee部品セット」を扱っています．キットには、XBeeピッチ変換基板とソケットのセット、ブレッドボード、配線キット、単3形×2直列接続電池ボックス、LED、抵抗器などが含まれる予定です．

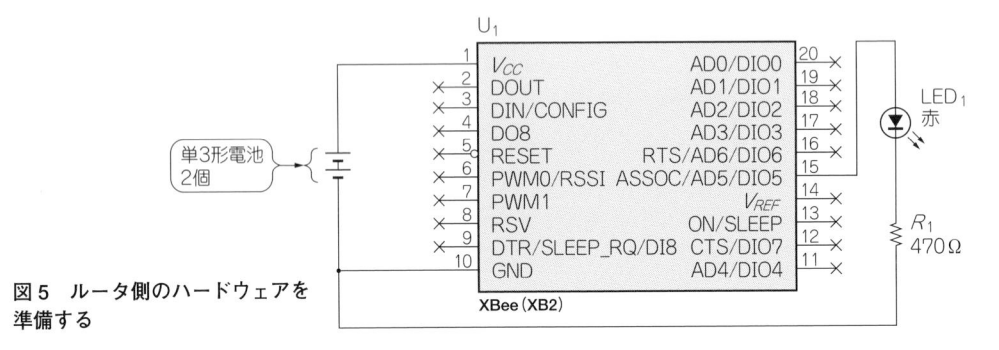

**図5　ルータ側のハードウェアを準備する**

Configuration」タブに移動し［Read］をクリックして現在のXBeeモジュールの設定情報を取得します．

図4（b）にX-CTUのコーディネータの設定を示します．

「Function Set」は「ZIGBEE COORDINATOR AT」とします．この機能に設定されたモジュールをコーディネータと呼びます．

設定を初期状態に戻すために「Parameter View」から［Show Default］を2回くらいクリックします．

設定を行う項目としては「Networking」項目のIDと「Addressing」のDH，DLです．

IDはルータで設定したのと同じ値を書き込みます．DH，DLは先ほどのルータのSH，SLを入れます．

最後に［Write］をクリックして設定情報を書き込みます．書き込み完了後、コーディネータが起動し、ネットワークの立ち上げを開始します．

## ■ STEP5：設定の終わったXBeeで実験回路を作る

### ● コーディネータ側

写真1（a）に外観を示します．XBee - USBインターフェース基板（XU1）に、コーディネータに設定したXBeeモジュール（XU1）を搭載して、USBケーブルでパソコンと接続します．

### ● ルータ側の回路

図5のとおりにXBeeモジュールと部品を接続します．

写真1（b）のように、ブレッドボードとピッチ変換基板を使いました．ピッチ変換基板にスイッチサイエンスの「XBeeピッチ変換基板とソケットのセット」を使うと、写真のようにASSOC（15ピン）とON（13ピン）をモニタするLEDを搭載できます．

1ピンに電池ホルダの3V側を、10ピンに電池ホルダの0V側を接続すると、ASSOC LEDが周期500ms（標準の値）で点滅します．

ASSOC LEDが点滅することで、ルータが、コーディネータが立ち上げたネットワーク・グループに参加したことが分かります（JV = 1の場合）．

### ● STEP6：X-CTUでループバック・テスト・モードに設定する

コーディネータのXBeeモジュール（XB1）はXBee - USBインターフェース基板（XU1）に搭載してパソコ

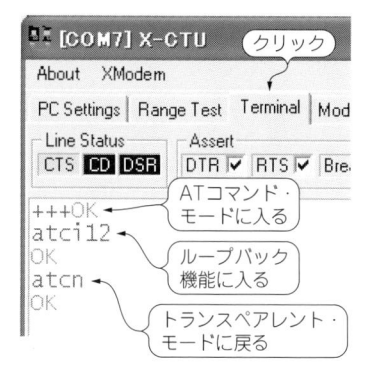

図6 X-CTUを使ってXBeeモジュールにループバック動作を設定する

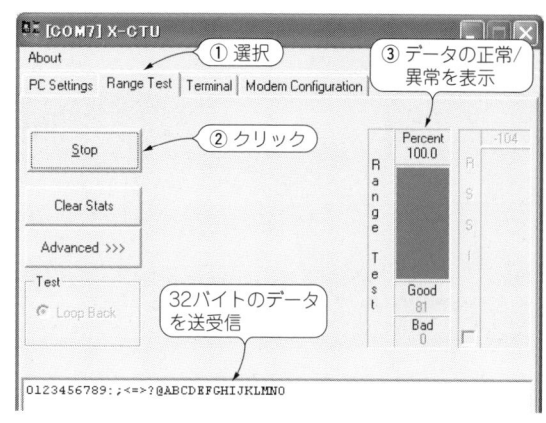

(a) 受信データの正常/異常の数を表示

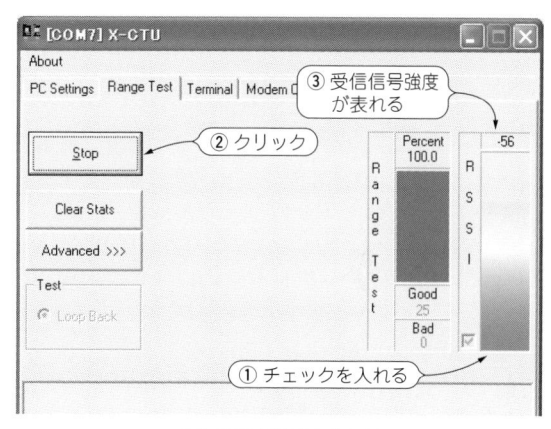

(b) 受信信号強度を表示

図7 X-CTUを使って送受信試験用のデータをループバックさせて無線通信の状態を確認

ンに接続したままにします．ルータ側のXBeeモジュール（XB2）には電池を接続します．

図6のように，コーディネータのX-CTUを「Terminal」タブに切り替えて"+++"を入力してATコマンド・モード（次章で詳解）に入ります．"+++"の入力はリターン・キーを押さずにOKが表示されるのを待ちます．

"atci12" "atcn"はそれぞれ入力してリターン・キーを押します．XBeeモジュールから赤い文字で"OK"と応答がきます．

"atci12"はクラスタID = 12と言うループバック専用の機能に入る指示です．相手先はこのクラスタID = 12でパケットを受けると送信元にパケットを送り返す仕様となっています．

"atcn"はトランスペアレント・モード（次章で詳解）に戻るというコマンドです．

タブを「Range Test」に切り替えておきます．

● STEP7：X-CTUでループバック・テスト開始を指令する

▶ X-CTUについているテスト・データでエラーがないか確認

図7（a）に示すように，X-CTUの「Range Test」タブに移動します．［Start］をクリックすれば，ループバック試験が開始されます．

**実験結果**

標準設定では32バイトの文字列を送信し，戻って来た受信データの正常/異常の数を表示しています．

▶ 受信レベルを確認

［Stop］をクリックしていったん停止します．

図7（b）のように縦に「RSSI」と書かれている文字の下のチェック・ボックスにチェックを入れて［Start］をクリックすると，コーディネータが受信したパケットの受信信号強度 RSSI（Received Signal Strength Indication）が表示されます．

RSSI表示は一番最後に受信したパケットの受信レベルを表示しています．もし他にもこのコーディネータにデータを送っているXBeeが存在するとき，正しい値を表示しているか判断できなくなります．ループバック試験をしているときは必ず1対1で行ってください．

\* \*

以上でXBeeモジュールのシリーズ2をX-CTUで動作させられました．XBeeモジュールを使った無線ネットワークの世界に，ようこそ．

# 第8章 シリーズ2の設定手順

―― ディジタル信号の入出力と温度信号の収集を例に

濱原 和明　Kazuaki Hamahara

XBee のもつたくさんの機能を利用するには，X-CTU というアプリケーション・ソフトウェアを使って設定を書き込んでやる必要があります．本章では，その手順を説明します．

## ① 動作モードを設定する

XBee モジュールを使うときは，まずパソコン用ソフトウェア X-CTU で動作モードを設定します．動作モードは，次の三つです．

(1) トランスペアレント・モード
1対1の通信が簡単にできる
(2) AT コマンド・モード
パソコンのシリアル・インターフェースを通じて XBee と会話するモード．キーボードからコマンド(ASCII コード)を入力してベタな通信をする
(3) API モード
1対 n の通信ができる(データ・フレームを使う)

図1に各動作モードの状態遷移を示します．

■ 1対1のデータ通信をするならトランスペアレント・モードにする

● 送信側に入力したデータが受信側からそのまま出てくる

図2にトランスペアレント・モードの動作イメージを示します．XBee モジュール購入時(デフォルト)にはこのモードに設定されています．第7章でのループ・バック実験は，この動作モードです．

トランスペアレント・モードで使うときは送信，受信ともに，トランスペアレント・モードに設定します．

トランスペアレントは「透過的な」という意味です．

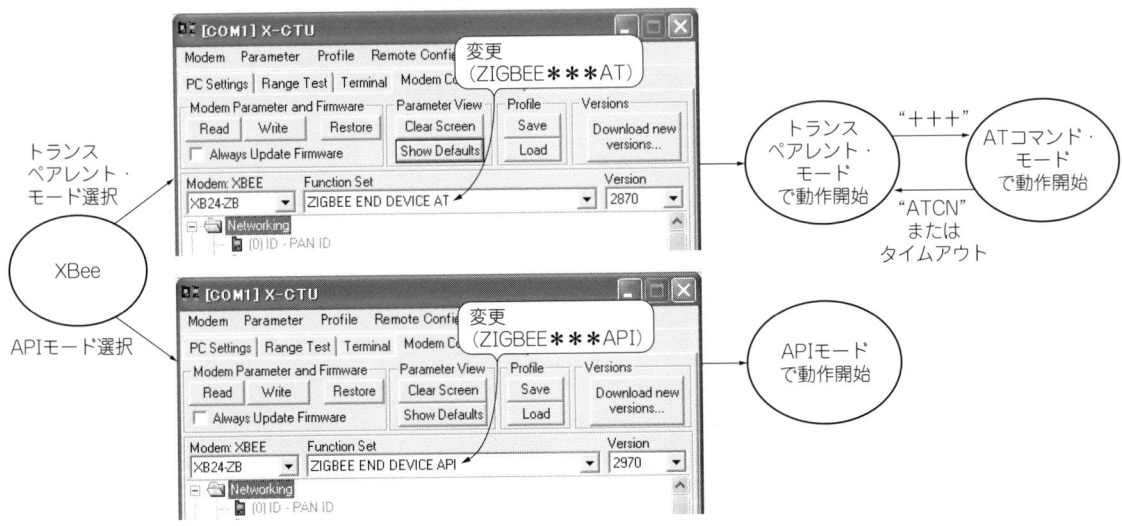

**図1　XBee の動作モードを切り替える方法**
パソコン用ソフトウェア X-CTU を使って XBee に設定を書き込む

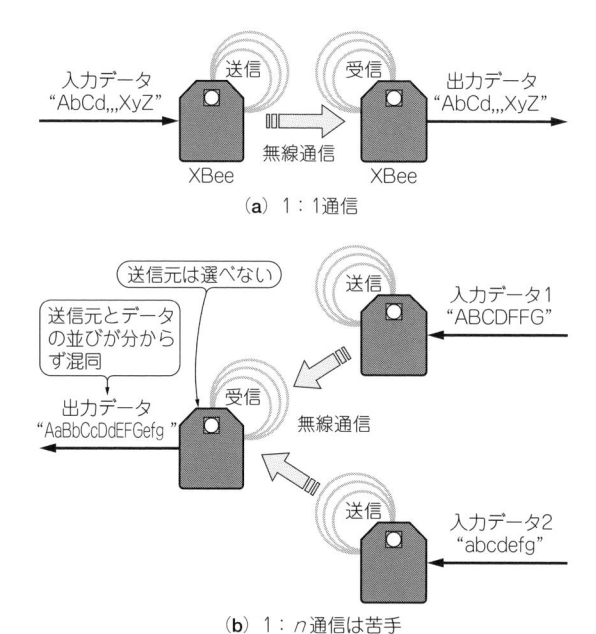

図2 トランスペアレント・モードで動くXBeeは，送信元が複数あると送信元を特定できない

簡単に言ってしまえば，送信側に入力したデータがそのまま受信側から出てくるモードです．

トランスペアレント・モードの動作は，今までRS-232-Cなどを無線に置き換えるイメージです．送信先は，事前にX-CTUで決めるか，ATコマンド・モード（後述）で選択します．

● 1：nには向かない

受信に関しては送信元を選べません．図2(b)のように同時に2個所からデータが送られてきた場合は，このトランスペアレント・モードではデータの並びや送信元を知ることができません．先ほどRS-232-Cのイメージと書きましたが，実際にはRS-485のようなマルチドロップのイメージのほうが近いと言えます．つまりノードが複数存在する場合は，何らかの制御，例えばマスタ/スレーブを決めておくなどが必要です．もしくはこの後で紹介するAPIモードを使用するのが良いでしょう．

■ キーボードからマニュアル操作したいならATコマンド・モードに設定する

ATコマンド・モードは全てASCIIデータで操作が行われるので，キーボードを使って直接ATコマンドをタイプすると，XBeeモジュールを操作できます．

● ATコマンド・モードに入れる方法

ATコマンド・モードは，X-CTUのターミナル画面を開き，トランスペアレント・モードから特定の文字パターン，標準は"+++"をDINに入力すると入れます．"+++"は一般的なモデムなどで利用されるエスケープ文字列を踏襲したものです．

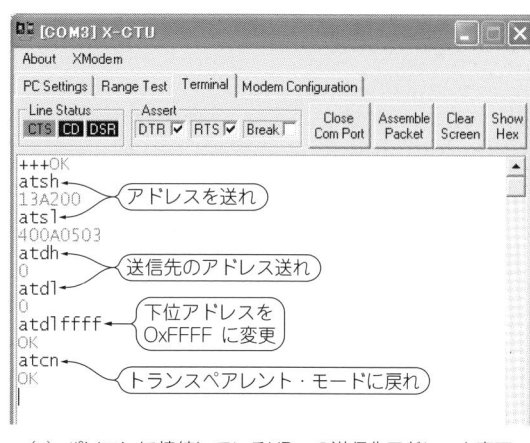

ATコマンド・モードに入った後は1コマンドの終端は改行コードで判断されるので，最後に必ずリターン・キーを押します．

XBeeモジュールがATコマンド・モード時のATコマンドの入力は，次のように三つのデータ・ブロックで構成されています．

> "AT"＋2文字のATコマンド
> 　＋パラメータ（必要なら）

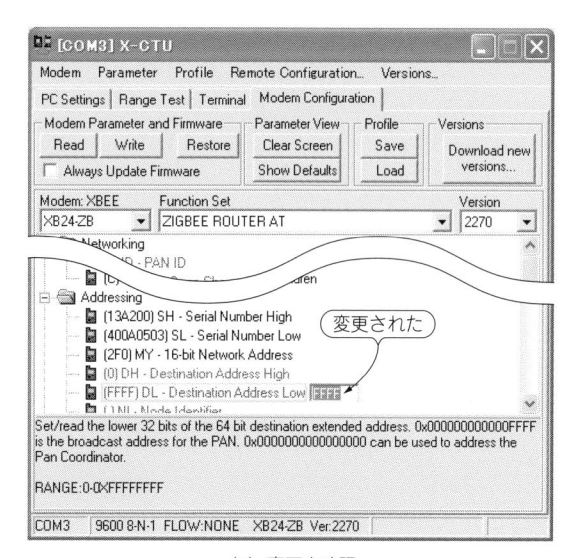

図3 ATコマンド・モードのXBeeをパソコンから操作しているようす
テキストのキーボード入力でXBeeモジュールを操作できる

① 動作モードを設定する　57

図4 APIモードで動くXBeeはデータに付属情報をつけるフレーミング動作をする

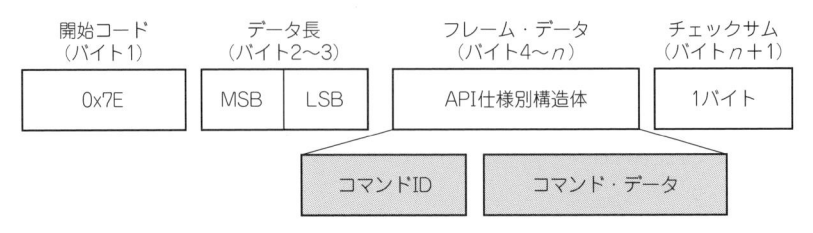

図5 APIモードで動くXBeeが送信するフレームのデータ領域の構造

● XBeeにATコマンドを送ってみる

図3(a)はX-CTUのターミナル画面からXBeeをATコマンド・モードで操作したようすです．パソコンからXBeeモジュールに送信した文字とXBeeモジュールからの応答(赤文字)が表示されています．

"+++"をタイプして"OK"が返って来たら，ATコマンドの入力を開始します．

最初の"atsh"のコマンドで，各XBeeに固有のアドレス(64ビット・アドレスと呼ぶ)の上位32ビットを16進数で表現した値がXBeeから返ってきています．"atsl"は下位の32ビットを送れというコマンドです．

"atdh"と"atdl"は現在の送信先の64ビット・アドレスを送れ，というコマンドです．

XBeeからの応答"0"はコーディネータを示しています．コーディネータは，ZigBeeネットワークを管理するデバイスです．一つのネットワーク・グループに一つのコーディネータが存在します．

ここで，"atdlffff"と入力して送信先アドレスの下位32ビットのみ0xFFFFに変更しました．

最後に"atcn"でATコマンド・モードからトランスペアレント・モードに戻ります．"atcn"を入力しなくても一定時間後(標準で10秒)にタイムアウトしてトランスペアレント・モードに戻ります．

図3(b)はX-CTUの[Modem Configuration]から変更内容を確認したものです．"Adressing"項目の"DL"が"FFFF"になっていることが分かります．

■ 1対nの通信をするならAPIモードに設定する

1対1で通信するにはトランスペアレント・モードが一番簡単ですが，1対nで通信する場合はAPIモードを使います．

● 送り先のアドレスなどさまざまなデータをまとめて送信する

APIモードの特徴は，送信時にユーザ・プログラム側で所定のフレーミングを行うことです．フレーミングは，送りたいデータの前にフレーム開始コード，データ長，フレーム・タイプ，送り先アドレスなどを，送りたいデータの後にフレーム・チェック・コード(チェックサム)を添付して送るものです．

▶ フレームの構成

図4に1フレームの構成を示します．受信は，フレームからデータを抽出します．チェックサムはデータ領域のデータすべての加算結果の下位8ビットの1の補数(全ビット反転)が入ります．フレームの一部にデータ長が含まれると言うことは，このフレームが可変長であることを伺わせます．

図5はデータ領域の構造です．データ領域の先頭は，このフレームが何であるかを示す1バイトのコマンドIDが入ります．シリーズ2のコマンドIDの種類を表1に示します．

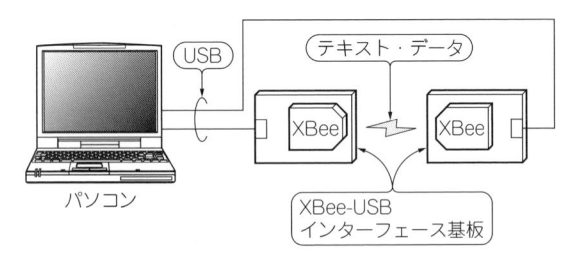

図6 テキスト・データをAPIフレームで送信してみた
コーディネータからルータに向けて送信

● テキスト・データをAPIフレームで送受信

図6のように指定したアドレスのXBeeモジュールにテキスト・データを送信してみます．テキスト・データはASCIIコードで送信します．表2にASCIIコード一覧を示します．

▶ 設定

表3にAPIモードでテキスト・データを送信/受信するAPIフレームの例を示します．マニュアルは，シ

## 表1 シリーズ2のコマンドIDの種類

何のAPIフレームなのかをコマンドIDで示す

| APIフレーム名称 | コマンドID | 解説 |
|---|---|---|
| AT Command | 0x08 | 自ノードにATコマンドを発行する．ATコマンド・モードでの操作をAPIモードから実行する |
| AT Command - Queue Parameter Value | 0x09 | ATコマンドの発行を一旦とめておく．実行はコマンドID：0x08の発行か"AC"コマンドの実行まで保留される |
| ZigBee Transmit Request | 0x10 | メーカ独自のプロファイルでデータ送信する．XBeeを使った標準の送信方式 |
| Explict Addressing ZigBee Command Frame | 0x11 | 一般的なZigBeeデバイスへの送信はこのフレームを使う |
| Remote Command Request | 0x17 | 相手先にATコマンドを発行する．離れたノードにATコマンドを実行できる |
| Create Source Route | 0x21 | 相手先へのルートを生成する |
| AT Command Response | 0x88 | ATコマンド応答．コマンドID:0x08の応答になる |
| Modem Status | 0x8A | モデム・ステータス．リセットから復帰，ネットワークに参加したなど，状態が変化したときに，XBeeから送られてくる |
| ZigBee Transmit Status | 0x8B | 送信ステータス．コマンドID:0x10で行った送信に対するステータスの返信 |
| ZigBee Recieve Packet（AO＝0） | 0x90 | データの受信．メーカ独自のプロファイル・データを受信したときに使われる |
| ZigBee Explict Rx Indicator（AO＝1） | 0x91 | 一般的なZigBeeデバイスからの受信はこのフレームを使う |
| ZigBee IO Data Sample Rx Indicator | 0x92 | サンプリングしたディジタルやアナログ・データが遠方から送られて来たときに使う |
| XBee Sensor Read Indicator（AO＝0） | 0x94 | メーカ提供のセンサ製品から受信したときに使われる |
| Node Identification Indicator（AO＝0） | 0x95 | どこかのノードからそのノードの認識情報（NI）を受信したときに使われる |
| Remote Command Response | 0x97 | 相手からのリモートATコマンドに対する応答 |
| Over - the - Air Firmware Update Status | 0xA0 | 無線通信経由でファームウェアの更新を行ったときに返されるステータス |
| Route Record Indicator | 0xA1 | あるデバイスがルート・レコードを発行すると，このフレームがUARTから送出される |
| Many - to - One Route Request Indicator | 0xA3 | Many - to - One Route Requestを受信したら，このフレームがUARTから送出される |

※表中の「メーカ」はディジ インターナショナルを指す

## 表2 テキスト・データとコードの関係（これらのコードをASCIIコードと呼ぶ）

| 文字 | コード 10進 | コード 16進 | 文字 | コード 10進 | コード 16進 | 文字 | コード 10進 | コード 16進 | 文字 | コード 10進 | コード 16進 | 文字 | コード 10進 | コード 16進 | 文字 | コード 10進 | コード 16進 | 文字 | コード 10進 | コード 16進 | 文字 | コード 10進 | コード 16進 |
|---|---|---|---|---|---|---|---|---|---|---|---|---|---|---|---|---|---|---|---|---|---|---|---|
| NUL | 0 | 0 | DLE | 16 | 10 | SP | 32 | 20 | 0 | 48 | 30 | @ | 64 | 40 | P | 80 | 50 | ` | 96 | 60 | p | 112 | 70 |
| SOH | 1 | 1 | DC1 | 17 | 11 | ! | 33 | 21 | 1 | 49 | 31 | A | 65 | 41 | Q | 81 | 51 | a | 97 | 61 | q | 113 | 71 |
| STX | 2 | 2 | DC2 | 18 | 12 | " | 34 | 22 | 2 | 50 | 32 | B | 66 | 42 | R | 82 | 52 | b | 98 | 62 | r | 114 | 72 |
| ETX | 3 | 3 | DC3 | 19 | 13 | # | 35 | 23 | 3 | 51 | 33 | C | 67 | 43 | S | 83 | 53 | c | 99 | 63 | s | 115 | 73 |
| EOT | 4 | 4 | DC4 | 20 | 14 | $ | 36 | 24 | 4 | 52 | 34 | D | 68 | 44 | T | 84 | 54 | d | 100 | 64 | t | 116 | 74 |
| ENQ | 5 | 5 | NAK | 21 | 15 | % | 37 | 25 | 5 | 53 | 35 | E | 69 | 45 | U | 85 | 55 | e | 101 | 65 | u | 117 | 75 |
| ACK | 6 | 6 | SYN | 22 | 16 | & | 38 | 26 | 6 | 54 | 36 | F | 70 | 46 | V | 86 | 56 | f | 102 | 66 | v | 118 | 76 |
| BEL | 7 | 7 | ETB | 23 | 17 | ' | 39 | 27 | 7 | 55 | 37 | G | 71 | 47 | W | 87 | 57 | g | 103 | 67 | w | 119 | 77 |
| BS | 8 | 8 | CAN | 24 | 18 | ( | 40 | 28 | 8 | 56 | 38 | H | 72 | 48 | X | 88 | 58 | h | 104 | 68 | x | 120 | 78 |
| HT | 9 | 9 | EM | 25 | 19 | ) | 41 | 29 | 9 | 57 | 39 | I | 73 | 49 | Y | 89 | 59 | i | 105 | 69 | y | 121 | 79 |
| NL | 10 | 0a | SUB | 26 | 1a | * | 42 | 2a | : | 58 | 3a | J | 74 | 4a | Z | 90 | 5a | j | 106 | 6a | z | 122 | 7a |
| VT | 11 | 0b | ESC | 27 | 1b | + | 43 | 2b | ; | 59 | 3b | K | 75 | 4b | [ | 91 | 5b | k | 107 | 6b | { | 123 | 7b |
| NP | 12 | 0c | FS | 28 | 1c | , | 44 | 2c | < | 60 | 3c | L | 76 | 4c | ¥ | 92 | 5c | l | 108 | 6c | \| | 124 | 7c |
| CR | 13 | 0d | GS | 29 | 1d | - | 45 | 2d | = | 61 | 3d | M | 77 | 4d | ] | 93 | 5d | m | 109 | 6d | } | 125 | 7d |
| SO | 14 | 0e | RS | 30 | 1e | . | 46 | 2e | > | 62 | 3e | N | 78 | 4e | ^ | 94 | 5e | n | 110 | 6e | ~ | 126 | 7e |
| SI | 15 | 0f | US | 31 | 1f | / | 47 | 2f | ? | 63 | 3f | O | 79 | 4f | _ | 95 | 5f | o | 111 | 6f | DEL | 127 | 7f |

表3　APIフレームのデータの例（テキスト・データを送る場合）

| | フレーム・フィールド | オフセット | 例 |
|---|---|---|---|
| ① | 開始コード | 0 | 0x7E |
| ① | データ長（上位） | 1 | 0x00 |
| ① | データ長（下位） | 2 | 0x16 |
| | コマンドID（**表1**参照） | 3 | 0x10 |
| ② | フレームID | 4 | 0x01 |
| ③ | 64ビット送信先アドレス（MSB） | 5 | 0x00 |
| ③ | | 6 | 0x13 |
| ③ | | 7 | 0xA2 |
| ③ | 64ビット送信先アドレス | 8 | 0x00 |
| ③ | | 9 | 0x40 |
| ③ | | 10 | 0x0A |
| ③ | | 11 | 0x05 |
| ③ | 64ビット送信先アドレス（LSB） | 12 | 0x03 |
| ④ | 16ビット送信先アドレス（MSB） | 13 | 0xFF |
| ④ | 16ビット送信先アドレス（LSB） | 14 | 0xFE |
| ⑤ | ブロードキャスト半径 | 15 | 0x00 |
| ⑥ | 送信オプション | 16 | 0x00 |
| ⑦ | | 17 | 0x54 |
| ⑦ | | 18 | 0x78 |
| ⑦ | | 19 | 0x44 |
| ⑦ | | 20 | 0x61 |
| ⑦ | RFデータ | 21 | 0x74 |
| ⑦ | | 22 | 0x61 |
| ⑦ | | 23 | 0x30 |
| ⑦ | | 24 | 0x41 |
| | チェックサム | 25 | 0x33 |

①コマンドIDからチェックサムの直前までのバイト数
②0以外の値を入れると相手先からACKを受け取れる．つまり最終的に送信に失敗したときの処理は上位側の責任
③送信先の64ビット・アドレスを入れる．すべて0を入れるとコーディネータ宛てとなる．0xFFFFを入れるとブロード・キャストとなる
④送信先の16ビット・アドレスの領域だが，0xFFFEを入れる
⑤ブロード・キャスト半径はブロード・キャスト・パケットが何ホップまで拡散するかを決める値．ユニキャストで送信するときは0x00
⑥ビット・フィールドで定義される．今回は0x00を入れておく
⑦T, x, D, a, t, a, 0, A（オフセット17から24の順に）

（a）送信側

| | フレーム・フィールド | オフセット | 例 |
|---|---|---|---|
| ① | 開始コード | 0 | 0x7E |
| ① | データ長（上位） | 1 | 0x00 |
| ① | データ長（下位） | 2 | 0x14 |
| | コマンドID（**表1**参照） | 3 | 0x90 |
| ② | 64ビット送信元アドレス（MSB） | 4 | 0x00 |
| ② | | 5 | 0x13 |
| ② | | 6 | 0xA2 |
| ② | 64ビット送信元アドレス | 7 | 0x00 |
| ② | | 8 | 0x40 |
| ② | | 9 | 0x4B |
| ② | | 10 | 0x88 |
| ② | 64ビット送信元アドレス（LSB） | 11 | 0x42 |
| ③ | 16ビット送信元アドレス（MSB） | 12 | 0x00 |
| ③ | 16ビット送信元アドレス（LSB） | 13 | 0x00 |
| ④ | 受信オプション | 14 | 0x01 |
| ⑤ | | 15 | 0x54 |
| ⑤ | | 16 | 0x78 |
| ⑤ | | 17 | 0x44 |
| ⑤ | | 18 | 0x61 |
| ⑤ | 受信データ | 19 | 0x74 |
| ⑤ | | 20 | 0x61 |
| ⑤ | | 21 | 0x30 |
| ⑤ | | 22 | 0x41 |
| | チェックサム | 23 | 0xAD |

①コマンドIDからチェックサムの直前までのバイト数
②送信元の64ビット・アドレスが入る
③送信元の16ビット・アドレスが入る．All 0はコーディネータ
④ビット・フィールドで定義されている．0x01はACK応答したことを示す
⑤T, x, D, a, t, a, 0, A（オフセット15から22の順に）

（b）受信側

リーズ2の「API Operation」中の「API Frames」です．

ここでは送受信それぞれのXBeeモジュール（XB1, XB2）を，XBee-USBインターフェース基板（XU1）を介してパソコンに接続しています．パソコンとXBeeモジュール間の端末速度は9600bpsです．

1台は「ZIGBEE COORDINATOR API（コーディネータ）」，もう1台は「ZIGBEE ROUTER API（ルータ）」で動作させます．**図7**は，2個のXBeeをコーディネータとルータに設定し，[Read]でXBeeの設定内容を読み出したときのX-CTUの表示です．

「Function Set」で上記モードに設定したら，一度すべてを初期状態に戻すため「Parameter View」の[Show Default]をクリックしておきます．

コーディネータとルータの「PAN ID」に同じ値（適当な値）を設定します．

まずコーディネータ側の設定を完了します．X-CTUの[Write]で設定値をXBeeに転送し，[Read]でXBeeの応答を読み出すと今まで「CH」の項目が'0'だったのが，コーディネータが自分で決めたチャネルの番号に変わっています．

次にルータ側の設定を完了します．コーディネータ側と同じPAN IDを入力，[Write]を実行します．

[Read]で読み出して「CH」の項目がコーディネータと同じ番号に変わっていれば，お互いが同じネットワーク・グループに登録されて，通信が可能になります．

▶データを送受信

**図8**に，**表3**のAPIフレームを送受信したX-

(a) コーディネータ

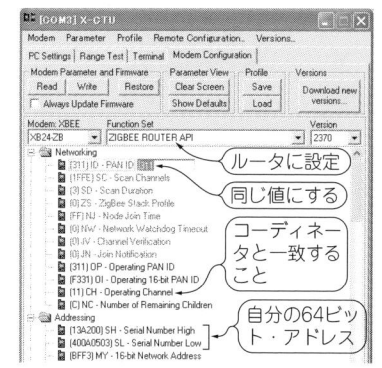

(b) ルータ

**図7 XBeeをAPIモードのコーディネータとルータに設定した**（X-CTUの画面）

(a) コーディネータ

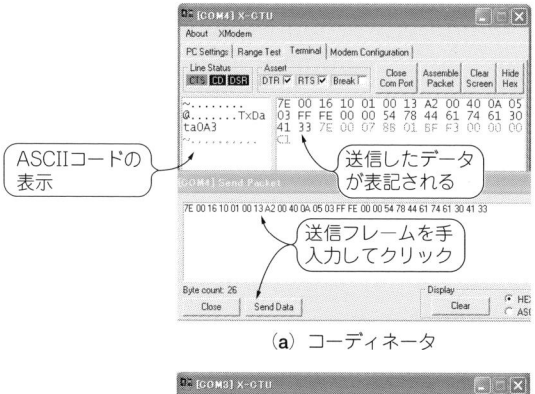

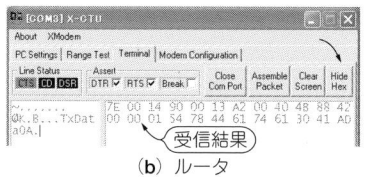

(b) ルータ

**図8 APIモードで表3のフレームを送受信した結果**（X-CTUの画面）

CTUの表示画面を示します．

コーディネータ側，ルータ側の二つのX‐CTUの「Terminal」タブに移動してターミナル画面を出します．両方の[Hide Hex]をクリックしてASCIIコードとダンプのミックス・モードにします．

コーディネータ側の[Assemble Packet]をクリックして小ウィンドウを開き「Display」のラジオ・ボタンで「Hex」側を選択します．手入力で送信フレームを入力していきます．

相手先64アドレス（ビット）は先に調べたルータのアドレス（64ビット）を入力します．

最後のチェックサムには，コマンドIDである0x10からASCII文字"A"のコード0x41までを加算した結果の下位8ビットをすべて反転した値を入力します．

小ウィンドウの[Send Data]を押してフレームの送信を開始します．

送信したデータはターミナル画面上に表現され，続いて赤文字でXBeeモジュールからの送信ステータス（コマンドID = 0x8B）が返ってきます．

送信ステータスが返ってくるのは，送信フレームの"Frame ID"に0x01を設定していたからです．

ルータ側の画面を見ると受信結果が見れます．コマンドID = 0x90，コーディネータの64ビット・アドレス，コーディネータの16ビット・アドレス（すべて0），受信ステータス，そしてデータ内容が"TxData0A"と分かります．

通常このような処理はプログラムで行いますが，今回の試験のようにX‐CTUのターミナル機能で簡単に確認できます．

### ■ トランスペアレント・モードとAPIモードの混在

ネットワークを構成している複数のXBeeモジュールの動作モードは統一させる必要はありません．事実上1対1の通信で済むノードには，APIモードよりも処理が簡単なトランスペアレント・モードを採用したほうが良いでしょう．例えば，収集したデータをコーディネータに上げるだけのノードには，トランスペアレント・モードを使います．

データを受け取るコーディネータ側がAPIモードであれば，受信したデータは誰が送信したか分かりますし，データはパケットで送られて来るので他のパケットのデータと混じることもありません．

トランスペアレント・モードでいっぺんに文字を送りたいときは，「Assemble Packet」で小ウィンドウを開き，ASCIIコードで文字列を入力後[Send Data]をクリックすれば一度に送れます．

## ② 入出力の設定

XBeeモジュールはディジタル信号（L/H）を取り込

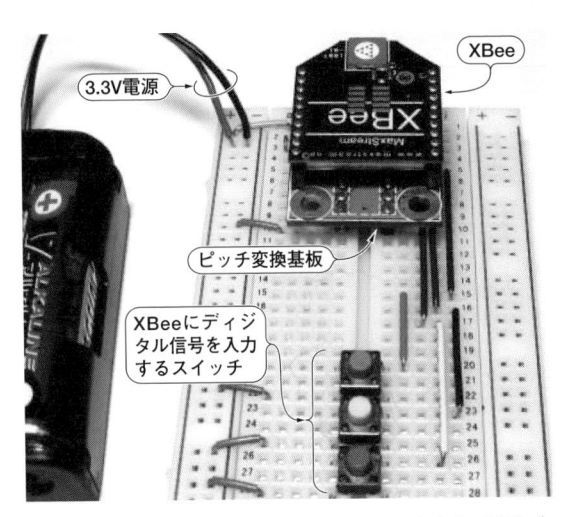

**写真1 ディジタル入力の実験…エンド・デバイス側はブレッドボードでサクッと構成**

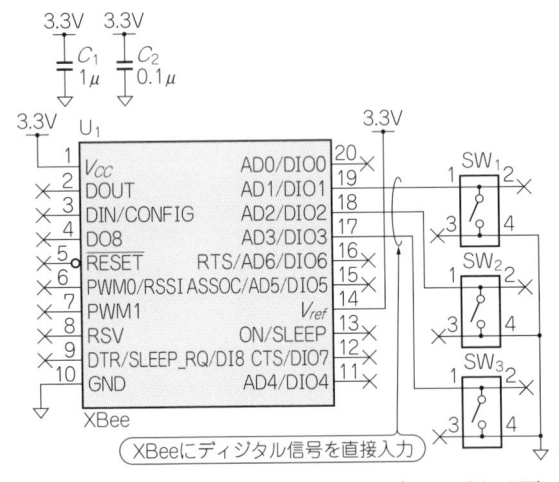

**図10 ディジタル入力の実験…エンド・デバイス側の回路**

んだりやアナログ信号をサンプリングする機能、そしてディジタル信号を出力する機能をもっています．これらの機能を上手く使えば、マイコンがなくても人感センサの出力の変化をリモートで収集することができます．またアナログ出力の温度センサを使って周囲の温度を計測したり、遠方のランプを点灯といったことも可能です．

■ ディジタル入力の設定と実験

エンド・デバイス側のスイッチのON/OFF状態をコーディネータに送信する方法を説明します．

● ハードウェア

写真1にスイッチ入力の状態が変化したらコーディネータにエンド・デバイス側のデータを送信する

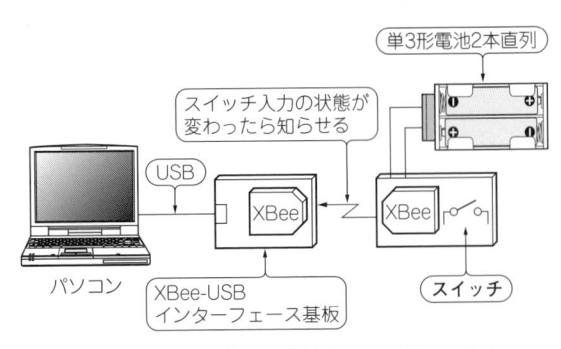

**図9 ディジタル入力動作を確認する実験をしてみた**
スリープ動作を設定できるエンド・デバイスから、コーディネータにディジタル入力が"H"なのか"L"なのかを送る

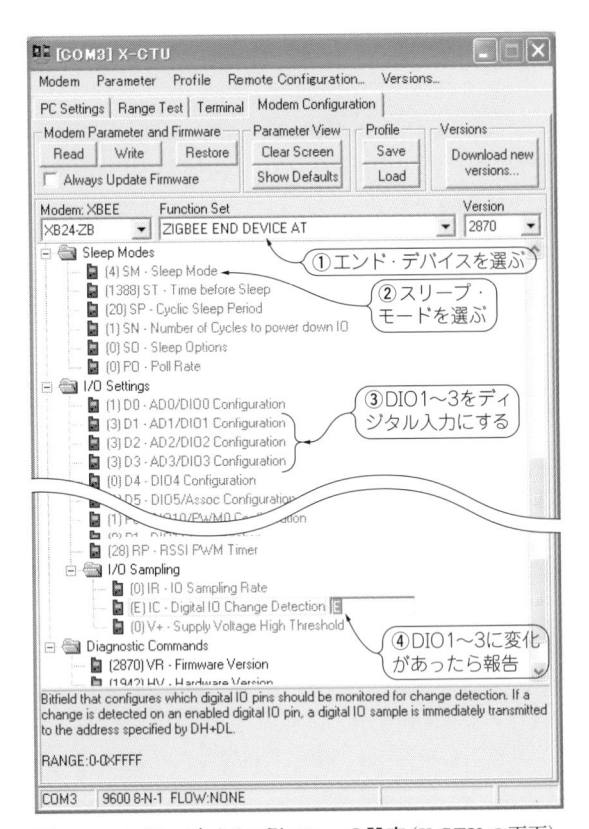

**図11 エンド・デバイス側 XBee の設定（X-CTU の画面）**
低消費電力モード（サイクリック・スリープ・モード）で定期的にスイッチの状態を検出した

装置を示します．図9に実験の接続を示します．図10は、その回路です．

● XBee の設定

シリーズ2のXBeeモジュールをエンド・デバイスに設定し、低消費電力モードのSleep Modeで定周期の起動とスリープを繰り返させています（サイクリック・スリープ・モード）（第9章参照）．

図11にX-CTUの設定画面を示します．

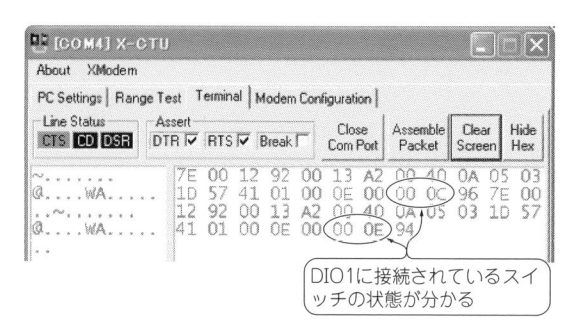

**図12 実験①…コーディネータ側のターミナル画面**
受信したデータからスイッチの状態が分かる

DIO1に接続されているスイッチの状態が分かる

① X‐CTUの「Function Set」は「ZIGBEE END DEVICE AT」を選択します．
② 標準設定のSleep Mode（SM = 4）を利用します．
③ DIO1～3までをディジタル入力（D1 = 3, D2 = 3, D3 = 3）とします．
④ DIO1～3の何れかに状態の変化があるとデータを送信するようにマスクを設定（IC = E）します．このマスクはビット・フィールドとなっており，DIO0がビット0，DIO1がビット1，DIO2がビット2，DIO3がビット3に割り当てられています．

● エンド・デバイス側のスイッチをON/OFFしてみる

図12に示すのはエンド・デバイス側のDIO1に接続されているスイッチをON/OFFしたときのコーディネータ側のターミナル画面です．

ディジタル入力は標準ではプルアップ抵抗が有効となっているので，スイッチが押されていない状態が'1'，押されると'0'となります．

スイッチのONで1回，OFFで1回送られてきます．二つのフレームを抽出してみます（すべて16進表記）．受けるフレームはAPIフレームになります．

▶ スイッチON時に送り返されたAPIフレーム

```
7E 00 12 92 00 13 A2 00 40 0A 05 03 1D 57 41
   データ長 ①   64ビット送信元アドレス    16ビット ②
                                      送信元ア
01 00 0E 00 00 0C 96                  ドレス
 ③  ④  ⑤  ⑥
```

▶ スイッチOFF時に送り返されたAPIフレーム

```
7E 00 12 92 00 13 A2 00 40 0A 05 03 1D 57 41
         ①                              ②
01 00 0E 00 00 0E 94
 ③  ④  ⑤  ⑦
```

① コマンドID：
92なので「ZigBee IO Data Rx Indicator」であることが分かります（表1参照）．
② 受信オプション：
0x01はACK応答したことを示しています．
③ 1バイト・データのサンプル数：
1となっています．
④ 2バイトで構成されるディジタル・チャネルの使用状況：
0x000EなのでDIO1/2/3がサンプリングされていることが分かります．
⑤ 1バイトで構成されるアナログ・チャネルの使用状況：
0なので，アナログのサンプリングが行われていないことが分かります．
⑥ ディジタル・サンプルのデータ：
DIO1に接続されているスイッチを押したので'0'になったことが分かります．
⑦ DIO1に接続されているスイッチの状態：
開放されたので'1'になったことが分かります．

■ アナログ入力の設定と実験

● ハードウェア
写真2に示すのは，XBeeと温度センサを搭載したワイヤレス室温計です．バッテリ・チャージャを改造しました．図13のように定周期（10秒周期）で起動

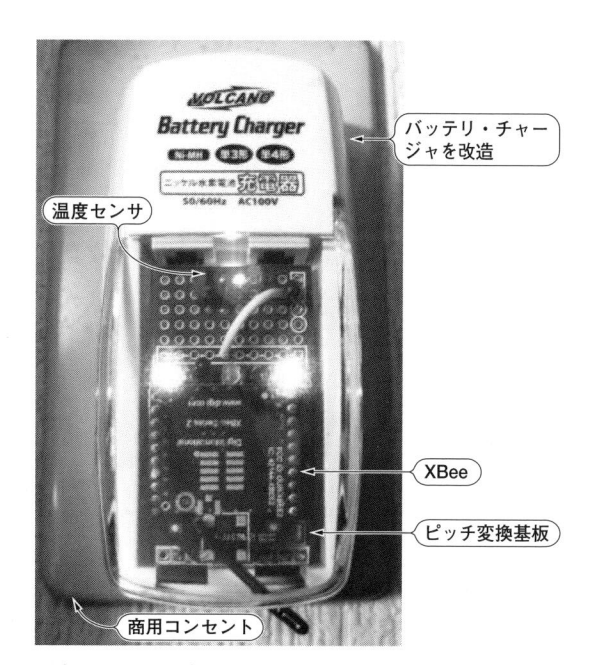

**写真2 アナログ入力の実験… XBeeワイヤレス温度計を製作**
パソコンに接続されているコーディネータへ温度データを定期的に送信してくれる

② 入出力の設定

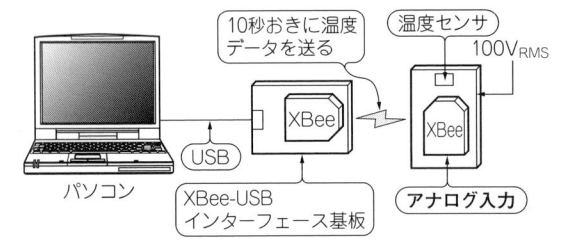

**図13 温度データを10秒間隔で送信する**
スリープ動作を設定できるエンド・デバイスから，コーディネータに送る

させ，起動している間に温度センサIC LM61CIZの出力をAD1/DIO1に入力，4回のサンプリング値を送信します．サンプリング終了後は再び低消費電力状態に戻ります．図14にその回路を示します．低消費電力化できるスリープ・モードはXBeeモジュールの役割がエンド・デバイスのときに設定できます．

LM61CIZは，+1℃の上昇につき+10mVの傾斜を持つアナログ信号を出力します．温度計測範囲は−30〜+100℃で，0℃時に600mVを出力します．2.7Vと低い電源電圧から動作します．

シリーズ2のA-Dコンバータの分解能は10ビットです．最大入力電圧は内部リファレンス電圧の1.2Vが最大です．

● XBeeの設定

図15にX-CTUの設定画面を示します．「Function Set」は「ZIGBEE END DEVICE AT」を選択します．

今回は標準設定のSleep Mode（SM = 4）を利用します（第9章参照）．スリープ状態に入る前にXBeeモジュールを起動するタイマ（ST）に0x7D0（2000ms）を設定しています．

スリープ中に受信すべきデータが無いかポーリングする周期を設定するタイマ（SP）には標準の0x20（320ms）を設定します．

起動するまでのスリープ中のポーリング回数を設定するカウンタ（SN）には0x19（25回）を設定します．

スリープ時間はSP × SNとなります．SP = 320ms，SN = 25回なので8秒です．

スリープ・オプション（SO）は0です．

DIO1をアナログ入力（D1 = 2）とします．

サンプリング周期を設定するタイマ（IR）に0x1F5（501ms）を設定します．

図16に，タイマ（SP，ST，IR）とカウンタ（SN）の設定と，起動時間の関係を示します．

起動開始から次の起動開始までの時間は起動中の時間＋スリープ中の時間です．別のノードからデータの受信などが発生しなければ10秒周期です．

起動中にサンプリングをするので，STをIRで

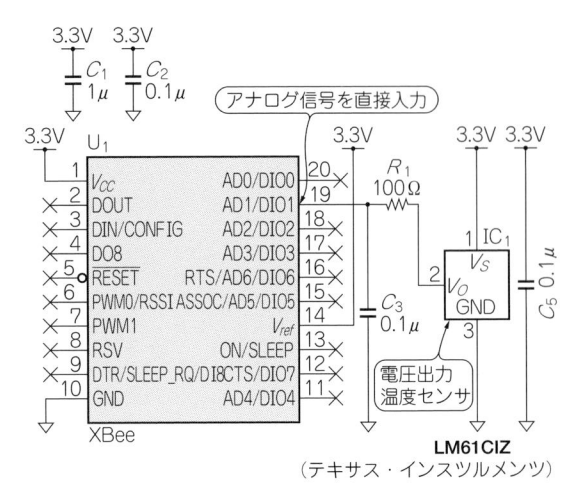

**図14 アナログ入力の実験…エンド・デバイス側の回路**

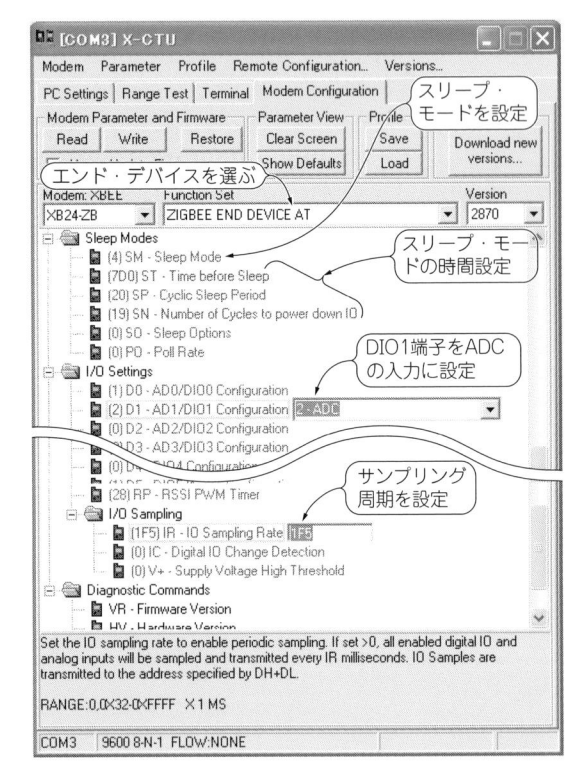

**図15 エンド・デバイス側XBeeの設定（X-CTUの画面）**
Sleep Modeに設定

割った商に1を足した値がサンプリング回数です．ST = 2000ms，IR = 501msなので商は3，それに1を足して4回サンプリングが行われます．

ST時間の計測はXBeeが起動すると開始されますがSO = 0としたときは，ST時間中にシリアル・インターフェースからデータの送信が行われたり，RFから受信データが届いたりした場合は，ST時間の計

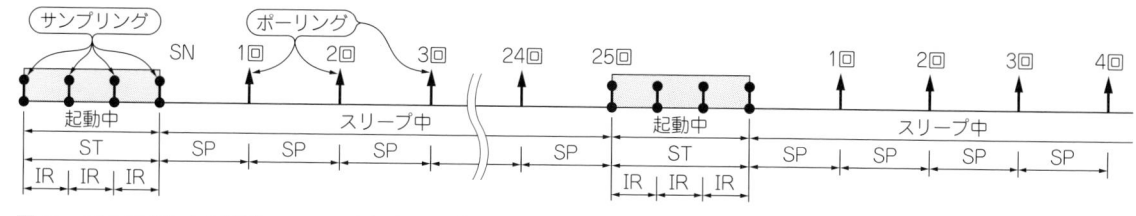

図16 アナログ入力の実験…XBeeのタイマ/カウンタの設定とスリープ/起動時間の関係
SP：受信すべきデータが無いかポーリングする周期を設定するタイマ，SN：スリープ中のポーリングを何回行うと起動するかを設定するカウンタ，ST：スリープ状態に入る前にXBeeを起動するタイマ，IR：サンプリング周期を設定するタイマ

表4 アナログ入力の実験…エンド・デバイス側からコーディネータ側に送られてきた温度データのAPIフレーム

| フレーム・フィールド | オフセット | 例 | 解説 |
|---|---|---|---|
| 開始コード | 0 | 0x7E | — |
| データ長（上位） | 1 | 0x00 | コマンドIDからチェックサムの直前までのバイト数 |
| データ長（下位） | 2 | 0x14 | |
| コマンドID | 3 | 0x92 | ZigBee IO Data Sample Rx Indicator（表1参照） |
| 64ビット送信元アドレス（MSB） | 4 | 0x00 | |
| 64ビット送信元アドレス | 5 | 0x13 | 送信元の64ビット・アドレスが入る |
| | 6 | 0xA2 | |
| | 7 | 0x00 | |
| | 8 | 0x40 | |
| | 9 | 0x52 | |
| | 10 | 0x2B | |
| 64ビット送信元アドレス（LSB） | 11 | 0xAA | |
| 16ビット送信元アドレス（MSB） | 12 | 0x7D | 送信元の16ビット・アドレスが入る．全部'0'はコーディネータ |
| 16ビット送信元アドレス（LSB） | 13 | 0x84 | |
| 受信オプション | 14 | 0x01 | ビットフィールドで定義されている．0x01はACK応答したことを示す |
| サンプル数 | 15 | 0x01 | 続くデータが何サンプルあるかを示している．常に'1' |
| ディジタル・チャネル・マスク（上位） | 16 | 0x00 | 2バイトで構成されるディジタル・チャネルの使用状況．セットされているビットに該当するディジタル入力が有効 |
| ディジタル・チャネル・マスク（下位） | 17 | 0x1C | |
| アナログ・チャネル・マスク | 18 | 0x02 | 1バイトで構成されるアナログ・チャネルの使用状況．セットされているビットに該当するアナログ入力が有効 |
| もしあればディジタル・サンプル（上位） | 19 | 0x00 | ディジタル・チャネル・マスクが'0'でないとき，有効なサンプリング・データが入る |
| もしあればディジタル・サンプル（下位） | 20 | 0x14 | |
| アナログ・サンプル（上位） | 21 | 0x02 | アナログ・チャネル・マスクが'0'でないとき，ここ以降，マスクでセットされている入力の2バイトのアナログ・チャネル・データが続く |
| アナログ・サンプル（下位） | 22 | 0x25 | |
| チェックサム | 23 | 0xF5 | — |

測がそこから再スタートします．つまり，連続してデータの送受信が継続すれば，それだけ起動時間が長くなります．

SP時間ごとに親にあたるノードにポーリングをしていますが，そこで受信データがあるときはスリープ・モードが解除されます．

● 受信した温度データ

表4にサンプリングしたデータ結果「ZigBee IO Data Sample Rx Indicator」のAPIフレームを示します．今回の実験ではアナログ・データのサンプリング結果（温度センサの出力電圧値）が送られてきています．

図17は受信データの「Terminal」画面です．複数のフレームが一度に表示されていて見難いので，1フレームだけ抽出します（すべて16進表記）．

7E 00 12 92 00 13 A2 00 40 4A 63 FA 08 4A 41
　　　　①
01 00 00 02 02 F9 3D
② ③　　④　⑤

① コマンドID：
　92なので"ZigBee IO Data Rx Indicator"である

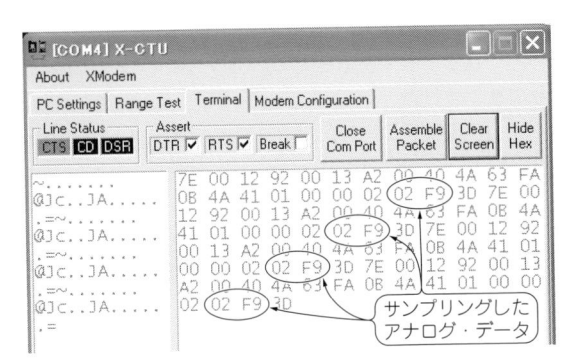

**図17 アナログ入力の実験…コーディネータ側のターミナル画面**
受信したデータから温度が分かる

**写真3 ディジタル出力の実験…電池駆動の三つのLEDをリモートでON/OFFする**
パソコンに接続されているXBeeから電池駆動のXBeeにATコマンドを送って端子をL/Hさせた

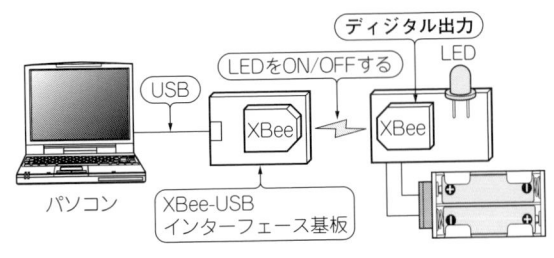

**図18 ディジタル出力の実験…LEDをリモートでON/OFFする**
ATコマンド・モードでXBeeモジュールのディジタル出力端子をL/Hと変える

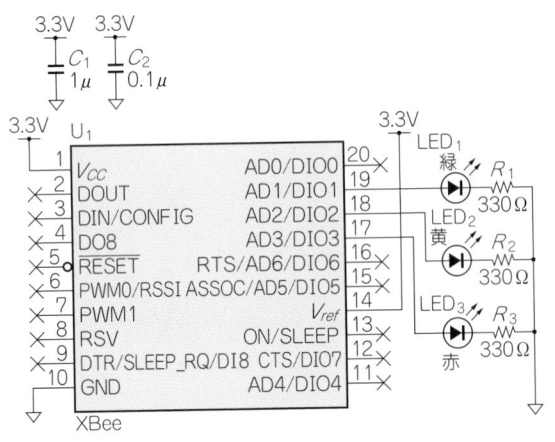

**図19 ディジタル出力の実験…写真3の電池駆動の三つのLEDをリモートでON/OFFする回路**

ことが分かります．
② 1バイト・データのサンプル数：
1となっています．
③ 2バイトで構成されるディジタル・チャネルの使用状況：
0なのでディジタルのサンプリングが行われていないことが分かります．
④ 1バイトで構成されるアナログ・チャネルの使用状況：
ビット1が立っています．このビットはAD1に該当するので，AD1のサンプリングが行われたことが分かります．
⑤ サンプルのデータ：
ここまでのサンプル数とマスクの結果から，このフレームにはAD1のアナログ・データが一つだけ含まれていることが分かります．値は0x2F9です．0x2F9は10進数に直すと761なので，温度センサの出力電圧は以下の式から求めます．

$$761 \times 1200 \div 1024 = 891\text{mV}$$

0℃からのオフセット電圧を引いて，10mVで割り算すれば温度に換算でき，29.1℃と分かります．
STとIRの関係から4回サンプリングしていますので，画面上には4フレーム表示されています．計測精度を上げるためには4データの平均を取るなどしたほうが良いでしょう．

■ ディジタル出力の設定を実験

図18に実験内容を示します．コマンドIDの中に出力専用のコマンドIDはないので，リモートATコマンド・フレームで通信相手のディジタル出力の状態を更新します．

写真3は電池駆動の三つのLEDをON/OFFする装置です．XBeeのDIO1，DIO2，DIO3にそれぞれLEDを接続しています．図19に実験回路を示します．

ATコマンドで，DIO1の端子状態を変更するコマンドは"D1"です．これを'4'にするとLowが，'5'にするとHighが出力されます．同様に"D2"，"D3"コマンドで他のLEDも操作できます．

具体的には，ATコマンドにて"ATD14"と入力し

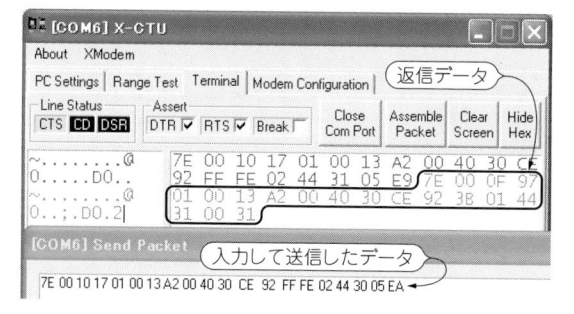

図20 ディジタル出力の実験…XB2にATコマンド"を遠方から送信したときの応答を（X-CTUの画面）

表5 ディジタル出力の実験…エンド・デバイス側にDIO1の端子状態を変更するATコマンド"D1"を送るAPIフレーム

| | フレーム・フィールド | オフセット | 例 |
|---|---|---|---|
| | 開始コード | 0 | 0x7E |
| ① | データ長（上位） | 1 | 0x00 |
| | データ長（下位） | 2 | 0x10 |
| ② | コマンドID | 3 | 0x17 |
| ③ | フレームID | 4 | 0x01 |
| | 64ビット送信先アドレス（MSB） | 5 | 0x00 |
| | | 6 | 0x13 |
| | | 7 | 0xA2 |
| ④ | 64ビット送信先アドレス | 8 | 0x00 |
| | | 9 | 0x40 |
| | | 10 | 0x30 |
| | | 11 | 0xCE |
| | 64ビット送信先アドレス（LSB） | 12 | 0x92 |
| ⑤ | 16ビット送信先アドレス（MSB） | 13 | 0xFF |
| | 16ビット送信先アドレス（LSB） | 14 | 0xFE |
| ⑥ | リモート・コマンド・オプション | 15 | 0x02 |
| ⑦ | ATコマンド（1文字目） | 16 | 0x44 |
| | ATコマンド（2文字目） | 17 | 0x31 |
| ⑧ | コマンドパラメータ | 18 | 0x05 |
| | チェックサム | 19 | 0xE9 |

① コマンドIDからチェックサムの直前までのバイト数
② Remote AT Command Request（表1参照）
③ '0'以外の値を入れると相手先からACKを受け取れる．最終的に送信に失敗したときの処理は上位側の責任
④ 送信先の64ビット・アドレスを入れる．すべて'0'を入れるとコーディネータ．0xFFFFを入れるとブロードキャストとなる
⑤ 送信先の16ビット・アドレスの領域．0xFFFEを入れる
⑥ ここではATコマンドの結果が直ぐに反映されるように0x02（Apply Change）とする
⑦ "D1"
⑧ "5"

表6 ディジタル出力の実験…ATコマンド"D1"を送られたXBeeモジュールが応答するAPIフレーム

| | フレーム・フィールド | オフセット | 例 |
|---|---|---|---|
| | 開始コード | 0 | 0x7E |
| ① | データ長（上位） | 1 | 0x00 |
| | データ長（下位） | 2 | 0x0F |
| ② | コマンドID | 3 | 0x97 |
| ③ | フレームID | 4 | 0x01 |
| | 64ビット送信元アドレス（MSB） | 5 | 0x00 |
| | | 6 | 0x13 |
| | | 7 | 0xA2 |
| ④ | 64ビット送信元アドレス | 8 | 0x00 |
| | | 9 | 0x40 |
| | | 10 | 0x30 |
| | | 11 | 0xCE |
| | 64ビット送信元アドレス（LSB） | 12 | 0x92 |
| ⑤ | 16ビット送信元アドレス（MSB） | 13 | 0x3B |
| | 16ビット送信元アドレス（LSB） | 14 | 0x01 |
| ⑥ | ATコマンド（1文字目） | 15 | 0x44 |
| | ATコマンド（2文字目） | 16 | 0x31 |
| ⑦ | コマンド・ステータス | 17 | 0x00 |
| | チェックサム | 18 | 0x31 |

① コマンドIDからチェックサムの直前までのバイト数
② Remote Command Request（表1参照）
③ 要求時と同じフレームIDが返ってくる
④ 送信元の64ビット・アドレスが入る
⑤ 送信元の16ビット・アドレスが入る．全部'0'はコーディネータ
⑥ "D1"
⑦ '0'は成功，'1'は失敗，'2'は無効なコマンド，'3'は無効なパラメータ，'4'はリモート・コマンド転送失敗

ます．

図20はリモートATコマンドを実行したときのX-CTUの画面表示です．表5の「Remote AT command Request」を送信した結果，相手からATコマンドの実行ステータスが返ってきています．表6に，返送データの内容を示します．

② 入出力の設定 67

## Column　XBeeで実現できるネットワーク構成のいろいろ

　XBeeのシリーズ1，シリーズ2のベース（物理層とMAC層）となるIEEE802.15.4は，1ホップ（無線の届く範囲）を超えたデバイスとの通信はサポートしていません．1ホップの範囲は，例えばシリーズ1の低出力版（1mW）で屋内見通し距離が30m，屋外見通し距離が90mです．高出力版（10mW）では屋内見通し距離が60m，屋外見通し距離が750mです．

　図AのようにXBeeを設定し，ネットワークを構築すれば，コーディネータの仲立ちによりエンド・デバイス間で通信できます．このネットワークの形態（トポロジ）をスターと呼びます．

　IEEE802.15.4上にZigBeeプロトコル・スタックを搭載することで，図Bのクラスタ・ツリーやメッシュを使ったネットワークを構築できます．

　クラスタ・ツリー（ZigBee 2004仕様でサポート）は，中継機能を使って1ホップ外とも通信できるので（マルチホップ），スターよりも大きな範囲のネットワークを構築できます．しかし経路の途中のルータに障害が生じたら，その先のデバイスへの通信が途絶えてしまいます．

　メッシュ・トポロジ（ZigBee 2007仕様でサポート）は，クラスタ・ツリーよりも密（1ホップ以内）にルータを配置することで，ルータ間の経路を持てるようになります．コストが掛かりますが，特定のルータに障害が発生しても別のルートを使ってその先のデバイスへの通信を確保できます．

〈濱原　和明〉

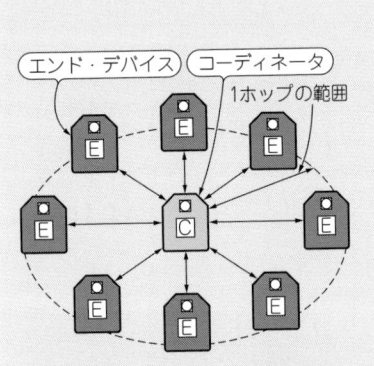

**図A　構成その1…IEEE802.15.4では1ホップを超えたデバイスへはコーディネータを介して通信する**
スターというネットワークの形態

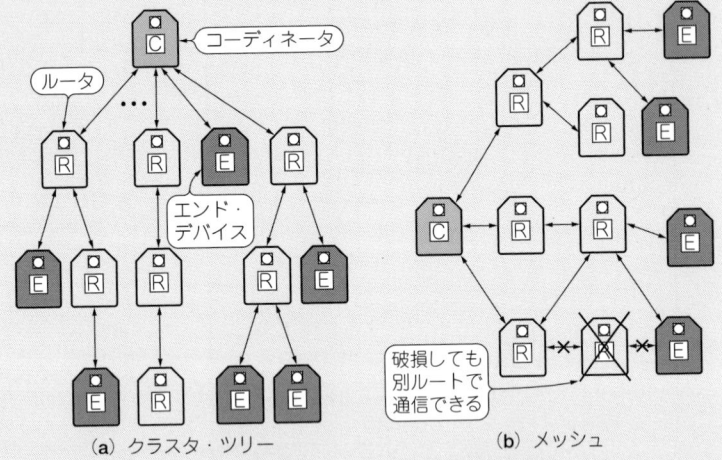

(a) クラスタ・ツリー　　(b) メッシュ

**図B　構成その2…IEEE802.15.4上のZigBeeプロトコル・スタックによりスターよりも大きな範囲のネットワークを構築できる**

## Column  XBee が持つ2種類のアドレス

● 都度割り付けられるネットワーク内アドレス「16ビット・アドレス」と工場出荷時に割り付けられる「64ビット拡張アドレス」

ZigBeeで通信先を指定するときは，16ビットのネットワーク・アドレスを使います．16ビットのネットワーク・アドレスはユーザが任意の番号を割り付けるのではなく，コーディネータやルータがランダムに割り付けます．このため，運用を開始した直後は，ユーザは分からない状態です．

送信用APIフレームで，16ビットのネットワーク・アドレスのフィールドに指定した0xFFFEは，相手先の16ビットのネットワーク・アドレスが不明なとき，または，相手先がコーディネータのときの値です．

ZigBeeではこのようなとき，まず相手の16ビット・アドレスを調べるためのパケットをブロードキャストで発行し，既知の64ビット拡張アドレスを元に16ビット・ネットワーク・アドレスを取得します．64ビット拡張アドレスは工場出荷時にデバイス固有の番号が割り当てられているので，SH，SLの情報を読み取ることで調べられます．

上記の手順で取得した16ビットのネットワーク・アドレスは，64ビット拡張アドレスを16ビットのネットワーク・アドレスに変換するため，表Aのようなテーブルに代入されます．

XBeeは最大で10個のエントリを持つテーブルを有しています．送信先が10個を超えるときに，毎回コマンドID「ZigBee Transmit Request」（表1参照）の16ビット・アドレス・フィールドに0xFFFEを指定していては，そのたびにブロードキャスト・パケットの発行から始まりかねません．そのため，アプリケーション側にも変換テーブルを持ち，既知のデバイスに対しては16ビット・ネットワーク・アドレスを使うことが推奨されています．

アプリケーション側で16ビット・ネットワーク・アドレスを収集する方法はいくつかあります．

先の「ZigBee Transmit Request」や「Explicit Addressing ZigBee Command Frame」でフレームIDに'0'以外の値を指定すれば，「ZigBee Transmit Status」のフレームの一部に16ビット・ネットワーク・アドレスが情報として入って来ます．

それ以外にも「Rx Data（コマンドID：0x90）」，「Rx Explicit Data（コマンドID：0x91）」，「IO Sample Data（コマンドID：0x92）」，「Node Identification Indicator（コマンドID：0x95）」，「Route Record Indicator（コマンドID：0xA1）」などで相手先の16ビット・ネットワーク・アドレスが収集可能です．

アドレス変換テーブルには常に知り得た最新の16ビット・ネットワーク・アドレスを代入するようにします．送信に失敗した場合はアドレス変換テーブルの16ビット・ネットワーク・アドレスを0xFFFEに戻します． 〈濱原 和明〉

表A 64ビット拡張アドレスを16ビットのネットワーク・アドレスに変換するテーブル

| 64ビット・アドレス | 16ビット・アドレス |
|---|---|
| 0013 A200 4000 0001 | 0x4414 |
| 0013 A200 400A 3568 | 0x1234 |
| 0013 A200 400A 1122 | 0xC200 |
| 0013 A200 400A 1123 | 0xFFFE（不明） |

※本章は「トランジスタ技術」誌2011年9月号を元に追記・再編集したものです

# 第9章 ZigBee準拠シリーズ2の低消費電力動作機能を活用する

—— 起きたり寝たりしながら電力をケチケチ使う

濱原 和明　Kazuaki Hamahara

電池動作のXBee搭載基板を使って無線ネットワークを構築した場合，懸念される問題の一つに電池寿命があります．電池の寿命をのばすために，XBeeは低消費電力状態に入れます．本章ではXBeeの低消費電力状態の設定方法を説明します．

## 低消費電力動作の仕様をチェック

### ● 2mW品なら電池の終始電圧近くまで動く

シリーズ2の2mW製品は送信電力が小さいのに加えて，電源電圧の動作範囲が下は2.1Vからとなっています．電池電源を安定化しないでそのまま加えたとしても，乾電池2本分の終止電圧に近いところまで稼働できます．

### ● 2mW品の電源電圧と消費電流のスペック

データシートの電源と消費電流の仕様値を確認しておきます．

電源電圧動作範囲は2.1～3.6Vです．消費電流は，電源電圧が3.3V時の送信時の最大電流は40mA，同様に受信時の最大電流も40mAです．送信も受信も行っていないIDLE状態（RF機能を停止している状態）では15mAです．スリープ・モード時は1μA以下です．

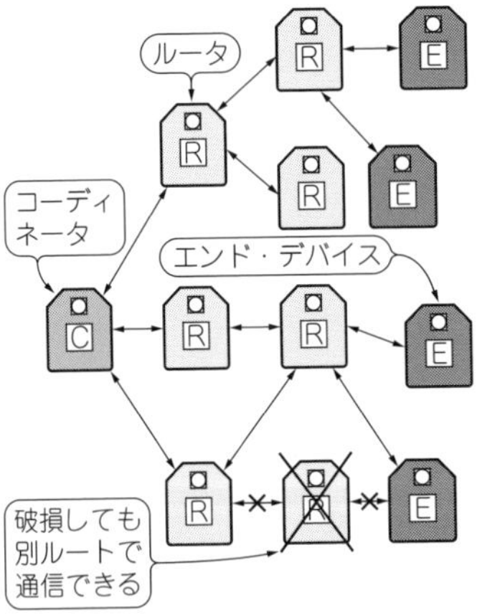

### ● ZigBee仕様ではスリープ・モードになれるのはエンド・デバイスだけ

XBeeのシリーズ2は，IEEE802.15.4上にZigBeeプロトコル・スタックが搭載されています．これにより，図1に示すメッシュを使ったネットワークを構築できます．

ZigBeeのネットワーク上のモジュールは3種類の役割りを割り当てられ，低消費電力動作をするスリープ・モードに入れるのはエンド・デバイスだけです．

### ● 2種類のスリープ・モード

XBeeには，次の2種類のスリープ・モードが用意されています．各モードでの消費電流を波形で確認します．

① **Cyclic Sleep**：内部タイマで周期的に起動とスリープを繰り返す（図2）．XBee単体でディジタル信号やセンサ信号などをサンプリングするときなどに使う．

② **Pin Sleep**：外部からピンを操作してXBeeのスリープ状態を制御する（図3）．マイコンを接続するときによく使う．

XBeeのON/SLEEP端子とCTS端子は，システム全体の低消費電力化に利用できます．

ON/SLEEP端子は，XBeeが動作している間"H（アサート）"に，スリープしている間は"L"になります．この信号で外付け回路の電源をOFFすれば，XBeeがスリープ期間中の消費電力を下げることができます．

CTS端子は本来，XBeeがDINからのデータの受信が可能であることを示す制御線ですが，事実上XBeeの低消費電力状態を表しています．このことか

**図1 ZigBeeネットワーク上で低消費電力状態になれるのはエンド・デバイスだけ**
XBeeシリーズ2はIEEE802.15.4上にZigBeeプロトコルが搭載されている

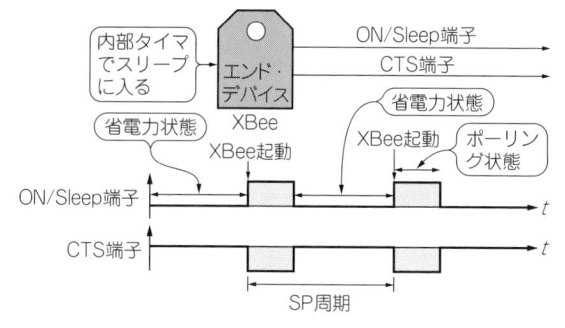

**図2 Cyclic Sleep モードの動作**
XBee 自体が内部タイマを使って SP 周期でスリープと起動を勝手に繰り返す

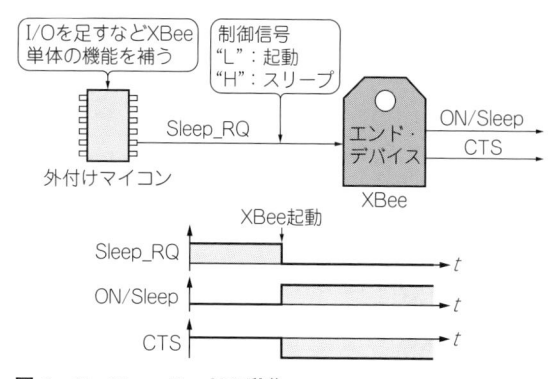

**図3 Pin Sleep モードの動作**
外付けマイコンなどで Sleep_RQ 端子を H/L にしてスリープと起動をコントロールする

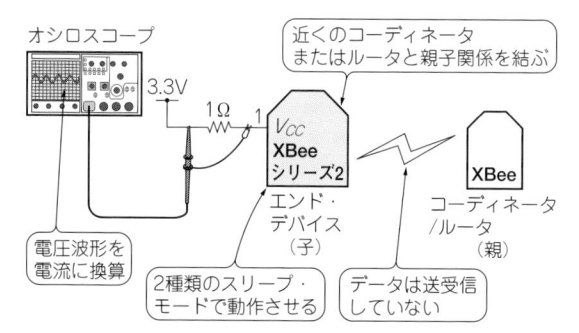

**図4 この接続で実際に動かして消費電力を調べる**

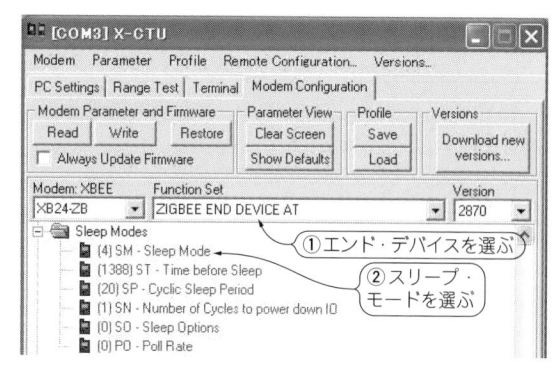

**図5 スリープ・モードを設定する**（X-CTU の画面）
パソコンにインストールする．XBee への書き込みは，XBee を USB インターフェース基板などでパソコンと接続して行う

ら，マイコン側は CTS 端子の変化を割り込み入力などに対応させることで，XBee の低消費電力状態とマイコンの低消費電力状態を同期させることができます．その結果，システム全体の消費電力の低減に役立ちます．

ON/SLEEP 端子も CTS 端子も，出力信号の状態は，後述のコマンド設定によって変化します．

▶ 低消費電力動作を実験で確認する

本章では，図4に示す接続で実際に XBee シリーズを動作させ，二つの低消費電力モードの実力値を見てみます．消費電流の計測は，XBee シリーズ2の 2mW 製品の電源ピン（1ピン）と3端子レギュレータで生成した 3.3V の間に 1Ω の抵抗を挿入し，その抵抗の両端電圧をオシロスコープで観測することにしました．

## XBee シリーズ2の消費電力の実力

### ■ XBee の内部タイマを使って起動とスリープを繰り返す Cyclic Sleep モード

● XBee を設定する

図5に，X-CTU の設定画面を示します．X-CTU は，パソコンにインストールして使う XBee 設定用ソフトウェアです．「Function Set」で「ZIGBEE END DEVICE AT」を選択し，PAN ID 以外は標準の状態（[Show Defaults] をクリックして確認）を XBee に書き込みます．この標準の状態の設定は次のとおりです．設定内容の詳細は，後述します．

- Sleep Mode : 4 (SM = 4 : Cyclic Sleep)
- Time Before Sleep : 5s (ST = 0x1388)
- Cyclic Sleep Period : 320ms (SP = 0x20)
- Poll Rate : 100ms (PO = 0)

● Cyclic Sleep モードの動作

今回の実験ではデータの送受信はしません．また，コーディネータによるネットワークの立ち上げとルータのネットワークの参加は終了しているとします．エンド・デバイスは 320ms おきに，親に自分あてのメッセージが保留されていないか，問い合わせします．

(1) エンド・デバイスの起動と ST 時間（XBee の動作時間）の開始．ルータを親としてエン

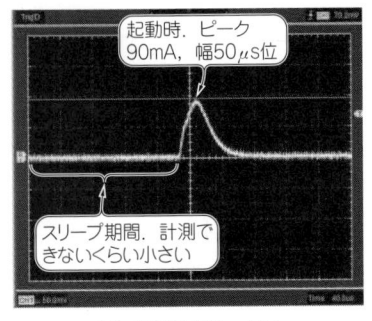

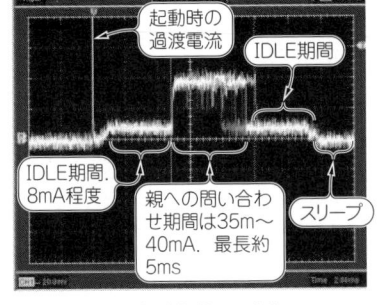

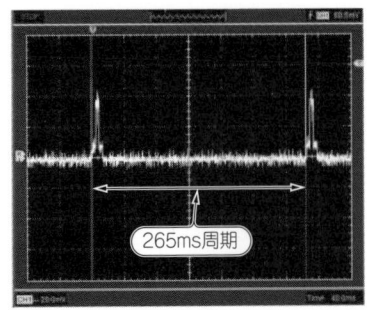

(a) 起動時(40μs/div) 　　(b) 起動後(2ms/div) 　　(c) 時間軸を伸ばして観測(40ms/div)

**図6 Cyclic Sleep モードのときの消費電流の変化**(20 mV/div)
定期的に親に自分あてのデータがないか問い合わせしている．データの送受信がないので周期は SP = 0x20 の 320ms 設定．この使い方ならアルカリ単3形電池2本で83日間動かせる

図中注釈：
- 起動時．ピーク90mA，幅50μs位
- スリープ期間．計測できないくらい小さい
- 起動時の過渡電流
- IDLE期間
- IDLE期間．8mA程度
- 親への問い合わせ期間は35m〜40mA．最長約5ms
- スリープ
- 265ms周期

(2) ST 時間の終了．省電力状態の時間(SP 時間)
(3) SP 時間の終了．親にポーリング(図6の波形)
(4) 省電力状態の時間(SP 時間)
(5) 無線や DIN 端子からの受信がない限り (3) と (4) を繰り返す

● 実験結果
　図6に示すのは，Cyclic Sleep モードで動作しているエンド・デバイスの消費電流のようすです．周期的に起動しているのがわかります．
　今回，親側に子に送信するメッセージを設定していないので，メッセージの受信処理は行っていません．

▶ 起動時は 90mA のピーク電流が流れる
　図6(a)はスリープから起動に移るときの過渡的な電流波形です．起動時にピークで 90mA，幅約 50μs の電流が流れます．

▶ 起動後
　図6(b)は，起動直後の過渡的な状況から後ろの波形です．いったん IDLE に入ります．このときの電流は 8mA 程度です．その後，電流波形が急速に立ち上がり，35m〜40mA となります．35m〜40mA の山は幅が変動しますが，最長で約 5ms 継続します．
　再び IDLE を経過した後，スリープに入っていることが分かります．図6(c)に起動の周期の波形を示します．周期は 265ms 位です．SP = 0x20 で設定した 320ms とは一致していません．

▶ 電源電圧を変えてみると
　電源電圧を仕様範囲の 2.1〜3.6V に変えた時の消費電流を測定しました．その結果，いずれの場合も 38.4mA と，XBee シリーズ2の 2mW 版の電源電流は電源電圧に依存しないことが分かりました．

● アルカリ単3形2本で83日間動く計算になる
　消費電力を求めて，単3形電池2本(直列)で動かせる期間を試算します．
　起動の周期が 265ms の場合，1秒間に電波を飛ばす回数は約 3.8 回 (≒ 1000/265) です．
　送受信時の単位時間当たりの消費電流は，送受の電流が 40mA，5ms とすると次のとおりです．
　　5ms × 3.8 回 × 40mA/1000ms = 0.76mA
　アイドリング(IDLE)期間は，起動前後で 4ms と 3.6ms くらいです．余裕を見て 10ms とします．起動後の消費電流は前述のように 8mA なので，単位時間当たりの消費電流は次のとおりです．
　　10ms × 3.8 回 × 8mA/1000ms ≒ 0.3mA
　上記を合算すると単位時間当たり約 1mA です．
　アルカリ単3形電池の容量を 2000mAh とすると，2000 時間，つまりこの使い方なら約 83 日間動作できます．
　実際にはスリープ中に電流が 1μA 以下流れていますが，1μA ならほぼ影響はなしとしました．
　ただし，以上は定期的に起動しているだけで，何もしていない場合の話です．

## ■ マイコンなどでスリープ制御する「Pin Sleep モード」

### ● XBee を設定する
　X-CTU の「Function Set」で「ZIGBEE END DEVICE AT」を選択し，PAN ID と SM 以外は次の設定を XBee に書き込みます．

- Sleep Mode：1 (SM = 1：Pin Hibernate)
- Poll Rate：100ms (PO = 0)

### ● Pin Sleep モードの動作
　エンド・デバイスは，Sleep_Rq (DTR) 端子を"L"

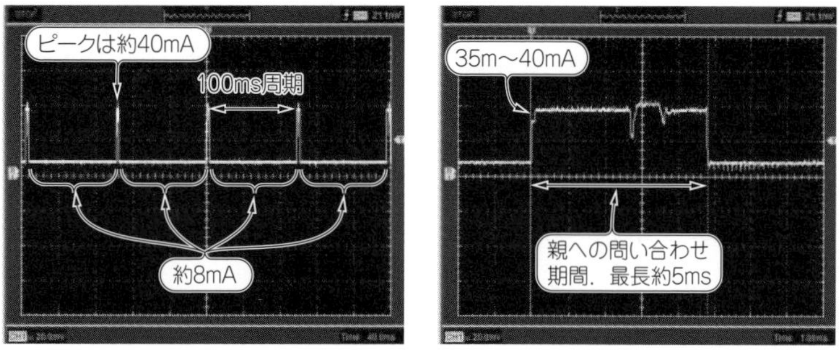

**図7 Pin Sleep モード動作時の消費電流**（20mV/div）
親に自分あてのデータがないか問いあわせしている

(a) 定期的に親に自分あてのデータがないか問い合わせているようす(40ms/div)

(b) ピークを拡大(1ms/div)

にするとスリープが解除され，"H"にするとスリープに戻ります．実験ではSleep_Rq端子を"L"にしています．

起動中のエンド・デバイス（子）からコーディネータ（親）へのメッセージは，任意のタイミングで送信できます（プッシュ型）．

エンド・デバイスは親に保留中のメッセージがないかの問い合わせを定期的に問い合わせます（プル型のポーリング動作）．

エンド・デバイスがコーディネータに問い合わせる周期はPOコマンドで設定します．PO = 0とした場合は標準の100ms周期が選ばれます．

データの送受信がない今回の実験での動作は，次のとおりです．コーディネータによるネットワークの立ち上げとルータのネットワークの参加は終了しているものとします．

(1) エンド・デバイスの起動と上記ルータを親としたネットワークへの参加（Sleep_Rq端子"L"）
(2) PO時間の終了．親にポーリング（図7）
(3) PO時間開始
(4) (2)と(3)を繰り返す

● 実験結果

図7に，動作中のエンド・デバイス（子）がPin Sleep モード設定時にルータ/コーディネータ（親）へポーリングしているときの電流波形を示します．

電流波形が突出していないレベルは8mA程度であり，この間はRF機能（電波を出す機能）も停止していることが分かります．突出している波形ではピークが40mA近くあります．突出した波形を拡大してみました．幅は約5msあります．

Sleep_Rq端子を"H"にしてXBeeをスリープに戻すと，オシロスコープでは観測できないほど小さい電流値になります．

## スリープ動作を細かく設定できる充実したコマンド

SM，SP，SN，SO，ST，POなどのコマンドを設定したときのCyclic SleepモードとPin Sleepモードの動作を解説します．図8に動作を示します．

● Cyclic Sleep モード

SM = 4 または SM = 5 に設定すると，エンド・デバイスはCyclic Sleepモードで動作します．SM = 5はCyclic Sleepモードと，後述するPin Sleepモードの両方の機能を実現します．巻末付録に，各コマンドの一覧表があります．合わせてご覧ください．

▶ SP：省電力状態の時間（$t_{SP}$）を設定するコマンド

SPコマンドで設定した周期で省電力状態から解除され，親に自分あてのメッセージが届いていないか確認（ポーリング）します．ポーリングしていない間は，省電力状態になっています．

▶ ST：親からメッセージがあったときの動作持続時間を設定するコマンド

自分あてのメッセージがあったら，エンド・デバイスはタイマ（STタイマ）を起動し，このSTコマンドが実行されている時間（$t_{ST}$）が切れるまで動作を延長します．

同じようにDINからデータを受信した場合もSTタイマを起動し，$t_{ST}$経つまで低消費電力状態に入りません．STタイマはDINからの受信や無線からの受信があるたびに再起動されます．

STコマンドはエンド・デバイスが起動しているときの動作ですが，リセット直後または電源起動直後にも適用されます．

X-CTUでXBeeをコンフィグレーションするとき，エンド・デバイスの場合は［Read］や［Write］をクリックする前にリセット・スイッチを押すと，比較的スムーズに操作できるのはこれが理由です．

低消費電力動作にするためには$t_{ST}$をむだに長くできません．一方，極端に$t_{ST}$時間を短くしすぎると，

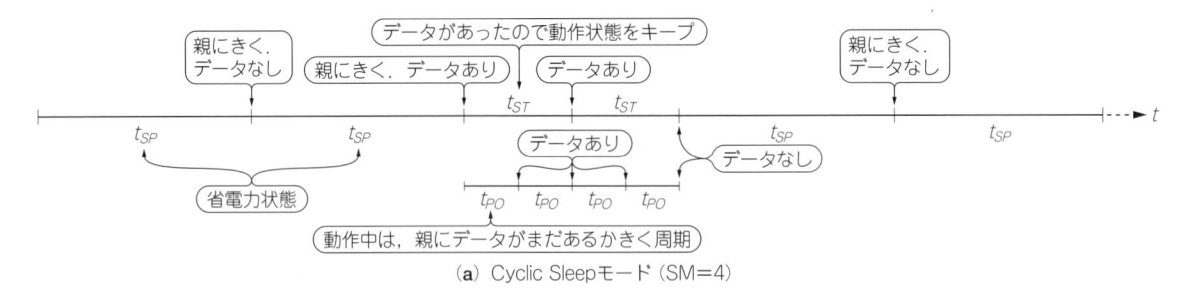

**(a) Cyclic Sleepモード (SM=4)**

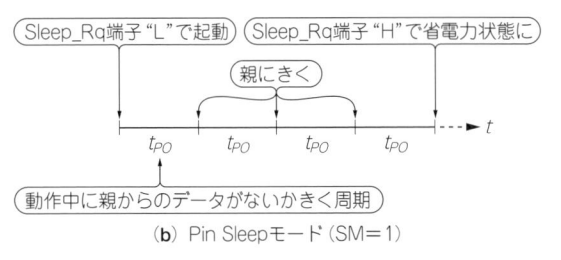

図中注釈：
- 親にきく．データなし
- 親にきく．データあり
- データがあったので動作状態をキープ
- データあり
- 親にきく．データなし
- $t_{SP}$, $t_{SP}$, $t_{ST}$, $t_{ST}$, $t_{SP}$, $t_{SP}$
- 省電力状態
- データあり / データなし
- $t_{PO}$ $t_{PO}$ $t_{PO}$ $t_{PO}$
- 動作中は，親にデータがまだあるかきく周期

**(b) Pin Sleepモード (SM=1)**

図中注釈：
- Sleep_Rq端子 "L" で起動
- Sleep_Rq端子 "H" で省電力状態に
- 親にきく
- $t_{PO}$ $t_{PO}$ $t_{PO}$ $t_{PO}$
- 動作中に親からのデータがないかきく周期

**図8 スリープ動作とコマンドの関係**

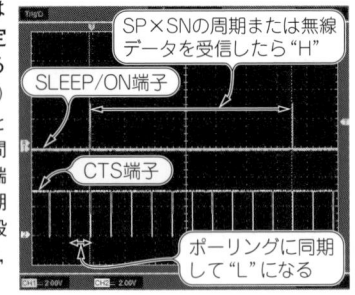

**図9 SLEEP/ON端子がL/Hする頻度はSNコマンドで設定した値で変えられる**
(2V/div, 400ms/div)
ON/SLEEP端子はSPとSNの積で決まる時間にアサートされCTS端子はSPで決まる周期でアサートされる．設定はSM=4, SP=0x20, SN=0x0A, SO=0x00

図中注釈：
- SP×SNの周期または無線データを受信したら "H"
- SLEEP/ON端子
- CTS端子
- ポーリングに同期して "L" になる

---

リセット・スイッチを押してもX-CTUからの操作が上手くいかなくなります．XBee-USBインターフェース基板XU1のようにコミッショニング・スイッチが用意されていれば，コミッショニング・スイッチを1回押すことで，エンド・デバイスを30秒間起動できます．

▶ **PO**：メッセージ・データを見つけたあとのポーリング周期を決めるコマンド

エンド・デバイスは，$t_{SP}$おきに親に問い合わせてメッセージ・データを見つけられなかった場合は，すぐに省電力状態になります．メッセージを見つけると，メッセージの有無をチェックに行く周期が，POコマンドで設定できる周期に変ります．動作中の親へのメッセージの確認周期$T_{PO}$は，POコマンドで決まります．メッセージを受信した場合，継続してメッセージを受信する可能性が高く，省電力を目的としたSPの周期ではレスポンスが遅くなるため別途周期が用意されたのがPOです．

PO=0としたときは，標準値の周期（100ms）が選ばれます．

▶ **SN**：ON/SLEEP端子をL/Hさせる頻度を設定するコマンド

SNコマンドは，SLEEP/ON端子を使って（マイコンを使わずに），XBeeのスリープ動作に同期させて，周辺回路を低消費電力動作させるときに利用します（XBee自体の消費電力が変わるわけではない）．マイコンを使えるなら，SLEEP/ON端子をモニタする必要はなく，CTS端子だけをモニタして，マイコンの低消費電力モードや周辺回路のON/OFF制御すればよいでしょう．

SNコマンドを利用して16進の数値（$n$）を指定すると，SLEEP/ON端子が，省電力時間（SPコマンドで設定）×$n$回経過後に "H" になるようになります．要は，SLEEP/ON端子がL/Hする頻度を調整できるコマンドです．

図9はSM=4, SP=0x20, SN=0x0A, SO=0x00としたときの波形で，上がON/SLEEP端子，下はCTS（Clear To Send）端子です．親へのポーリングが$t_{SP}$ごとに行われています．

ON/SLEEP端子は，SPとSNの積で決まる時間が切れるか，無線データを受信したときにアサートされます（"H" がON/SLEEP端子のアサート）．

CTS端子はSPで決まる周期$t_{SP}$でアサートされています（"L" がCTS端子のアサート）．

▶ **SO**：省電力状態の動作を決めるオプション・コマンド

SOの動作設定はビット・フィールドで定義され，bit1とbit2が有効です．通常はSO=0x00で使います．

SOコマンドのbit1を '1' に設定すると，SP×SNの省電力状態ののち，データがあろうがなかろうが，ST状態になり，POコマンドで設定された周期で，親にデータがないか問い合わせを始めます．

図10はSM=4, SP=0x20, SN=0x0A, SO=0x02, ST=0x1388（$t_{ST}$=5秒）としたときの波形です．上側がON/SLEEP端子，下側がCTS端子です．ON/SLEEP端子がネゲート（無効，"L"）されている間は$t_{SP}$おきに起動しながらポーリングを行っています．

図10 SOコマンドのbit1を'1'にしてST時間の開始をSPとSNの積の時間経過後にした（2V/div, 1s/div）
設定はSM=4，SP=0x20，SN=0x0A，SO=0x02，ST=0x1388（5秒）．CTS端子は，動作中（ST中）に"L"

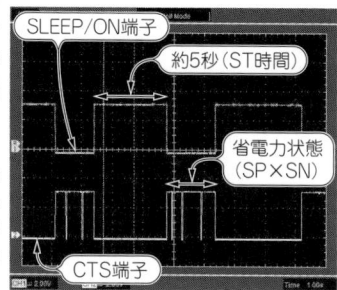

ON/SLEEP端子がアサート（"H"）されている時間は約5秒です．$t_{SP}$が開始していることが分かります．$t_{ST}$中はPO=0の周期（100ms）でポーリングが行われています．

SOのbit2を'1'にすると拡張スリープ（extended sleep）にできます．

$t_{SP}$で設定できる省電力状態の最長時間（28秒）よりも長く，省電力状態を維持できます．

例えばSM=4，SP=0x20，SN=0x0A，SO=0x04とした場合，ON/SLEEP端子もCTS端子もアサートされるタイミングが約2.5秒ごととなります．この間隔はSPとSNの積による時間です．

● Pin Sleepモード

SM=1とすることでエンド・デバイスをPin Sleepモードに設定できます．

エンド・デバイスのSleep_RQ端子を"H"にすると省電力状態に入り，"L"にすると起動します．動作中の親への問い合わせ周期は，POコマンドで決まります．

端子1本の操作だけで済むので簡単な印象がありますが，Sleep_RQ端子をアサート（"H"）にしている間は親に対してポーリングしない点に注意が必要です．長時間にわたって省電力状態にしていると，エンド・デバイスあてのメッセージを取りこぼしたり，ネットワークから外されることがあります．

## 省電力状態設定時の注意点

● エンド・デバイスがネットワークから外れないようにする

エンド・デバイスの親にあたるルータやコーディネータは，エンド・デバイスからのポーリングにタイム・スタンプを付けています．もしエンド・デバイスが所定の時間内にポーリングをしてこなかったら，親はそのエンド・デバイスが電波が到達可能な範囲の外に出てしまったのだろうと判断して，エンド・デバイスの登録テーブルから削除してしまいます．

削除までの猶予時間はルータやコーディネータのSPとSNの値で決まります．ルータやコーディネータのSNとSPを掛け算した値と，ネットワーク中のエンド・デバイスの最も長いスリープ時間が一致するようにします．実際のタイムアウトは最短が5秒で，かつ3×SP×SNの時間です．SPは10ms単位です．3倍しているのは，エンド・デバイスがポーリングを3回失敗しても削除されないことを保証しているからです．

Pin SleepモードのXBeeモジュールを含むネットワークでは，ルータやコーディネータのSPやSNの値はPin Sleepを行うエンド・デバイスの，最も長い省電力状態時間に合わせます．

● 親からのデータを取りこぼさないようにする

コーディネータやルータ（親）が，エンド・デバイスに渡すメッセージ・データをもっているのは一時的です．

親がエンド・デバイス向けのメッセージを預かる期間は，ルータやコーディネータのSPの値で決まります．実際の値は1.2×$t_{SP}$（$t_{SP}$は10ms単位）で，最短が1.2秒，最長が30秒です．

タイムアウトがわずかにSPの値より大きいので，ルータやエンド・デバイスのSPの値はCyclic Sleep

---

### Column ルータの省電力モード変更について

ルータは，動作中に省電力モードを変更できます．ルータの省電力モードSMの値は'0'（No Sleep）となっていますが，ATコマンドで'0'以外の値（1，4，5）に設定すれば，省電力機能が有効となります．

ただし，SMの値を'0'以外に設定すると，ルータのデバイス・タイプはエンド・デバイスに変更されます．省電力機能が有効となった時点でルータは現在のネットワークから離脱し，エンド・デバイスとして再参加することとなります．

ちなみにエンド・デバイスは必ず何らかの省電力モードとなる必要があるので，事実上SM=0は選べません．

〈濱原 和明〉

モードのエンド・デバイスに合わせます.
　Pin Sleep モードのエンド・デバイスが相手の場合は，30 秒を上限としてそのエンド・デバイスの最長のスリープ時間に合わせます.
　拡張スリープや Pin Sleep モードのエンド・デバイスは，30 秒以上スリープできます．ただし 30 秒以上スリープしたら，エンド・デバイスは IO Sample などのしくみを使ってデータ送信をし，自身がデータ受信可能になったこと知らせなくてはなりません．

● ネットワークを見つけられないエンド・デバイスは起動のたびに参加要求を繰り返して無駄に電力を消費する
　エンド・デバイスは起動すると必ず，参加できるネットワークを探し始めます．PAN ID を使って自分が所属していたネットワークが見つかればすぐに参加して，前述の省電力状態に入ります．しかし，起動したときにネットワークに入れてもらえなかったエンド・デバイスは，何度も参加要求を繰り返すことになって無駄に電力を消費します．

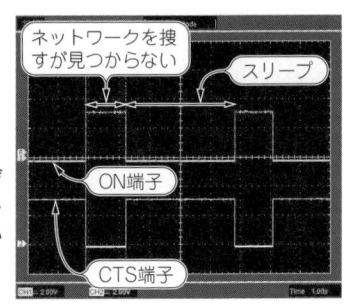

図11 エンド・デバイスがネットワークを見つけられないときの動作(2V/div, 1s/div)

　図 11 は，エンド・デバイスが，起動したときにネットワークを見つけられないでいるときの電力消費のようすです．上側の波形は ON 端子，下の波形は CTS 端子です．約 5 秒周期で ON と OFF を繰り返し，約 1.3 秒間はネットワークをスキャンしています．エンド・デバイスが長時間ネットワークに参加できないでいると，想定以上に電力を消費する可能性があります．

※本章は「トランジスタ技術」誌 2011 年 9 月号の記事に追記・再編集を加えたものです

# 第10章 よくあるトラブルと解決方法
—— 行き詰まったらここをチェック！

濱原 和明　Kazuaki Hamahara

XBee を使っていく上で，よくあるトラブルと解決方法を紹介します．

## その1 買ってきていきなり動かない?!

XBee を購入したままの状態で動かそうとして思うように動かず悩むことがあるかもしれません．そこで，購入直後の XBee の状況を述べておきます．

● 購入直後のデフォルト設定状態

▶ シリーズ1の場合

XBee シリーズ1を購入後，何の設定も行わずに動かした場合にどのようになるのかを試してみました．

**図1**に示すのは X‐CTU の「Modem Configuration」タブのキャプチャ画面です．

ネットワークの動作で重要なパラメータである CH，ID，DH，DL，MY などは，それぞれ工場初期値が代入されています．この状態のシリーズ1を3個起動してみると，面白い現象が発生します（**図2**）．

「Terminal」タブから，それぞれ "0123456789" とタイプすると，その文字は残り二つのモジュールに転送され，画面に赤い文字となって表れています．3個のモジュールそれぞれで "0123456789" をタイプしてみました．下線の文字は送信した文字です．

あたかもブロードキャスト（送信先が不特定で広範囲の場合）を行ったように，打った文字が残りの二つのモジュールに転送されていますが，あくまでもこれはユニキャスト（送信先が一つに限られる場合）で送った文字です．

つまり，送り先も '0'，自分のアドレスも '0' であるため，このようなことが起きたと思われます．

ちなみに，ブロードキャストと書きましたが，実際には上記の現象を起こさないときもあり，不安定なの

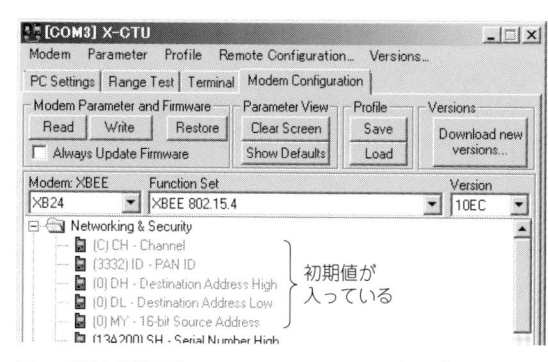

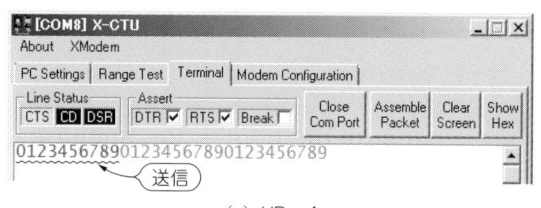

**図1 購入直後の「Modem Configuration」タブの表示（シリーズ1）**

(a) XBee1

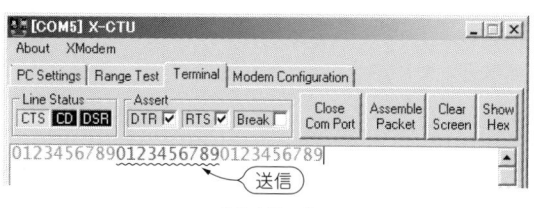

(b) XBee2

(c) XBee3

**図2 購入したばかりのシリーズ1を3個起動してどうなるか調べてみた**
ブロードキャストに見えるが実際はユニキャスト．ブロードキャストの代わりには使えない

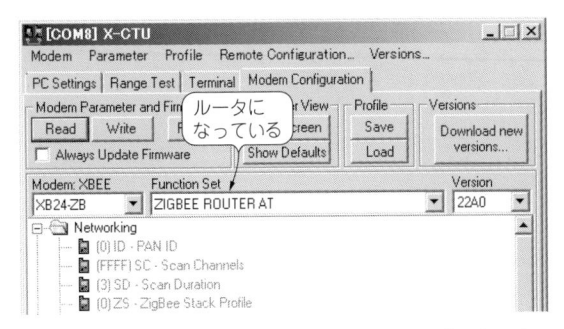

図3 購入直後の「Modem Configuration」タブの表示（シリーズ2）

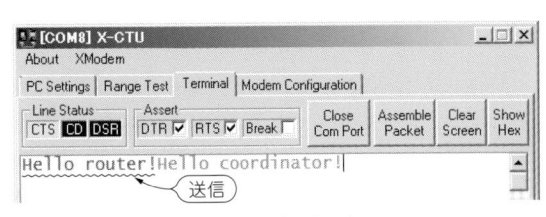

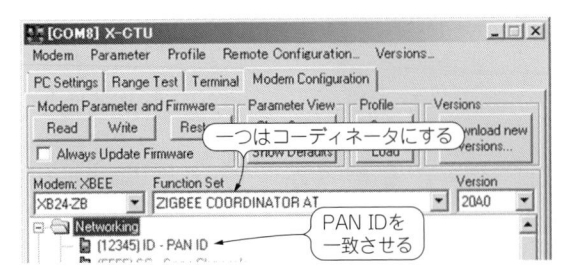

図4 二つあるなら一方はX-CTUを使ってコーディネータに設定し直す

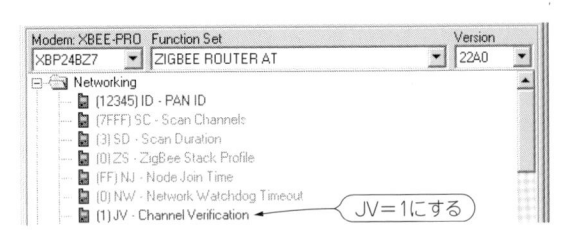

（a）コーディネータ

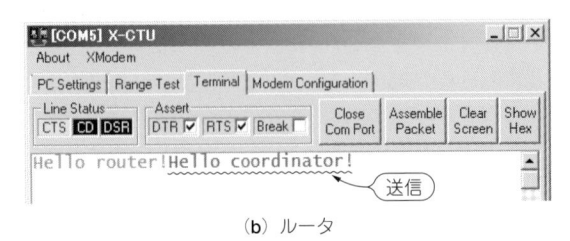

（b）ルータ

図5 ネットワークで接続され通信が可能となる

図6 "Networking"項目のJVを'1'に設定する

でブロードキャストの代わりとしてこれを使うことは勧められません．

自分ひとりでネットワークを構築して運用している場合はよいのですが，周囲に同様に購入直後の工場出荷値のネットワークが稼働している場合は互いに混信状態となります．

シリーズ1でもまずはCH，ID，MYなどは設定して使いましょう．

▶シリーズ2の場合

XBeeシリーズ2を購入後，何の設定も行わずに動かした場合にどのようになるのかを試してみました．

図3に示すのはX-CTUの「Modem Configuration」タブのキャプチャ画面です．

もし，このとき電波が届く範囲に有効なコーディネータが存在しないと，このモジュールはいつまでもネットワークに参加できないままです．

例えば，初めて二つのシリーズ2のモジュールを買ってきた場合がそのような状況になると思います．

シリーズ2が通信を開始するためには一つのコーディネータが必要ですので，二つあるならば，一方をX-CTUを使ってコーディネータに設定し直してく

ださい（図4）．

コーディネータを起動すると，数秒してからXBee-USBインターフェース基板（XU1）上のAssociationのインジケータ用LEDが1秒周期で点滅を始めます．続いて，ルータも今度は500ms周期でAssociation LEDを点滅させます．この状態で互いがネットワークで接続され，通信が可能となります（図5）．

コーディネータはブロードキャスト（DH = 0，DL = 0xFFFF）で，ルータはユニキャスト（DH = 0，DL = 0）で通信している点に注意してください．

ルータのAssociationのインジケータ用LEDが点滅を開始しても「Terminal」画面で通信ができないときは"Networking"項目のJVを'1'に設定し，新しい設定を書き込んだあと，ルータの電源を再投入するためにUSBケーブルの抜き挿しを行ってください（図6）．

再びAssociationのインジケータ用LEDの点滅が確認できたら，「Terminal」画面で文字を打ち込んでみてください．

### その2
### XBeeとパソコンがつながらない

X-CTUでXBeeの状態を調べたり設定を行ったりしようとしても，上手くPCと接続できない原因を考えてみます．

この症状を引き起こしている理由は二つあると思います．

(1) 通信条件が変更されている
(2) エンド・デバイスに設定していた場合

● XBeeの通信速度がパソコンの設定と合っていない

　例えば，BDコマンドを使って標準の9600 bpsから変更し，そのことを忘れてしまった場合です．XBee自体には通信条件を示す何らかの表示機能をもたないので，今の通信条件がどうなっているのかを調べるためにはシリアルを接続するのですが，そのシリアルに接続できないので今困っているという矛盾が生じます．

> X‐CTU側のボー・レートをいくつか変更して総当たり戦をすればいずれ当たりますが，うっかり標準でサポートされていないボー・レートにしてしまったときはお手上げです．
> これを防ぐためには自己管理しかなく，できれば通信条件を変更したらXBeeにシールなどを貼り付けて，そこに記載しておくほうがよいでしょう．

　上記のような状態に陥った場合は「ファームウェアの回復」を参考に，ファームウェアを初期状態に戻します．

● エンド・デバイスに設定していた

　プロトコル・スタックに起因することでもありますが，シリーズ2ではエンド・デバイスに設定した場合，モジュールは何らかの省電力モード（スリープ）に入ることとなります．

　XBeeはスリープ中はDINからの入力を無視します．そのためにX‐CTUからの問い掛けに対して応答できません．

　通常，X‐CTUはXBeeからの応答がないときはXBeeをリセットするようにメッセージを出力します．そこでXBee‐USBインターフェース基板（XU1）上のリセット・スイッチなどでリセットを行うとXBeeが再起動し，X‐CTUからの問い掛けに対して応答を返します．つまり，エンド・デバイスに対してX‐CTUで操作するときはリセット・スイッチは必須です．

　XBeeが起動してからスリープに入るまでの時間はSTコマンドで設定されます．標準の時間は5秒となっていますので，リセット・スイッチを押してから5秒以内であれば応答します．

　STコマンドで起動してからスリープに入るまでの時間を短くするとXBeeに問いかけにくくなるので，XBeeの操作に慣れるまではあまり極端な値にしないほうがよいでしょう．

　STを極端に短い時間に設定してしまった場合は，やはり「ファームウェアの回復」を参考にして，ファームウェアを初期状態に戻します．

## その3 ルータをネットワークに参加させられない！

　以下は電波環境面で問題ないことが前提の話です．

　ルータに設定しているモジュールが，いくら再起動してもネットワークに参加させることができないことがしばしばあります．

● 原因

　プロトコル・スタックに起因することですが，ZigBee PROは，一度構築したネットワークは，コーディネータやルータが脱落してもそのネットワークを維持する仕様になっています．

　ルータを再起動した後，ネットワークに参加できない理由は以下の場合です．

　まず，該当のルータは一度ネットワークに参加します．このとき，使用無線チャネルやPAN ID，16ビット・アドレスといったネットワークに必要な情報は不揮発メモリ領域に保存されます．それは，参加中のネットワークからルータが脱落（電源ダウンなど）しても再起動後に速やかにネットワークに復帰するためです．

　通常は，ネットワーク情報の変更などは頻繁に行われる類のものではないのでこれでよいのですが，XBeeを使って実験などをしているとコーディネータの再設定を頻繁に行うことになります．

　コーディネータのネットワーク構築の動作は，単に再起動ならば以前のネットワーク情報を使用しますが，PAN IDやスキャン・チャネルといったネットワーク構築に関する情報が変化すると，以前使用したネットワーク情報は捨ててしまって，新たな設定でネットワークの構築を開始します．

　XBeeを実験的に使用している場合，上記の操作は頻繁に行われます．つまり，コーディネータが以前のネットワーク情報と異なるネットワークを構築するので，その情報の変化に追従できていないルータが取り残されてしまうのです．

　これが，ルータがネットワークに参加できない理由の一つです．

● 対策

　対策は二つあります．

　一つは，Networkingの項目のJVを'1'にします．JV = 1とすると，ルータは起動するたびに自分のもつネットワーク情報と稼動中のネットワークとの比較を行い，もし違いがあれば稼動中のネットワークに合わせます．

　もう一つは，DIO0が標準ではCOMMISSIONING BUTTONとなっていますが，この端子にスイッチを

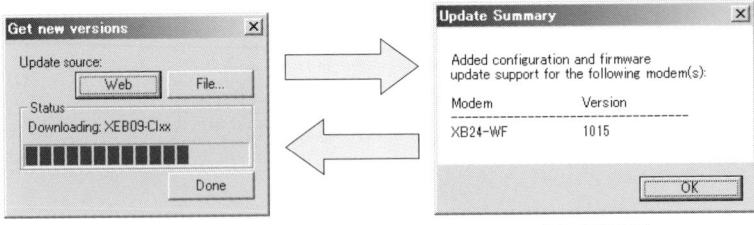

　　　　　(a) 更新のダイアグラム　　　　　　　　　　(b) 更新完了

**図7　XBee の最新ファームウェアのダウンロードと更新**

接続します．4回連続でこのスイッチ(コミッショニング・スイッチ)を押すと，ルータは今もっているネットワーク情報を捨て，ネットワークに再参加します．

### その4　XBee のファームウェアのバグとアップデート

　機能の追加やバグの修正などのために，XBee のファームウェアはたびたび更新されています．

　ファームウェアの更新には X-CTU を使用します．まずは，新しいファームウェアの有無を確認してダウンロードします．

　「Modem Configuration」タブの［Download new versions］のボタンをクリックして「Get new versions」のダイアログを開きます(図7)．

　［Web］と［File］の二つのボタンが並んでいます．［Web］はインターネット上のディジ インターナショナル社のサイトからダウンロードし，［File］はパソコン上に保存されたファイルを選びます．ここでは［Web］を使ってみます．

　少し時間が経過すると，更新のあったファームウェアのダウンロードが自動的に始まります．最終的にダウンロードが成功すれば，実際にダウンロードしたファームウェアのリストが表示されるので，［OK］ボタンを押してダイアログを閉じ，［Done］ボタンで完了させます．

　ときおり時間がかかったり，ダウンロードに失敗することがあります．また，インターネットに接続できない環境では［Web］ボタンは役に立ちません．次は［File］ボタンを試してみます．

　あらかじめ，米国のディジ インターナショナル社の「Support」→「Firmware Updates」でファームウェアをダウンロードしたい製品を選んで該当ページに移動します．ZIP 形式のファイルへのリンクがありますので，これをクリックしてダウンロードします(図8)．同時にリリース・ノートも見ておくとよいでしょう．

　わかりやすいように X-CTU のインストール・フォルダの update の下に保存しておきます．特に解凍は必要ありません．

　今度は［File］ボタンをクリックして，先ほど保存し

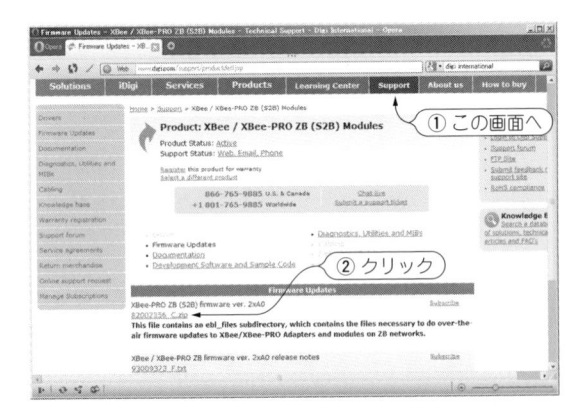

**図8　XBee の最新ファームウェアをウェブ・サイトからダウンロード**

たファイルを選択します．最後にリストが表示されますので［OK］ボタンでダイアログを抜け，［Done］で完了します．

　ファームウェアはいつでも古いバージョンに戻すことが可能です．

● ディジ インターナショナルのウェブ・サイトにあるリリース・ノートをチェックせよ

　ファームウェアのバグもないわけではありません．どうしても正常に動かず，さんざん悩んだうえで，実はファームウェアにバグがあった！…というのは先日経験したことです．

　ディジ インターナショナルのサイトではリリース・ノートも発行されていますので，なるべくそれを参照することと，やはり自分で十分に検証することが大切でしょう．

### その5　設定を間違えたら XBee が応答しなくなった…ファームウェアを回復したい！

　端末通信速度(BD 値)を一般的な速度以外に設定したり，具体的に説明が難しいのですが X-CTU で XBee 書き込み時に不正な値を書いてしまったような場合に，XBee が応答しなくなる現象があります．

　このようなときは，ファームウェアの回復機能を

表1 X-CTUの「Modem: XBEE」の表示とXBeeのタイプの対応

| 「Modem: XBEE」 | XBeeのタイプ |
|---|---|
| XB24 | シリーズ1(1mW) |
| XBP24 | シリーズ1(10mW) |
| XB24-ZB | シリーズ2(2mW) |
| XBP24-ZB | シリーズ2(10mW) |
| XBP24BZ7 | S2B |
| XB24-DM | シリーズ1(1mW, Digi Mesh) |
| XBP24-DM | シリーズ1(10mW, Digi Mesh) |
| XB24-ZB | X-Stick シリーズ2(2mW) |

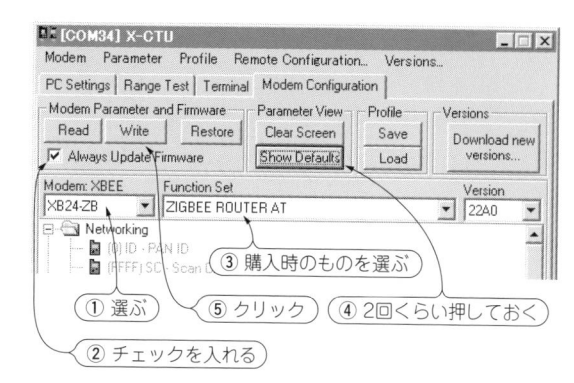

図9 「Modem Configuration」タブでファームウェアを回復する

使って正常な状態に戻します.

　まず,ファームウェアを回復したい「Modem XBEE」から適切なXBeeのタイプを選びます(**表1,図9**).

　「Modem Configuration」タブの「Always Update Firmware」にチェックを入れ,購入直後の状態に戻すために「Function Set」を,シリーズ1なら"XBEE 802.15.4"または"XBEE PRO 802.15.4",シリーズ2なら"ZIGBEE ROUTER AT"を選び,[Show Default]を2回くらい押しておきます.

　この状態で[Write]を押すと,X-CTUがXBeeにアクセスしにいきますが,回復したい状況のXBeeなら当然X-CTUからの呼びかけに反応しません.

　しばらくするとリセットを要求するダイアログが開きますので,指示に従いXBee-USBインタフェース基板(XU1)のリセット・スイッチを押してください.リセット・スイッチを押すと直ぐに書き込みが開始されます.

　最後に,X-CTUは書き込んだ内容を読み出そうとしますが,この時点でも失敗することがあり,やはりリセットを要求してきます.再びリセット・スイッチを押しますが,うまくいかないときはUSBケーブルを抜き差しします.

## その6　A-D変換の結果が正しくない（シリーズ2の場合）

　A-D変換の端子に入力した電圧値と変換結果が違うとき,A-D変換の端子の電圧が入力電圧範囲以内に入っているかどうか確認してみて下さい.

　シリーズ2のA-D変換入力の最大値である1.2Vを越えたときの動作を確認してみます.

　実験では,シリーズ2のXBeeをルータ,トランスペアレント・モード(Function Set: ZIGBEE ROUTER AT)で起動しました.AD1(DIO1)とAD2(DIO2),電源電圧のA-D変換値を得るためにD1=2, D2=2,「I/O Sampling」項目の中ではV%=0xFFFとします.

　AD1は$V_{CC}$に接続,AD2はGNDに接続します.電源電圧は3.3Vです.

　「Terminal」画面に移動しコマンド・モードに移行後,ATコマンド"IS"を実行してAD1, AD2, $V_{CC}$の変換結果を見ました.「Terminal」画面の表示は次のとおりです.

```
+++OK
atis    ← ATコマンド"IS"
01      ← 変換数
0000    ← ディジタル・チャネル・マスク
86      ← アナログ・チャネル・マスク
03FF    ← AD1変換結果($V_{CC}$ 3.3Vに接続)
0032    ← AD2変換結果(GNDに接続)
0FFC    ← $V_{CC}$ 3.3V
```

　AD1の値が0x3FFなのは,最大入力である1.2Vを超えているからです.AD2は本来なら0ですが,値が見えてしまっています.$V_{CC}$の値も,電圧に換算すると4795mVと全く違います.AD1が正常な入力範囲を超えているためにと思われます.

　AD1の電圧を規定の1.2Vにしたときの「Terminal」画面の表示は次のとおりです.

```
+++OK
atis    ← ATコマンド"IS"
01      ← 変換数
0000    ← ディジタル・チャネル・マスク
86      ← アナログ・チャネル・マスク
03FB    ← AD1変換結果(1.2V)
0000    ← AD2変換結果(GND)
0B00    ← $V_{CC}$ 3.3V
```

　AD1の値はほぼ1.2V,AD2もGNDレベル,$V_{CC}$は3.3Vとなりました.マニュアルを見るとA-D変

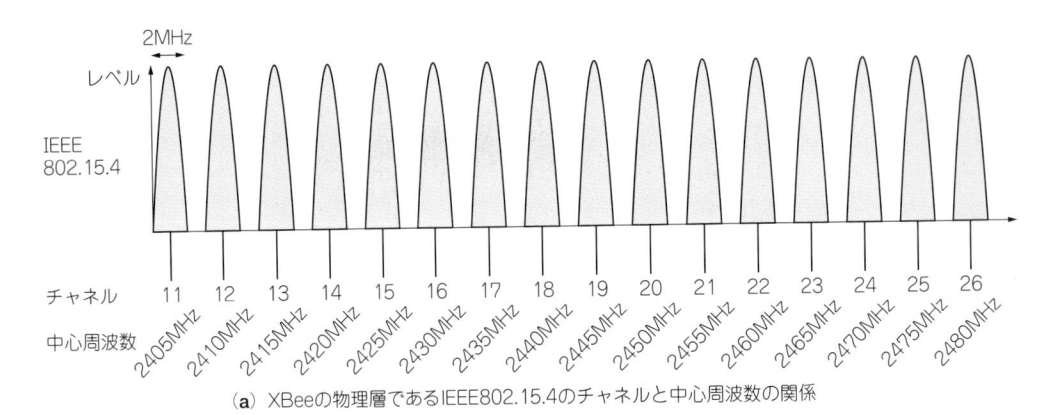

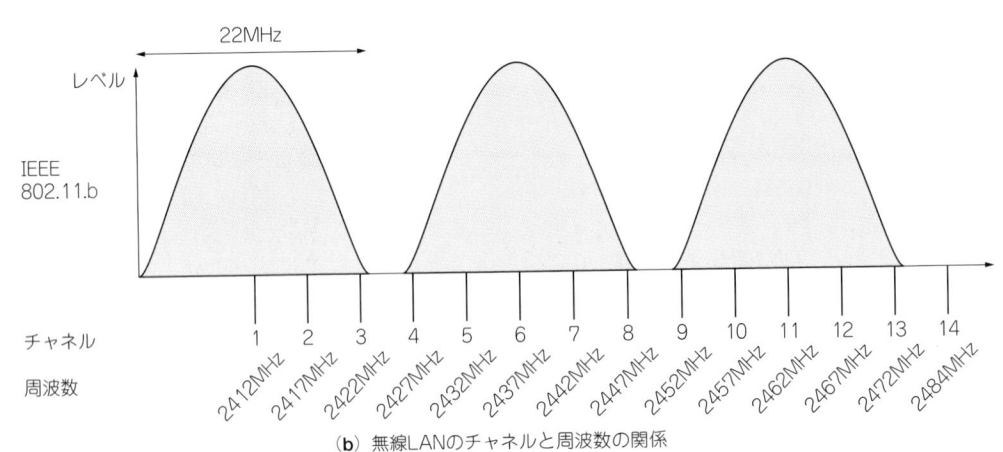

**図10** ZigBeeのIEEE802.15.4と無線LANのIEEE802.11bは同じ周波数帯（2.4GHz）を利用している．互いに干渉しない工夫が施されている

換入力の範囲は$0 \sim V_{REFI}$（$1.19 \sim 1.21V$，$1.2V_{typ.}$）です．この範囲から$\pm 200mV$位は入力しても良い範囲です．ただ，$0 \sim V_{REFI}$を超える入力は正常に変換されません．

シリーズ2の電源電圧3.3Vを周囲の回路の電源に使うと，周囲の回路の最大出力も3.3Vとなることがよくあります．しかし，シリーズ2に入力させるときは，必ずすべての入力が1.2V以内になるように制限をかけてください．

### その7
### 無線機器や電子レンジとの干渉

● **XBeeが利用する周波数帯域**

XBeeが利用する2.4GHz帯はISMバンドとしてさまざまな機器で利用されており，それら機器との共存を上手く図ってやる必要があります．

まずは，XBeeがどのように周波数を利用しているかを解説します．

**図10**（a）は，XBee（ZigBee）のPHY層であるIEEE802.15.4のチャネルと中心周波数の関係です．

ちなみに，2.4 GHz IEEE802.15.4が11チャネルから始まるのは，IEEE802.15.4の仕様では他に868 MHz帯と915 MHz帯があり，868 MHz帯で1チャネル（チャネル番号0），915 MHz帯で10チャネル（チャネル番号1〜10）がすでに存在しているからです．

一つのチャネルは2 MHzの帯域幅をもち，それぞれのチャネルは5 MHzごとに離れています．無線LANのように隣接するチャネルでも帯域が重ならないため，16チャネルすべてが同時に使用できます．

参考までに無線LAN（IEEE802.11b）のチャネルと周波数の関係を**図10**（b）に示します．

チャネルは22 MHz（IEEE802.11gは20 MHz，IEEE802.11nは20 MHzまたは40 MHz）の帯域幅をもち，隣接するチャネルと干渉してしまうので，無線LANのチャネルを決定するときはそれぞれを十分に離して設定します．上記の例では，1，6，11チャネルの組み合わせなら干渉せずに利用できます．

ZigBeeと無線LANでは同じ2.4GHzの周波数帯を利用するので，それぞれの周波数が近いと互いに干渉

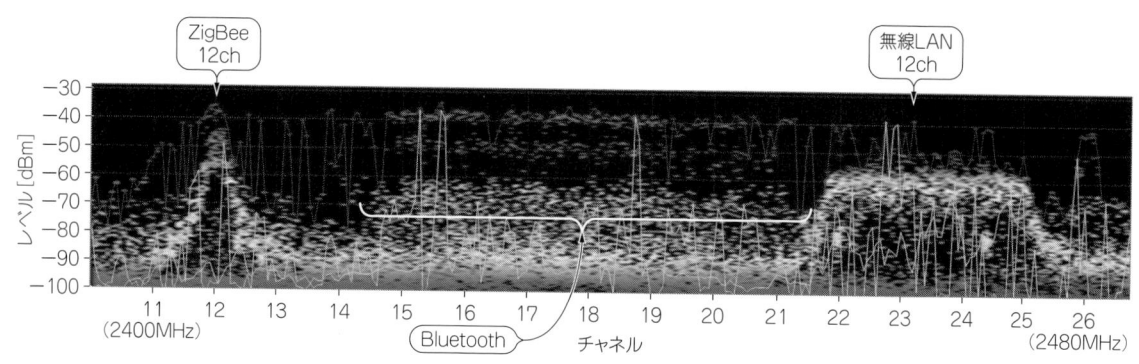

**図 11 ZigBee 機器，無線 LAN 機器，Bluetooth 機器を同時に稼働させたときのスペクトラム**
三つとも同じ 2.4GHz の周波数帯を使っている．2400M ～ 2480MHz を分けあって干渉を避けていることがわかる

してしまいます．ただし，互いに電波がぶつかって干渉しているわけではありません．

もし無線 LAN が利用しているのが 1，6，11 チャネルであれば，IEEE802.15.4 の 15，20，25，26 チャネルがちょうど無線 LAN の帯域の隙間に入ります．これは偶然ではなく，こうなるように IEEE802.15.4 仕様の周波数の割り付けを設定したからです．

● ZigBee や Bluetooth など XBee と同じ帯域を利用する機器との競合

IEEE802.11b 規格の 1 次変調方式は DSSS (Direct Sequence Spread Spectrum)，IEEE802.11g と IEEE 802.11n 規格の 1 次変調方式は OFDM (Orthogonal Frequency Division Multiplexing) が採用されています．

ZigBee の PHY 層の IEEE802.15.4 規格でも，1 次変調方式は DSSS を採用しています．

DSSS でも OFDM でも固定された周波数を中心として 2MHz とか 20MHz の帯域幅をもちます．このため互いの中心周波数をずらすことで可能なかぎり干渉を避けることができました．

しかし，Bluetooth は様子が異なります．

Bluetooth (IEEE802.15.1 規格) が採用しているのは FHSS (Frequency Hopping Spread Spectrum) で，2402 ～ 2480 MHz の周波数を 1 MHz ごと 79 個のチャネルに分割し，利用するチャネルをランダムに切り替えながら通信を行う方式で，周波数が一定していません．このため場合によっては，ZigBee や無線 LAN と Bluetooth が干渉してしまう可能性がありました．

しかし，Bluetooth ver.1.2 からは AFH (Adaptive Frequency Hopping) を採用し，IEEE802.11 が使っている周波数を避けるように周波数ホッピングすることで，ZigBee や無線 LAN を同時に使ったときのトラブルを減らしています．

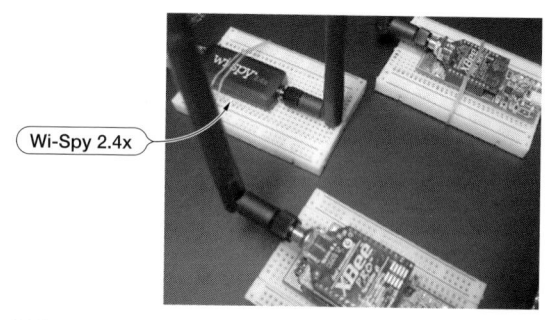

**写真 1　スペクトラムの観測に使った Wi-Spy と XBee モジュール**

図 11 は，ZigBee，無線 LAN，Bluetooth を同時に稼働させてみたときのスペクトラム・アナライザの波形です．

ZigBee は XBee を 12 チャネルに，無線 LAN は IEEE802.11g 規格を 12 チャネルに設定しています．Bluetooth は，デバイスに Class1 Bluetooth ver3.0 対応の USB ドングルを二つ用意しています．

画面を見ると ZigBee，Bluetooth，無線 LAN は，周波数を分けあっていることがわかります．

波形は次のように観測しました（**写真 1**）．

ZigBee は 2 個の XBee を用意し，片方の XBee からもう片方の XBee に対してファイル転送を行います．なるべく頻度を上げるために，端末通信速度を 115200 bps に設定しています．また，XBee は SC コマンドを使って 12 チャネルを選ぶようにしています．

無線 LAN はインターネットからパソコンにファイルのダウンロードをしていますので，無線通信はアクセス・ポイントとパソコン間で行っています．

Bluetooth は 2 台のパソコン間でファイル転送を行っています．

これらを同時に実行し，2.4 GHz 帯専用の簡易スペクトラム・アナライザの Wi-Spy 2.4x を使用してモニタしています．

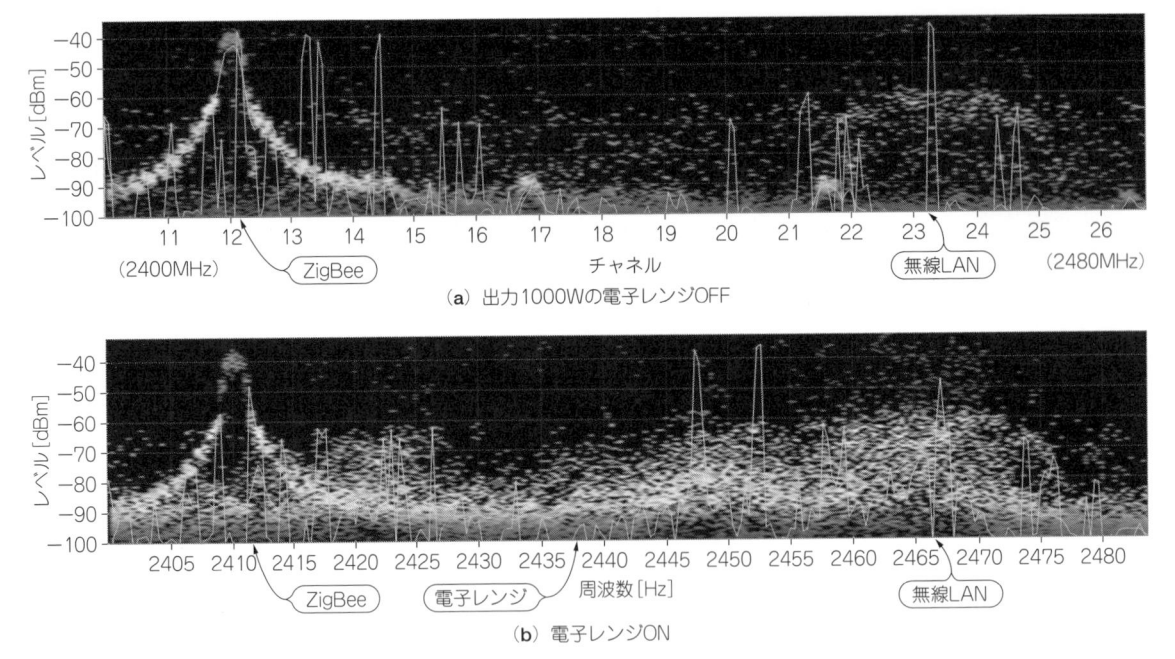

**図12 電子レンジを動かすと2.4GHz帯域全体のノイズ・レベルが上がる**
送信制御がされていない2.4GHzの電波をまきちらす．電子レンジからは遠ざけるしかない！

● 2.4GHz通信機器の送信制御のようす

　限られた帯域をチャネルを分割して複数の機器で電波を利用するとしても，無線LANで13チャネル，ZigBeeで16チャネルしか最大で割り当てがありません．

　混んでくれば当然，同一周波数に割り当てが行われる事態も発生します．運用面で，無線LANならESSIDで区別したり暗号化を掛けたりしますし，ZigBeeでもPAN IDや暗号化で他の機器との混信を防ぐことができますので，チャネルが重なったからといって完全にそのチャネルを利用できなくなるわけではありません．

　無線LANやZigBeeで使用される送信制御はCSMA/CA（Carrier Sense Multiple Access/Collision Avoidance）方式であり，簡単に言えば送信するまえに別の機器がそのチャネルを使用していないか電界強度を調べ，空いているならそのまま送信，利用されているならランダムな時間が経過後，再び送信処理に入ります．

　この方式を取ることで，互いの送信電波がぶつかって目的の機器に届かない可能性がずいぶん小さくなります．ただし遅延が増えるので，データ転送速度が低下することがあります．

● 電子レンジは最悪

　たとえ送信制御にCSMA/CAを採用して電波の利用効率を上げようとしても，他の機器が別の送信制御をしていたり，または全然制御されていなかったりでは結局効率を上げることができません．

　まるで送信制御を行っていない機器の一つに電子レンジがあります．電子レンジも2.4GHzの電波を調理に利用していながら，もともと通信機器ではないので送信制御という概念がないのは当然です．

　再びWi-Spyで電子レンジとZigBee，無線LANの電波を観測してみます．図12は出力1000Wの電子レンジの電源を入れる前と後のキャプチャ画面です．全体にもやっとした画面になってしまいました．これでも電子レンジからは5mくらいは離れています．電子レンジは遠ざけるしかないようです．

● XBeeの利用チャネルを上手に選んで確実に通信する

　シリーズ1では，CHコマンドを使ってユーザが自由にチャネルを設定できます．シリーズ2では，CHコマンドはユーザが設定できない項目になっています．そのため直接的にチャネルを設定できませんが，SCコマンドを使うことで間接的にチャネルを指定できます．

　ZigBeeコーディネータやルータ，エンド・デバイスは，SCで設定されたパラメータのうち，ビットが立っているチャネルのみ電界強度測定を行います．

　ユーザが電波の利用状況を管理しており，XBeeが

自動的にチャネルを選択するよりも確実に良いチャネルを選べるなら，この機能を使いましょう．

SCコマンドで指定するのは16ビットのパラメータですが，これはワード・データではなくビット・フィールドのデータとなっています．それぞれのビットはチャネル・マスクに一致し，bit0が11チャネル，bit1が12チャネル，bit14が25チャネル，bit15が26チャネルということになります．例えば，12チャネルに設定したいときはSC＝0x0002とします（図13）．

● 参考…フリーのスペアナ表示ソフトChanalyzer 4

さまざまな機器からどのような電波が出されているのかはとても興味のある話です．しかし，実際に機器の波形を取り込むためにはスペクトラム・アナライザを持って来る必要があります．

Wi‐Spy（Meta Geek）2.4xは比較的（15,000円強＄199）安価なスペクトラム・アナライザです．

このWi‐Spy 2.4xに付属しているソフトウェアWi‐Spy 2.4x付属Chanalyzer 4はMetaGeek社のサイトからダウンロードでき，これをインストールすると機器からどのような電波が出されているのかのサンプル波形を見ることができます．

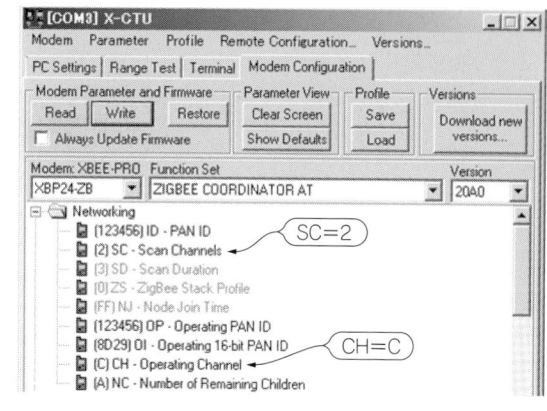

図13 12chに設定したいときはSC＝0x0002とする

購入元はいけりりネットワークサービス社（http://asashina.ikeriri.ne.jp/）です．

◆引用文献◆

(1) David McCall；Bluetooth通信の干渉と消費電力を低減する，デザインウェーブマガジン，2005年7月号，CQ出版社．

# Appendix2 シリーズ1の設定手順

—— (1)動作モード，(2)入出力端子，(3)ネットワーク

第8章ではシリーズ2の設定方法を解説しました．ここでは，特に重要な次の三つの内容について，シリーズ1での設定方法を紹介します．
①動作モード(トランスペアレント，API)，②入出力，③ネットワーク
APIフレームの構成とチェック・サムの計算方法はシリーズ2と同じです．
※「[XBee 2個＋書込基板＋解説書]キット付き超お手軽無線モジュール XBee」に同梱しているのはシリーズ2です(第8章参照)．

## ① 動作モードの設定

シリーズ1の動作モードは，シリーズ2と同様，(1)トランスペアレント・モード，(2) APIモード，(3) ATコマンド・モードの三つです．図Aのように設定することで各動作モードに入ります．それぞれのふるまいは，シリーズ2と同じです．シリーズ2の各動作モードのふるまいや設定方法は，第8章を参照ください．

(1)(2)はシリーズ2と設定項目が違います．ここでは(1)と(2)の設定方法とふるまいを紹介します．

### ■ トランスペアレント・モードの動作設定方法

トランスペアレント・モードの設定方法を動作例を基に紹介します．動作例は二つのシリーズ1を使ったループバック試験です．図Bにループバック試験の内容を示します．

ループバック試験は，通信距離を調べたり，無線の環境を簡易的に調べる目的にも使えます．

### ● ループ・バック試験のためのハードウェア接続

二つのXBeeモジュールのうち，一つはXBee-

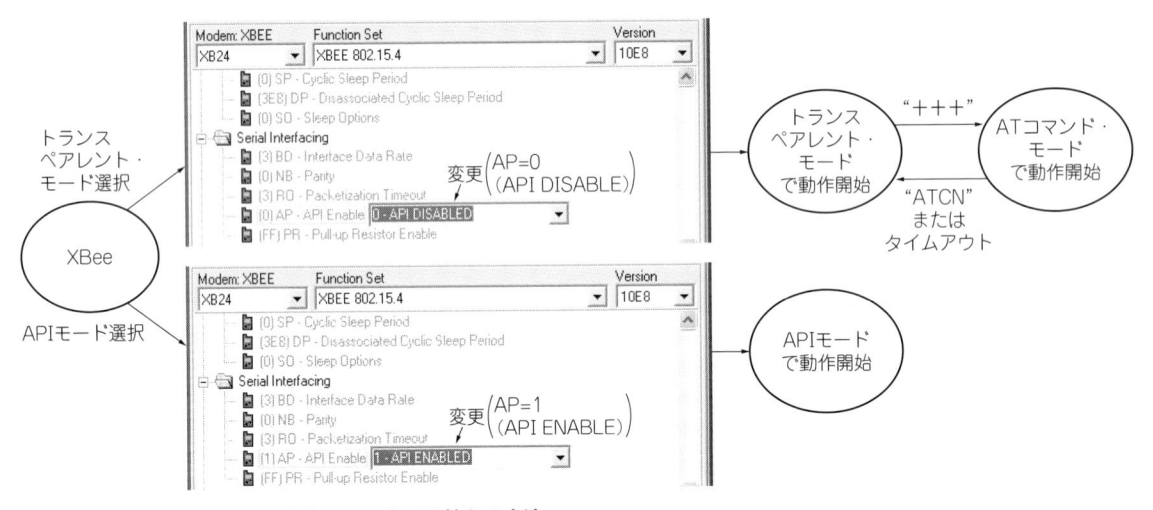

**図A シリーズ1で3種類の動作モードを切り替える方法**
パソコン用ソフトウェアX-CTUを使ってXBeeを設定する

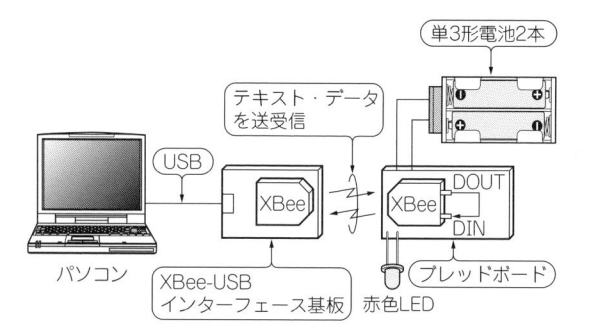

**図B** シリーズ1を使ったトランスペアレント・モードの設定方法をループバック試験で確認する

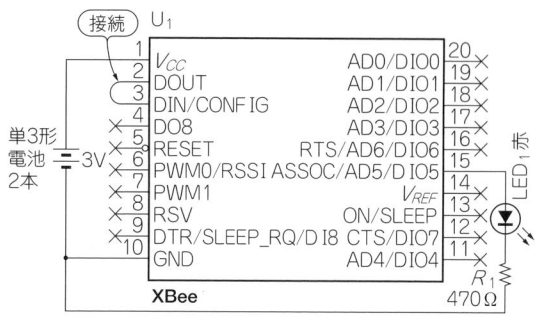

**図C** ループバック実験の電池動作側XBeeモジュールの接続

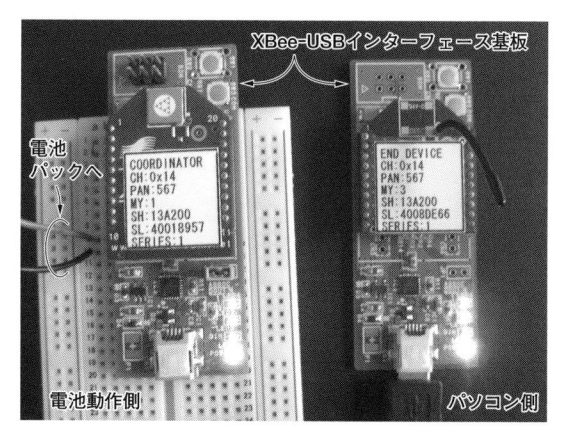

**写真A** ループバック実験してみた

USBインターフェース基板に挿してパソコンと接続し，もう一つはピッチ変換基板に挿してブレッドボード上で**図C**のような回路を組みます．シリーズ2とは異なりシリーズ1はモジュールの機能としてのループバック機能は用意されていませんので，DIN，DOUTを直接接続してループバックができるようにします．

今回は，電池動作側の回路のピッチ変換基板にも，［XBee 2個＋書込基板＋解説書］キット付き超お手軽無線モジュールXBee同梱のXBee-USBインターフェース基板（XU1）を使いました（**写真A**）．ピン・ヘッダを実装してブレッドボードに挿し，1ピン，2ピン間をショート，9ピンに電池のプラス，10ピンに電池のマイナス，$JP_1$はショートでUSB接続から独立させて使っています．

● XBeeの設定

X-CTUを起動するまでの手順は，シリーズ2と同じです．

▶ シリーズ2との違い

シリーズ1の標準は複雑なネットワークを構築しないので，コーディネータ，ルータといった区別はありません．標準設定のシリーズ1が構築するネットワークはピア・ツー・ピア（Peer to Peer），つまり相互の通信モジュールが対等の立場のネットワークです．

▶ 設定の手順

XBee-USBインターフェース基板にXBeeモジュールを搭載して，X-CTUを起動します．

設定項目は，「CH」「ID」「MY」「DL」です．設定内容はXBeeモジュールにこの値を書いたシールを貼り付けておくと便利です．

まず，X-CTUの「Modem Configuration」タブに移動し，［Read］をクリックして現在のXBeeモジュールの設定情報を取得しておきます．

二つのXBeeの設定内容を**図D**に示します．

「CH」は無線チャネルの選択で，0x0B（11ch）から0x1A（26ch）までのどれかを選びます．

「ID」は16ビット長のネットワーク・グループIDで，XBeeはネットワーク・グループに参加し，ネットワーク・グループIDが一致する相手だけ通信を行います．

「MY」は自分自身に与えられる16ビット長のネットワーク・アドレスです．二つのXBeeモジュールそれぞれに異なるアドレスを設定し，通信するときはこのアドレスでメッセージの送り先を指定します．

「DL」は相手先16ビット長ネットワーク・アドレスです．相互に相手先の「MY」の値を「DL」に入れます．「DH」は'0'としておきます．

● 参考までに…ループ・バック試験結果の見かた

「Range Test」タブに移動し，［Start］してループバック試験をしてみます．**図E**のように画面上の「Good」のカウント数が増加し，二つの基板上のLEDが激しく点滅します．「RSSI」にチェックを入れれば，受信感度を調べられます．

## ■ APIモードの設定方法

**図F**に，APIフレームのデータ領域の構造を示します．構造はシリーズ2と同じです．データ領域の先頭は，このフレームが何であるかを示す1バイトのコ

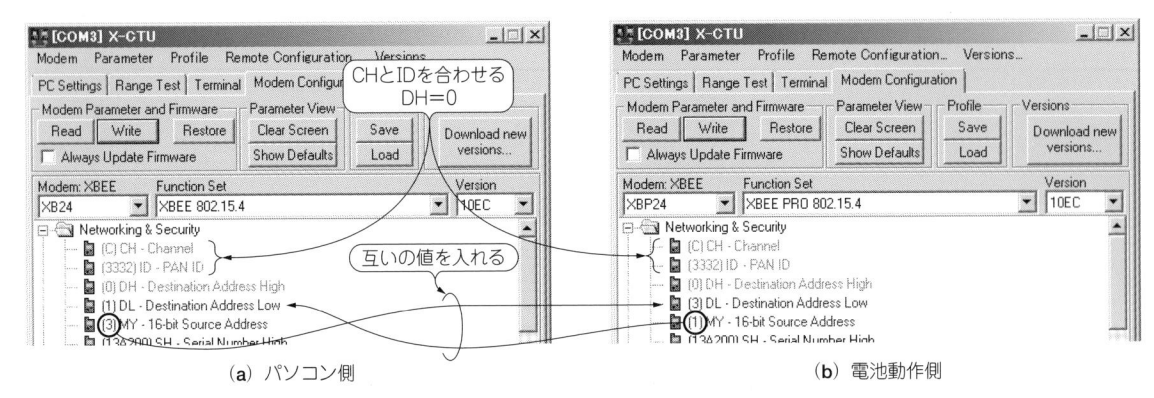

**図 D　トランスペアレント・モードで動作させるときの XBee の設定内容**
X-CTU の画面．シリーズ 2 のようにコーディネータなどの役は割り当てない

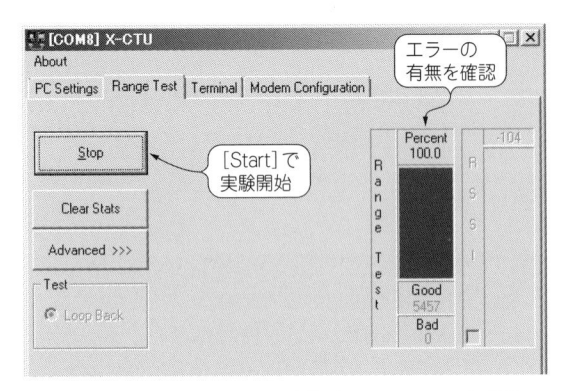

**図 E　ループバック実験で送受信データのエラーを確認**

マンド ID です．例としてシリーズ 1 のコマンド ID を表 A に示します．

テキスト・データの送受信を例に，API モードの設定手順を追います．

● **STEP1：パソコン側の XBee を API モードにする**

表 B に示すのは，送信側の API フレームの例です．シリーズ 1 マニュアル（Product Manual）の，API Operation → API Types → TX（Transmit）Request: 16-bit address に詳細があります．

シリーズ 1 で API モードを使うためには「Serial Interfacing」項目の AP = 1 として，[Write] をクリックして下さい．

図 G に，XBee モジュールを API モードに設定したときの X-CTU の画面を示します．

ネットワークの設定で，通信する XBee モジュールの「CH」と「ID」を双方で一致させ，「MY」はそれぞれ違う値を入力します．「DH」，「DL」は変更しません．

● **STEP2：テキスト・データ "Hello" を送信**

図 H のように，X-CTU の「Terminal」から「Assemble Packet」を使って API フレームを送信してみました．コマンド ID = 0x89 の送信ステータスで，フレーム ID = 0x01，STATUS = 0x00 が送信成功したことを表しています．

表 C が受信側の API フレーム例です．シリーズ 1 マニュアルの API Operation → API Types → RX（Receive）Packet: 16-ビット Address に詳細があります．

● **STEP3：電池動作側でテキストを受信して X-CTU で確認**

受信側が API モードのときとトランスペアレント・モードのときとで，API フレームを受信したときの X-CTU での表示画面が変わります．図 I(a) に示すのは，受信側が API モードのとき，図 I(b) に示すのは，受信側がトランスペアレント・モードのときの，X-CTU の画面です．

＊

通常は「MY」，「DL」を使った 16 ビット・アドレスで通信を行いますが，XBee モジュール固有（1 個 1

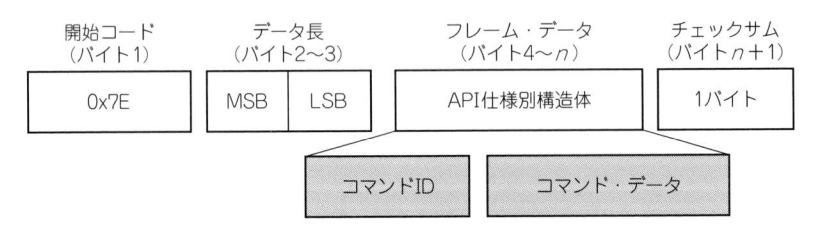

**図 F　シリーズ 1 の API フレームのデータ領域の構造はシリーズ 2 と同じ**

表A　シリーズ1のコマンドID
何のフレームなのかを示す

| APIフレーム名称 | コマンドID | 解説 |
|---|---|---|
| Transmit Request（64ビット） | 0x00 | 64ビット・アドレスを使ってメッセージを送信する |
| Transmit Request（16ビット） | 0x01 | 16ビット・アドレスを使ってメッセージを送信する．通常はこちらを使う |
| AT Command | 0x08 | 自ノードにATコマンドを発行する．ATコマンド・モードでの操作をAPIモードから実行する |
| AT Command - Queue Parameter Value | 0x09 | ATコマンドの発行を一旦溜めておく．実行はコマンドID：0x08の発行か"AC"コマンドの実行まで保留される |
| Remote Command Request | 0x17 | 相手先にATコマンドを発行する．離れたノードにATコマンドを実行できる |
| Recieve Packet（64ビット） | 0x80 | 64ビット・アドレスを使ったメッセージの受信 |
| Recieve Packet（16ビット） | 0x81 | 16ビット・アドレスを使ったメッセージの受信 |
| ADC and Digital I/O Line Support（64ビット） | 0x82 | A-Dコンバータまたは I/Oサンプリングが有効なモジュールから受信する．64ビット・アドレスを使う |
| ADC and Digital I/O Line Support（16ビット） | 0x83 | A-Dコンバータまたは I/Oサンプリングが有効なモジュールから受信する．16ビット・アドレスを使う |
| AT Command Response | 0x88 | ATコマンド応答（コマンドID:0x08の応答） |
| Transmit Status | 0x89 | 送信ステータス．コマンドID:0x00または0x01で行った送信に対するステータスの返信 |
| Modem Status | 0x8A | モデム・ステータス．リセットから復帰，ネットワークに参加したなどの状態が変化したときにXBeeから送られてくる |
| Remote Command Response | 0x97 | 相手からのリモートATコマンドに対する応答 |

表B　送信側のAPIフレーム
"Hello"というテキスト・データを送信

| | フレーム・フィールド | オフセット | 例 |
|---|---|---|---|
| | 開始コード | 0 | 0x7E |
| ① | データ長（上位） | 1 | 0x00 |
| | データ長（下位） | 2 | 0x0A |
| ② | コマンドID | 3 | 0x01 |
| ③ | フレームID | 4 | 0x01 |
| ④ | 16ビット送信先アドレス（MSB） | 5 | 0x00 |
| | 16ビット送信先アドレス（LSB） | 6 | 0x01 |
| ⑤ | 送信オプション | 7 | 0x00 |
| ⑥ | RFデータ | 8 | 0x48 |
| | | 9 | 0x65 |
| | | 10 | 0x6C |
| | | 11 | 0x6C |
| | | 12 | 0x6F |
| | チェックサム | 13 | 0x08 |

① コマンドIDからチェックサムの直前までのバイト数
② Transmit Request（16ビット）
③ 0以外の値を入れると相手先からACKを受け取れる．つまり最終的に送信に失敗した時の処理は上位側の責任となる
④ 送信先の16ビット・アドレス（MYの値）を入れる
⑤ ビット・フィールドで定義されている．今回は0x00を入れる
⑥ "Hello"

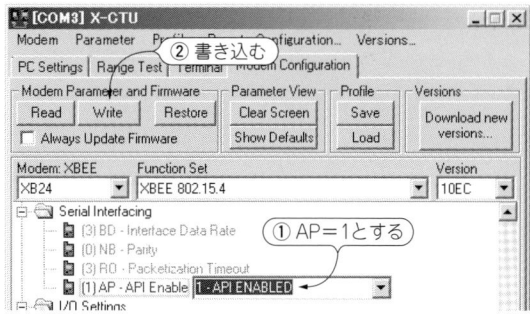

図G　APIモードに設定したときのX-CTUの画面

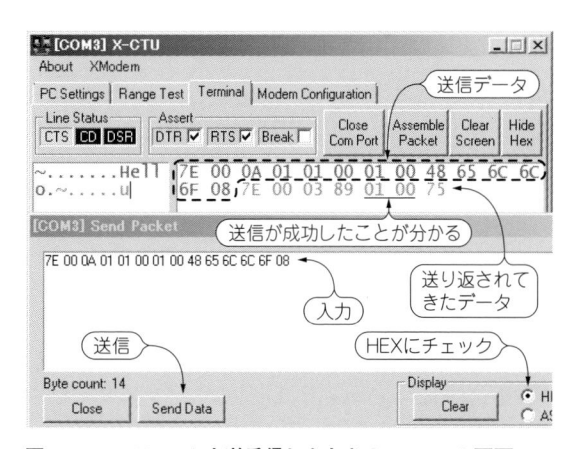

図H　APIフレームを送受信したときのX-CTUの画面

個それぞれに工場出荷時に設定されている）の64ビット・アドレスでも通信できます．通信相手のXBeeモジュールの16ビット・アドレスが分からなくても64ビット・アドレスが分かれば送信できます．
　64ビット・アドレスを使って"Hello"というデータを通信してみました．

　図Jのように，送信側は「Networking & Security」項目の「MY」の値を0xFFFEにします．フレームの64

①動作モードの設定　89

表C 受信側のAPIフレーム
"Hello"というテキスト・データを受信した

| | フレーム・フィールド | オフセット | 例 |
|---|---|---|---|
| | 開始コード | 0 | 0x7E |
| ① | データ長（上位） | 1 | 0x00 |
| | データ長（下位） | 2 | 0x0A |
| ② | コマンドID | 3 | 0x81 |
| ③ | 16ビット送信元アドレス（MSB） | 4 | 0x00 |
| | 16ビット送信元アドレス（LSB） | 5 | 0x02 |
| ④ | RSSI | 6 | 0x29 |
| ⑤ | 受信オプション | 7 | 0x00 |
| ⑥ | RFデータ | 8 | 0x48 |
| | | 9 | 0x65 |
| | | 10 | 0x6C |
| | | 11 | 0x6C |
| | | 12 | 0x6F |
| | チェックサム | 13 | 0x5F |

① コマンドIDからチェックサムの直前までのバイト数
② Recieve Packet（16ビット）
③ 送信元の16ビット・アドレス（MYの値）が入る
④ 受信レベルが入る
⑤ ビット・フィールドで定義される
⑥ "Hello"

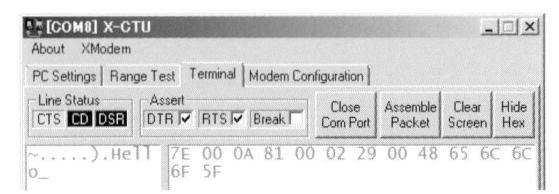

(a) APIモードで受信

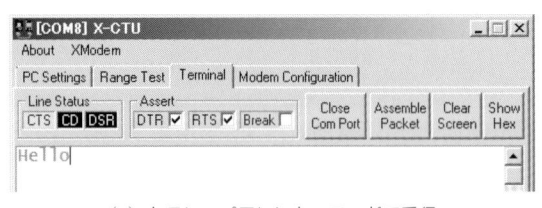

(b) トランスペアレント・モードで受信

図I APIフレームを受け取るXBeeモジュールの設定はトランスペアレント・モードでもOK

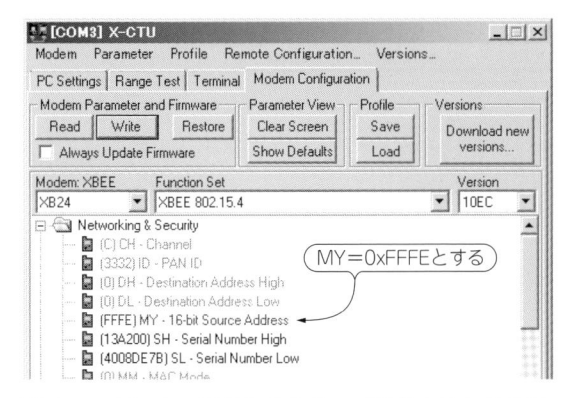

図J 64ビット・アドレスを使って通信するときのX-CTUの設定画面

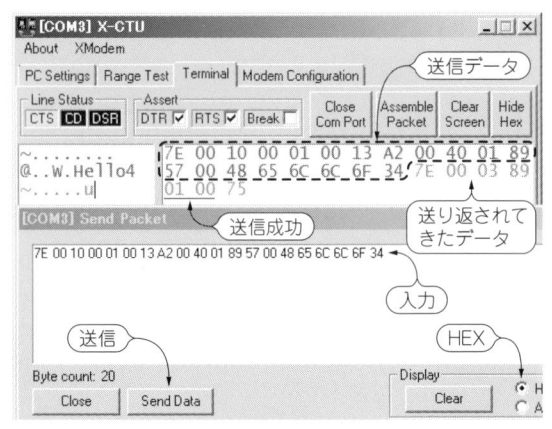

(a) 送信側

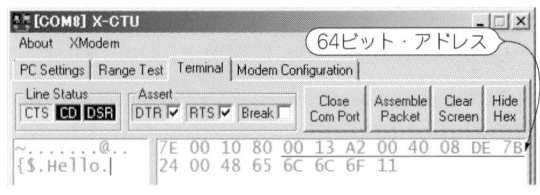

(b) 受信側

図K 64ビット・アドレスを使って送受信したときのAPIフレームをX-CTUで確認

ビット・アドレスに相手の「SH」，「SL」を代入します．
　図K(a)の「Terminal」画面に送信側のAPIフレームを，図K(b)に受信側のAPIフレームを示します．
　フレームの詳細は，メーカが提供するシリーズ1マニュアルのAPI Operation → API Types → TX (Transmit) Request: 64-bit address と RX (Receive) Packet: 64-bit Addressを参照して下さい．双方で64ビット・アドレスを使っていることが分かります．

## ② ディジタル入力，アナログ入力機能，ディジタル出力

　シリーズ1もシリーズ2と同様にディジタル入力やアナログ入力のサンプリング機能，ディジタルの出力機能があります．

### ● ディジタル信号のL/Hを読み込む

　電池動作側のXBeeモジュールにディジタル信号を入力して，パソコンに接続しているXBeeモジュールに送信します．例として，スイッチ三つの状態を1秒おきに送る方法を紹介します．
　構成や電池動作側のXBeeモジュールの接続はシリーズ2のときと同じです（第8章図9，図10参照）．
▶ 電池動作側XBeeの設定
　図Lに，X-CTUの設定画面を示します．XBeeモ

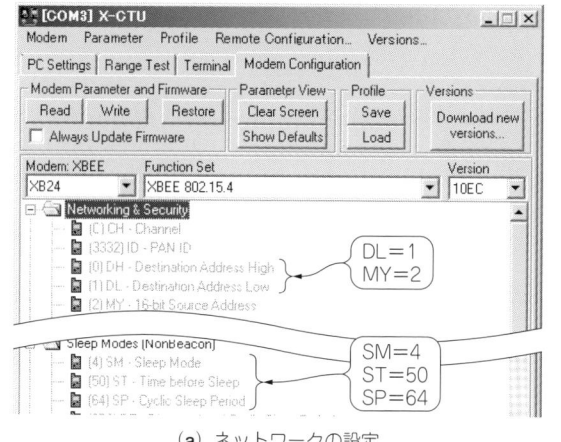

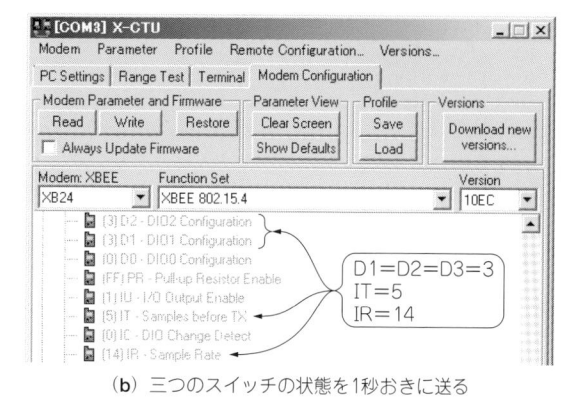

(a) ネットワークの設定

DL=1
MY=2

SM=4
ST=50
SP=64

(b) 三つのスイッチの状態を1秒おきに送る

D1=D2=D3=3
IT=5
IR=14

**図L** 電池動作側にディジタル信号（三つのスイッチのON/OFF状態）を1秒おきに取り込ませる設定（X-CTUで行う）

**表D** 信号を取り込んだ電池動作側がパソコン側に送信するAPIフレーム "ADC and Digital I/O Line Support（16ビット）"

| フレーム・フィールド | オフセット | 例 | 解説 |
|---|---|---|---|
| 開始コード | 0 | 0x7E | － |
| データ長（上位） | 1 | 0x00 | コマンドIDからチェックサムの直前までのバイト数 |
| データ長（下位） | 2 | 0x0C | |
| コマンドID | 3 | 0x83 | ADC and Digital I/O Line Support（16ビット） |
| 16ビット送信元アドレス（MSB） | 4 | 0x00 | 送信元の16ビット・アドレスが入る |
| 16ビット送信元アドレス（LSB） | 5 | 0x02 | |
| RSSI | 6 | 0x37 | 受信感度を示す |
| 受信オプション | 7 | 0x00 | RX（Receive）Packet: 16-bit Addressと同じオプション |
| サンプル数 | 8 | 0x01 | 続くデータが何サンプル有るかを示す |
| Channel Indicator（上位） | 9 | 0x02 | 図L(a)のHeaderの構成を参照 |
| Channel Indicator（下位） | 10 | 0x02 | |
| もし有ればディジタル・サンプル（上位） | 11 | 0x00 | 図L(b)のSample Dataの構成を参照 |
| もし有ればディジタル・サンプル（下位） | 12 | 0x02 | |
| アナログ・サンプル（上位） | 13 | 0x02 | 図L(b)のSample Dataの構成を参照 |
| アナログ・サンプル（下位） | 14 | 0x25 | |
| チェックサム | 15 | 0x15 | － |

ジュールをCyclic Sleep Mode（SM = 4）とします．1秒周期（SP = 64）で起動し，80ms起動している間（ST = 50）に，20ms周期（IR = 14）で5回（IT = 5），ポートをサンプリングし，ポートの状態を送信します．サンプリングするポートの状態はDIO1，DIO2，DIO3です．

この設定により，電池動作側は1秒おきにスイッチの状態を読んでパソコン側にデータを送り続けてくれるようになります．

▶ ディジタル信号とアナログ信号を取り込ませるAPIフレーム

表Dに，ADC and Digital I/O Line Support（16ビット）APIフレーム例を示します．シリーズ1マニュアル（Product Manual）のRF Module Operation → ADC and Digital I/O Line Support → I/O Data FormATに詳細があります．

図Mにディジタル/アナログ信号をサンプルするときのAPIフレームのデータ構造を示します．

▶ 動かしてみる

図Nはパソコンに接続しているXBeeモジュールが受信したデータです．DIO1に接続されているスイッチをON/OFFしたときのディジタル入力は，標準ではプルアップ抵抗が有効なので，スイッチが押されていない状態が'1'，押されると'0'となります．

スイッチのONとOFFでポートの状態が変わることで2種類のAPIフレームのようすが見れます．丸で囲ったところがサンプリングされたディジタル・データで，2バイトのデータで表現されています．

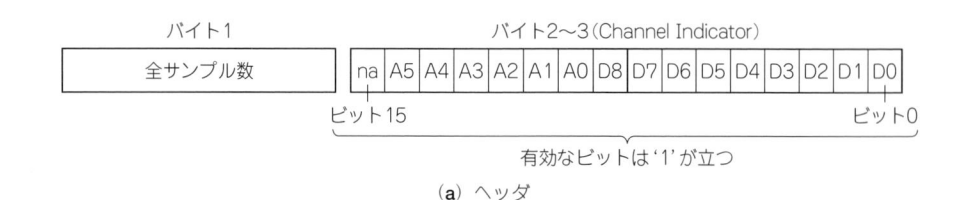

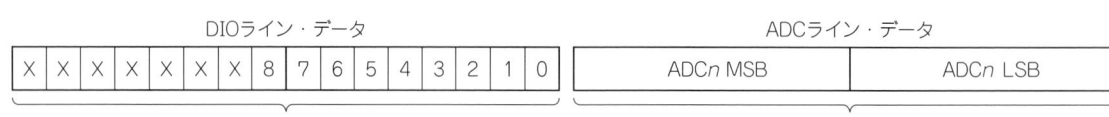

```
                      バイト1              バイト2～3(Channel Indicator)
                  ┌──────────┐  ┌──────────────────────────────────┐
                  │  全サンプル数  │  │na│A5│A4│A3│A2│A1│A0│D8│D7│D6│D5│D4│D3│D2│D1│D0│
                  └──────────┘  └──────────────────────────────────┘
                                 ビット15                              ビット0
                                        有効なビットは'1'が立つ
```

(a) ヘッダ

```
         DIOライン・データ                    ADCライン・データ
  ┌─────────────────────┐  ┌──────────────────┐
  │X│X│X│X│X│X│X│8│7│6│5│4│3│2│1│0│  │ ADCn MSB │ ADCn LSB │
  └─────────────────────┘  └──────────────────┘
      ディジタル入力が有効なビット         アナログ入力が有効なら10ビット分解能
      にポートの状態が反映される            でA-D変換されたデータが反映される
```

(b) サンプル・データ

**図M 信号を取り込んだ電池動作側がパソコン側に送信するAPIフレームのデータ構造**

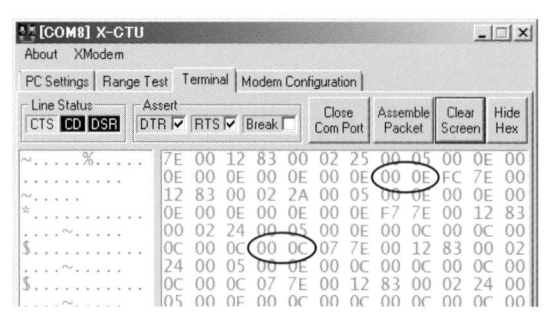

**図N スイッチのON/OFF状態を取り込んだ電池動作側から送られてきたデータ**

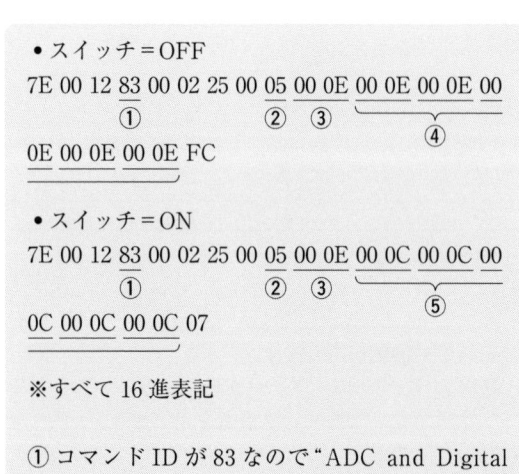

- スイッチ＝OFF

7E 00 12 83 00 02 25 00 05 00 0E 00 0E 00 0E 00
　　①　　　　②　③　　　　　④
0E 00 0E 00 0E FC

- スイッチ＝ON

7E 00 12 83 00 02 25 00 05 00 0E 00 0C 00 0C 00
　　①　　　　②　③　　　　　⑤
0C 00 0C 00 0C 07

※すべて16進表記

① コマンドIDが83なので"ADC and Digital I/O Line Support(16bit)"であることが分かる
② データのサンプル数が5(サンプル・データが5個続く)
③ 2バイトで構成されるChannel Indicatorは0x000Eなので図M(a)からDIO1, DIO2, DIO3がサンプリングされていることが分かる
④ DIO1に接続されているスイッチが開放、図M(b)の該当するビットが'1'になる

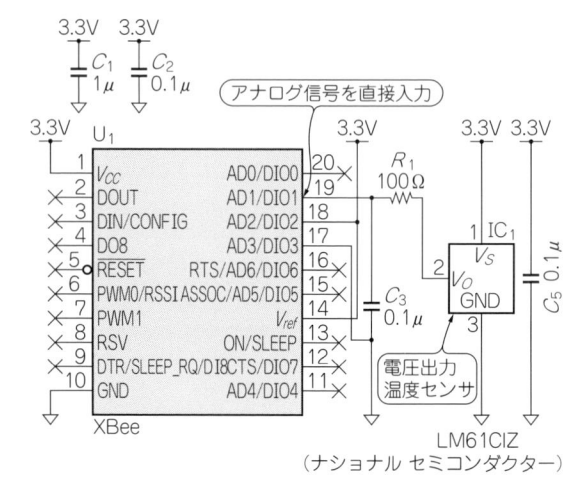

**図O アナログ信号(温度センサの出力電圧)を電池動作側で読み取り、パソコン側に送る**

⑤ DIO1に接続されているスイッチが押される、図M(b)の該当するビットが'0'になる

● アナログ信号のサンプリング機能

今度はアナログ入力(ADx)(D1 = D2 = D3 = 2)に信号を入力します．

アナログをサンプリングする電池動作側のXBeeモジュールの接続は図Oです．シリーズ2のときとほぼ同じですが，AD2，AD3を追加してAD2には電源電圧，AD3にはGND，$V_{ref}$は電源に接続しています．

電池動作のXBeeモジュールにアナログ信号を入力し，パソコンに接続したXBeeモジュールで受信します．構成はシリーズ2のときと同じです(第8章図13参照)．

X-CTUの設定画面を図Pに示します．それ以外の設定については先ほどの「ディジタル信号の入力機能」実験時の設定をそのまま引き継いでいます．

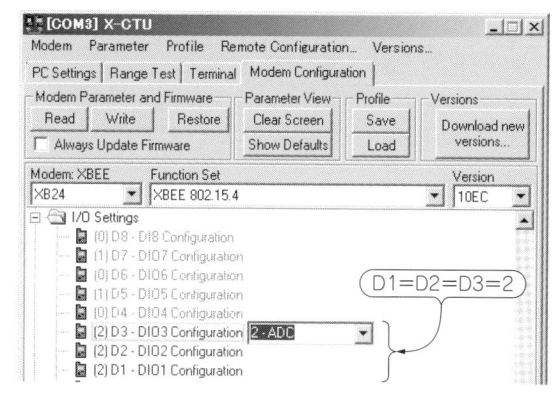

**図P** 電池動作側にアナログ信号を取り込ませる設定（X-CTUで行う）

図Qはパソコンに接続したXBeeモジュールで受信したデータです（DUMP）．

7E 00 26 83 00 02 32 00 05 1C 00 01 2D 03 FF 00
　　　　　①　　　　②　　③

00 01 2D 03 FF 00 00 01 2D 03 FF 00 00 01 2D 03

FF 00 00 01 2D 03 FF 00 00 37
　　　　　④　　　⑤　　⑥

※すべて16進表記

① コマンドIDが83なので"ADC and Digital I/O Line Support（16bit）"であることが分かる
② サンプル数5（サンプル・データが5個続く）
③ 2バイトで構成されるChannel Indicatorは0x1C00なのでAD1，AD2，AD3がサンプリングされていることが分かる
④ AD1のA-D変換値．室温
⑤ AD2のA-D変換値．電源に接続されているのでAD2 = $V_{ref}$, 0x03FFとなる
⑥ AD3のA-D変換値．GNDに接続されているのでAD3 = 0V, 0x0000となる

● ディジタル出力
▶ 動作

パソコン側に接続したXBeeモジュールから，電池動作のXBeeモジュールのディジタル出力を変えてみます．

シリーズ2と同様に，リモートATコマンドを使って電池動作側のXBeeモジュールのポート設定を更新することで，ディジタル出力をコントロールします．

構成や電池動作のXBeeモジュールの接続はシリーズ2と同じです（第8章図18，図19を参照）．

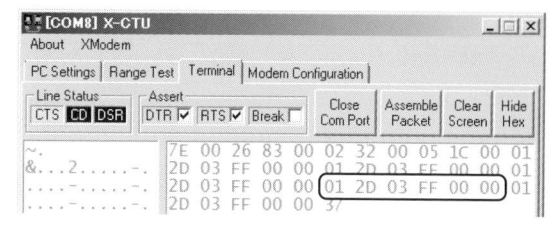

**図Q** 電池動作側から送られてきたAPIフレームをX-CTUで確認

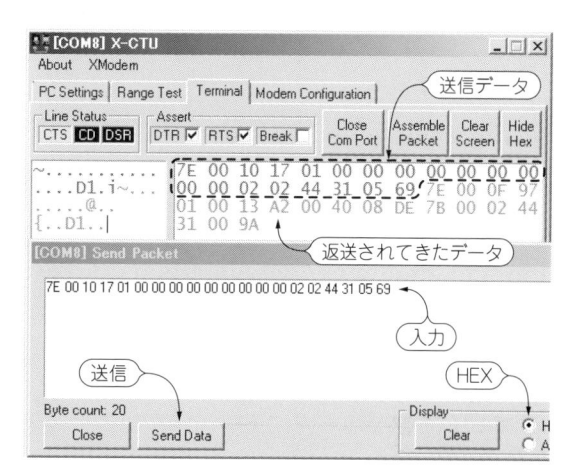

**図R** 表EのAPIフレームを送信したときの送受信データ

▶ XBeeの設定

ATコマンドの中でDIO1の端子状態を変更するコマンドは"D1"です．これを'4'にすると"L"が，'5'にすると"H"が出力されます．同じように"D2""D3"コマンドで他のLEDも操作できます．

**表E**はRemote AT Command RequestのAPIフレーム例です．シリーズ1マニュアルのAPI Operation → API Types → Remote AT Command Requestに詳細があります．

**図R**はX-CTU上でリモートATコマンドを実行したようすです．電池動作側のXBeeに送信したAPIフレームは**表E**の内容です．

パソコンに接続したXBeeには，フレームIDに'0'以外の値を入れたので，電池動作側のXBeeからのATコマンドの実行ステータスが返って来ています．返送されてきたデータを**表F**に示します．

## ③ ネットワークの構築

シリーズ1のネットワーク・トポロジは2種類です（**図S**）．

- Peer to Peer型：相互の関係が対等で，シリーズ1のXBeeの標準の形態です．
- スター型：コーディネータを中心とし，周囲にエ

**表E 電池動作側のディジタルI/Oの設定に使えるRemote Command RequestのAPIフレーム**（パソコン側→電池動作側）

| フレーム・フィールド | オフセット | 例 | 解説 |
|---|---|---|---|
| 開始コード | 0 | 0x7E | － |
| データ長（上位） | 1 | 0x00 | コマンドIDからチェックサムの直前までのバイト数 |
| データ長（下位） | 2 | 0x10 | |
| コマンドID | 3 | 0x17 | Remote Command Request |
| フレームID | 4 | 0x01 | '0'以外の値を入れると相手先からACKを受け取れる．最終的に送信に失敗したときの処理は上位側の責任となる |
| 64ビット送信先アドレス（MSB） | 5 | 0x00 | |
| 64ビット送信先アドレス | 6 | 0x00 | 送信先の64ビット・アドレスを入れる．今は64ビット・アドレスを使わないので値はなんでも構わない．0xFFFFを入れるとブロードキャストとなる．16ビット・アドレスを使うときはこのフィールドは無視される |
| | 7 | 0x00 | |
| | 8 | 0x00 | |
| | 9 | 0x00 | |
| | 10 | 0x00 | |
| | 11 | 0x00 | |
| 64ビット送信先アドレス（LSB） | 12 | 0x00 | |
| 16ビット送信先アドレス（MSB） | 13 | 0x00 | 送信先の16ビット・アドレス．相手のMYの値を入れる |
| 16ビット送信先アドレス（LSB） | 14 | 0x02 | 0xFFFE以外の値を入れると64ビット・アドレスを無視する |
| リモート・コマンド・オプション | 15 | 0x02 | ここではATコマンドの結果が直ぐに反映されるように0x02（Apply Change）を入れておく |
| ATコマンド（1文字目） | 16 | 0x44 | "D" |
| ATコマンド（2文字目） | 17 | 0x31 | "1" |
| コマンド・パラメータ | 18 | 0x05 | － |
| チェックサム | 19 | 0x69 | － |

**表F 電池動作側がパソコン側から送られてきたAPIフレームRemote Command Requestに応答して送信するAPIフレーム**

| フレーム・フィールド | オフセット | 例 | 解説 |
|---|---|---|---|
| 開始コード | 0 | 0x7E | － |
| データ長（上位） | 1 | 0x00 | コマンドIDからチェックサムの直前までのバイト数 |
| データ長（下位） | 2 | 0x0F | |
| コマンドID | 3 | 0x97 | Remote Command Response |
| フレームID | 4 | 0x01 | 要求時と同じフレームIDが返ってくる |
| 64ビット送信元アドレス（MSB） | 5 | 0x00 | |
| 64ビット送信元アドレス | 6 | 0x13 | 送信元の64ビット・アドレスが入る |
| | 7 | 0xA2 | |
| | 8 | 0x00 | |
| | 9 | 0x40 | |
| | 10 | 0x08 | |
| | 11 | 0xDE | |
| 64ビット送信元アドレス（LSB） | 12 | 0x7B | |
| 16ビット送信元アドレス（MSB） | 13 | 0x00 | 送信元の16ビット・アドレスが入る |
| 16ビット送信元アドレス（LSB） | 14 | 0x02 | |
| ATコマンド（1文字目） | 15 | 0x44 | "D" |
| ATコマンド（2文字目） | 16 | 0x31 | "1" |
| コマンド・ステータス | 17 | 0x00 | '0'は成功，'1'は失敗，'2'は無効なコマンド，'3'は無効なパラメータ，'4'はリモート・コマンド転送失敗 |
| チェックサム | 18 | 0x9A | － |

ンド・デバイスで構成する明確な主従関係，または親子関係が存在します．

Peer to Peer型とスター型のネットワークを切り替えるコマンドは以下の三つのコマンドとなります．

① CE：コーディネータ・イネーブル

コーディネータに設定したいノードはCE=1とします．

② A1：エンド・デバイスのネットワークの参加手順

③ A2：コーディネータのネットワークの起動手順

Peer to Peer型に設定するときはCE=0，A1=0，

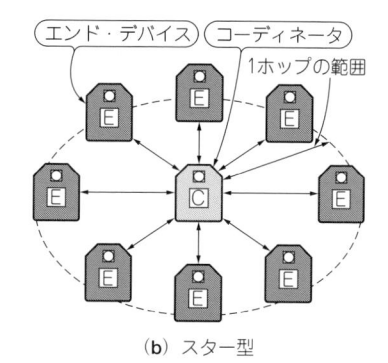

**図S　シリーズ1のネットワーク・トポロジ**

(a) Peer to Peer型

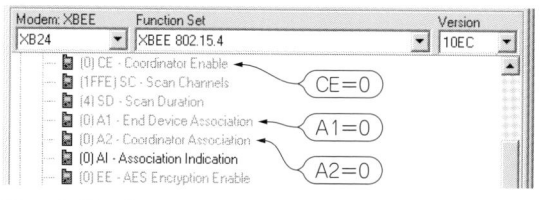

(b) スター型

**図T　標準設定のネットワーク設定画面**

A2=0（図T）とします．後述するスター型のネットワークと比べてネットワークの構築に掛かる時間が短く，起動から通信可能になるまでの時間が最短となります．

スター型でネットワークを構築したい時はネットワークを構成するノードの内，一つだけCE=1とします．

シリーズ2同様，一つのネットワークには一つのコーディネータしか存在できません．またコーディネータとなったノードはエンド・デバイス間のメッセージの中継を行ったり，低消費電力モードに入ったノードあてのメッセージの一時預かりを行う点は，ZigBeeネットワーク（シリーズ2）のルータとエンド・デバイス，またはコーディネータとエンド・デバイスとの間で構築される親子関係と一致します．

## ■ コーディネータによるネットワークの起動

### ● PAN IDの再割り付けフラグ：A2コマンドのbit0

▶ ビットを'1'に設定する

コーディネータはネットワークを起動する前にアクティブ・スキャン（第14章参照）を実行し「ID」が既に他のネットワークで使われていないか調べます．アクティブ・スキャンの時間は「SD」コマンドのパラメータに依存します．この動作はすべてのチャネルに対してスキャンが完了するか，五つのPANが見つかるまで実行されます．もし「ID」が既に利用されていたなら，新しく決定されたPAN IDの値が「ID」に反映されます．

▶ ビットを'0'に設定する

アクティブ・スキャンは行われず，「ID」で設定された値をPAN IDとしてネットワークを起動します．つまりユーザがPAN IDを正しく管理する必要があります．

### ● チャネルの再割り付けフラグ：A2コマンドのbit1

▶ ビットを'1'に設定する

コーディネータはネットワークを起動する前に電界強度スキャン（第14章参照）を実行します．電界強度スキャンにかかる時間は「SD」コマンドのパラメータに依存します．電界強度スキャンは「SC」コマンドの有効となっているbitに対応するチャネルで行われます．すべての電界強度スキャンが完了すると，それぞれのチャネルで検出された最大値が結果としてリストに残されます．このリストは，どのチャネルが最も電界強度が小さかったかを決定するのに使われます．電界強度スキャンとアクティブ・スキャンの結果が，最も適しているチャネルを決めることに利用されます．

一度最適なチャネルが選択されたら「CH」はその値に変更されます．

▶ ビットを'0'に設定する

電界強度スキャンは行われず「CH」で設定された値をチャネル番号として使います．

### ● エンド・デバイスのネットワークへの参加許可フラグ：A2コマンドのbit2

▶ ビットを'1'に設定

コーディネータはエンド・デバイスのネットワークへの参加を受け入れます．

▶ ビットを'0'に設定

コーディネータはエンド・デバイスのネットワークへの参加を受け入れません．

● ネットワークの起動

「CH」と「ID」に基づき，コーディネータはネットワークを起動します．コーディネータはA2コマンドのbit2がセットされている場合だけエンド・デバイスのネットワークへの参加を認めます．

コーディネータがネットワークの起動に成功すると，Association LEDが1秒に1回点滅を開始します．

■ エンド・デバイスのネットワークへの参加

● エンド・デバイスのネットワークへの自動参加：A1コマンドのbit2

▶ ビットを '1' に設定する

エンド・デバイスはコーディネータが構築したネットワークへの参加を試みます．

エンド・デバイスはアクティブ・スキャン（第13章参照）を実行します．一つのチャネルにかかるアクティブ・スキャンの時間は「SD」コマンドのパラメータに依存します．

アクティブ・スキャンはすべてのチャネルをスキャンするか，五つのPANが見つかるまで実行されます．アクティブ・スキャンが完了したら，その結果はPAN IDとチャネルのリストに入れられ，PANの検出に利用されます．

▶ ビットを '0' に設定する

エンド・デバイスはコーディネータが構築したネットワークに参加を試みません．自身の「ID」「CH」「MY」に基づき処理を開始します．ネットワークの参加は完了したと判断され，素早く5回XBee-USBインターフェース上のAssociate LEDを点滅させます．

● PAN IDの再割り付け：A1コマンドのbit0

▶ ビットを '1' に設定する

エンド・デバイスはどんなIDのPANに対しても

---

**Column**

## 送信側に信号を入力すると受信側から同じ信号が出てくる分身I/O動作

—— いちいちコマンドを送らなくても端子を操作できる

シリーズ1には，送信元のXBeeの指定されたポートが '1' になると，離れた送信先のXBeeの該当するポートも '1' になるI/O Line Passingという機能があります．

例えば部屋の照明は，壁のスイッチと天井の照明の間を屋内配線で接続して，点けたり消したりしていることがほとんどです．I/O Line Passingを使えば壁に送信元XBeeモジュール，照明に送信先XBeeモジュールを用意すれば，別途マイコンを使わずに照明を制御できます．

さらに，アナログ・データの送信，受信もできます．送信元となるXBeeモジュールのAD0とAD1にアナログ信号を入力し，送信先となるXBeeモジュールのPWM0とPWM1からA-D変換の結果が出力されます．

● ディジタル信号を飛ばす

I/O Line Passing機能を使って送信元のDIOポートの状態を送信先の該当するポートに反映させてみます．

写真Aに実験に使った基板を示します．

▶ 送信元XBeeの設定

送信元のXBeeモジュールはX-CTUで図A(a)のように設定します．

APIモード（AP＝1）にします．「DH」は '0'，「DL」は送信先の「MY」の値を代入して相手を指定します．

Cyclic Sleep（SM＝4）とし，省電力モードに入ります．スリープ時間を120ms（SP＝0x0C），起動時間を5ms（ST＝5）として125ms周期で起動を繰り返します．

起動のタイミングで指定したDIO（DIO1＝DIO2＝DIO3＝3）ポートの状態をサンプリングし，その状態を"ADC and Digital I/O Line Support（16ビット）"で受け側に送信します（本

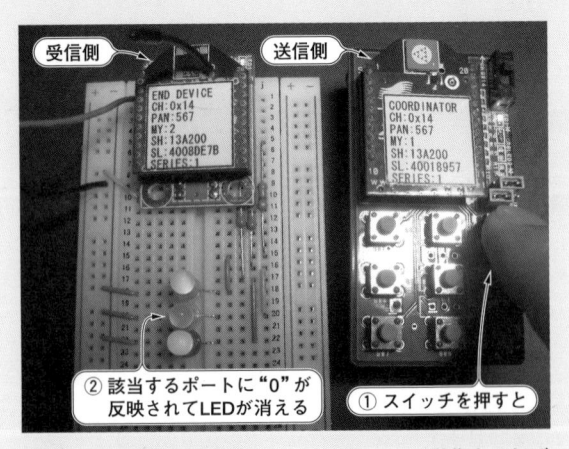

写真A 送信側と受信側をI/O Line Passing動作させればワイヤレスI/O制御が簡単

参加しようとします．
▶ ビットを '0' に設定する
エンド・デバイスは ID が一致する PAN に対して参加しようとします．

● チャネルの再割り付け：A1 コマンドの bit1
▶ ビットを '1' に設定する
エンド・デバイスはどんなチャネルの PAN に対しても参加しようとします．
▶ ビットを '0' に設定する
エンド・デバイスは「CH」が一致する PAN に対して参加しようとします．

コーディネータを発見するためこれらのフィルタが適用された後，複数の PAN 候補が残っていたら，エンド・デバイスはリンク品質が最も良い PAN を選択します．もし有効なコーディネータが見つからなければ，エンド・デバイスは「SP」パラメータで決まる省電力状態に入るか，再びネットワークの参加を試します．

● 有効なコーディネータとの連携
一度有効なコーディネータが見付かったら，エンド・デバイスはネットワーク参加要求メッセージをコーディネータに送ります．そしてコーディネータからネットワーク参加確認が届くのを待ちます．確認を受信したらネットワークへの参加を受け入れられ，Association LED を素早く（1 秒間に 2 回）点滅させます．

「A1」「ID」「CH」パラメータの変更は，エンド・デバイスのネットワークからの離脱と，ネットワークの再参加処理を開始させます．もしエンド・デバイスがネットワークの参加に失敗したら，「AI」コマンドがその理由を答えてくれます．　　　　〈濱原 和明〉

文表 A 参照）．
▶ 送信先 XBee の設定
送信先の X-Bee モジュールは X-CTU で図 A(b) のように設定します．
API モード（AP = 1）にします．
DIO の標準（DIO1 = DIO2 = DIO3 = 4）の状態を決めます．
"ADC and Digital I/O Line Support（16 ビット）" を受け入れる相手を指定します（IA = 1）．0xFFFF のときはすべてのメッセージを受け入れます．
アクティブ状態のタイムアウト時間（T1 = T2 = T3 = 5）を決めます．このパラメータは 100ms 単位ですので，500ms 間に新しいメッセージが来なければ標準の状態に戻します．500ms 以内にメッセージが来た場合は，そこからタイムアウトの計測をやり直します．

● アナログ信号を飛ばす
I/O Line Passing 機能を使って送信元の A-D コンバータのアナログ値を，送信先の PWM0 出力に反映してみます．アナログ値を PWM 出力に変換できる組み合わせは AD0 と PWM0，AD1 と PWM1 となります．

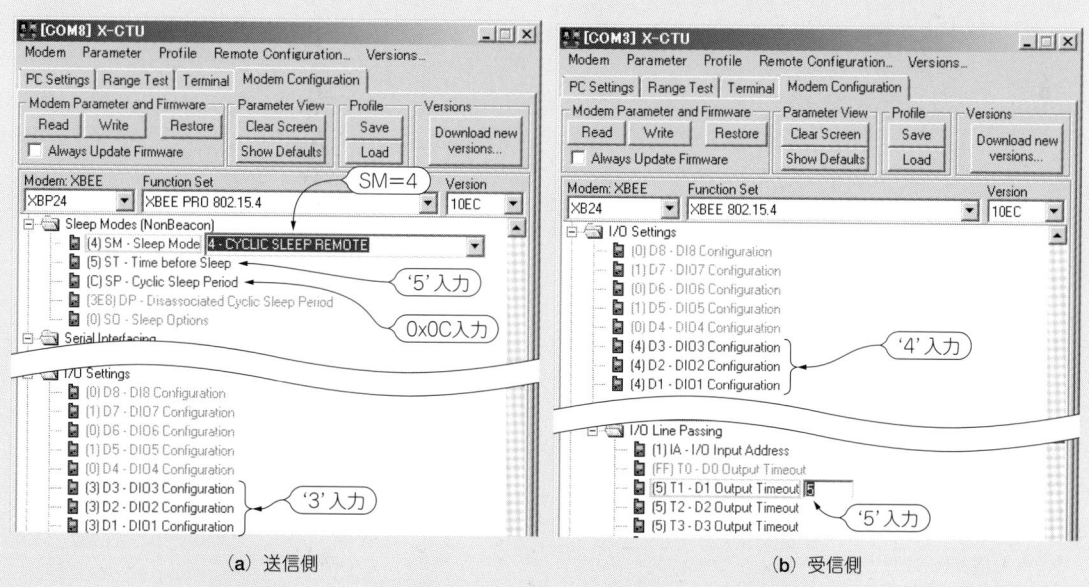

(a) 送信側　　　　(b) 受信側

図 A　I/O Line Passing 動作をさせるときの設定（ディジタル I/O）

▶ 送信元 XBee の設定

送信元の XBee モジュールは，X-CTU で図 B (a) のように設定します．

AD0 端子には図 C のように可変抵抗を接続し，電源電圧から GND までの電圧値を AD0 で検出できるようにします．

API モード（AP = 1）にします．

DH は 0，DL は送信先の MY の値を代入して相手を指定します．

AD0 入力を有効（D0 = 2），A-D 変換のサンプリング周期を 20ms（IR = 14），サンプリング回数を 5 回（IT = 5）とします．

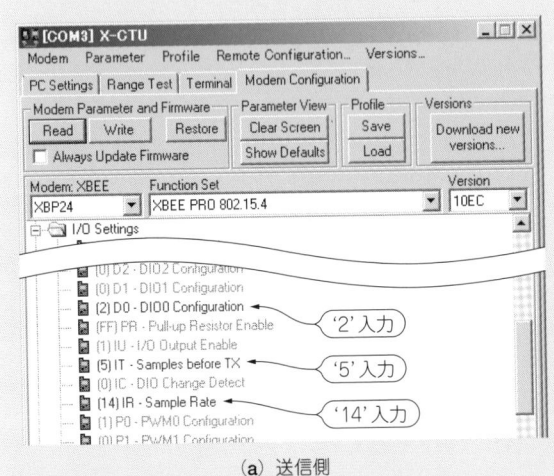

▶ 送信先 XBee の設定

送信先の XBee は X-CTU で図 B (b) のように設定します．

API モード（AP = 1）にします．PWM0 出力を有効（P0 = 2），MY = 1 だけ受け入れ（IA = 1）とします．

▶ 実験

図 D に，送信先の PWM0 の出力波形を示します．AD0 端子に接続した可変抵抗値を回して入力電圧を変えると，デューティ比が変化していることが分かります．

PWM 周期は 15.6kHz，デューティ比は 0 ％から 100 ％まで変化します． 〈濱原 和明〉

(a) 送信側

(b) 受信側

**図 B** I/O Line Passing 動作をさせるときの設定（アナログ I/O）

(a) 送信側

(b) 受信側

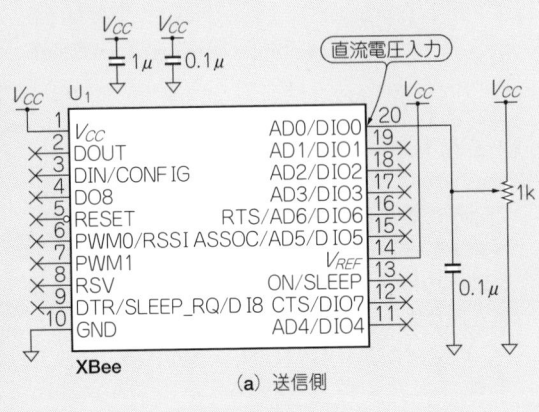

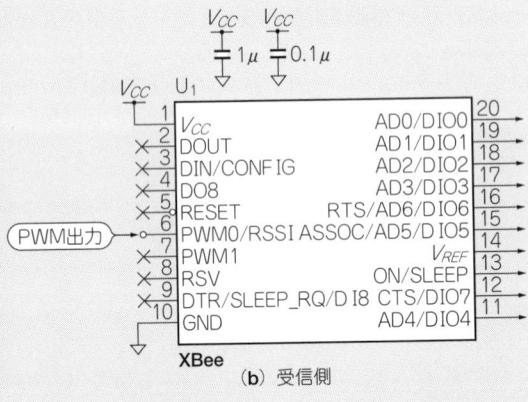

**図 C** 送信側に直流電圧を入力すると，受信側からは，同レベルの直流電圧が得られるデューティ比の PWM 信号（写真 D）が出力される

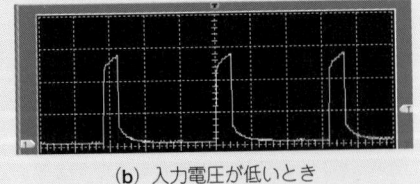

**図 D** 送信側の入力電圧を変えると受信側の PWM 出力のデューティ比が変化する（1V/div, 20$\mu$s/div）フィルタなどで平滑すると直流になる

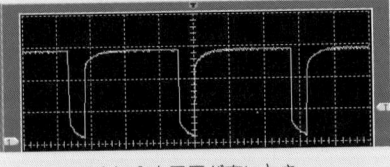

(a) 入力電圧が高いとき

(b) 入力電圧が低いとき

# Appendix3 バッテリで長時間動くネットワークを作れる「DigiMesh」

── すべてのXBee（シリーズ1）をスリープさせられて拡張も簡単

### ● 低消費電力ネットワークを構築できて拡張が簡単なDigiMesh

PAN（Personal Area Neetwork）を構築するときに重要になるのは，どんな通信プロトコルに準じるかです．XBeeを使ってPANを構築するときに，採用を検討できそうなのは次のようなプロトコルです．

(1) 標準プロトコル（802.15.4やZigBeeなど）
(2) ベンダ・オリジナルのプロトコル（DigiMesh）

表1に示すように，各プロトコル（通信規格）には特徴があります．通信速度（スループットやレイテンシ），互換性，ネットワーク構築の容易性などがプロトコル決定の重要な要素です．

ここで紹介するDigiMeshは，フリースケールセミコンダクター社のプロセッサを内蔵したシリーズ1のモジュールに対応しています．

### ● DigiMeshに対応する製品

DigiMeshプロトコルが実装されたXBeeは型名がXB24-DMやXBP24-DMで始まります．802.15.4のプロトコルが実装され出荷されたシリーズ1のモジュールは，型名がXB24-AやXBP24-Aで始まります．

DigiMeshと802.15.4は，同じシリーズ1のモジュールで利用できます．ただし，すべてが互換性のあるものではありません．これはSiP（System in Package）の使用により生じているものです．次のモジュールは，SiPへの変更が行われたものです．

- Rev B以降のモジュール
- 元々のファームウェアのバージョンが1084，または10A5以降のモジュール
- 上記のリスト以降に出荷されたモジュール

たとえnon-SiPモジュールでDigiMeshのファームをダウンロードできたとしても，正しく動作しません．

## ZigBeeでネットワークを構築するときの課題

### ● ネットワークは三つのノードで構成される

ZigBeeを使って構築するネットワークはいくつかのノードで構成されますが，それらのノードは次の3種類に分けることができます．

(1) コーディネータ

決められたPAN IDのネットワークを調整する役割をもち，使用するチャネルを決定します．

(2) ルータ

各デバイスの通信の継を行います．エンド・デバイ

表1 XBeeを使ってワイヤレスPAN（Personal Area Network）を構成するときに使える規格

| 仕様＼規格 | 802.15.4 | ZB ZigBee PRO | DigiMesh |
|---|---|---|---|
| スループット，レイテンシ | 優位 | ー | ー |
| ベンダ間互換性 | あり | あり | なし |
| ノード・タイプ | コーディネータ エンド・デバイス | コーディネータ ルータ エンド・デバイス | スリーピング・ルータ．ルータもスリープ可能 |
| スリープ機能 | エンド・デバイス | エンド・デバイスのみ | すべてのノードがスリープ可能．コーディネータ起因の障害が起きない．ネットワーク全体が時間同期する方式 |
| 消費電力 | スリープあり | エンド・デバイスはスリープ機能あり | すべてのノードでスリープあり |
| 設置の容易さによる優位性 | 優位 | ー | 優位 |
| トポロジ | ピア・ツー・ピア，スター | ピア・ツー・ピア，メッシュ，スター | ピア・ツー・ピア，メッシュ |
| RFハードウェア・オプション | なし | なし | あり（プロトコル依存なし） |
| セキュリティ | AES | AES暗号 | AES暗号 |

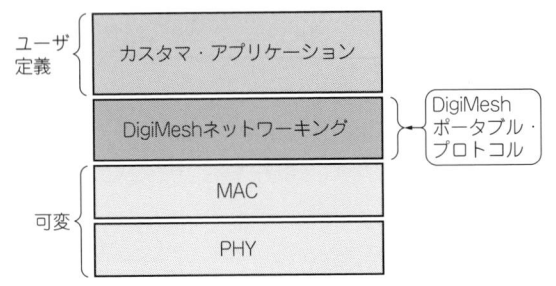

**図1 DigiMeshプロトコルを実現するファームウェアのスタック構造**
XBeeモジュール（シリーズ1）上のマイコンS08（フリースケール・セミコンダクタ）に書き込まれている

スを子に持つことができます．
(3) エンド・デバイス
コーディネータとルータの子としての役割を持ちます．

● コーディネータとルータはスリープできない

ZigBeeは，上記三つのノードのうち，エンド・デバイスだけは，スリープする（待機状態になる）ことができます．しかし，コーディネータとルータの二つのノードは，スリープすることができません．常にON状態です．これでは，バッテリの消費が多すぎて，長時間動作するネットワークを作ることができません．

また，エンド・デバイスは，スリープすることはできるものの中継点になることができません．常にネットワークの末端になり，必ずコーディネータまたはルータを必要とします．エンド・デバイスどうしで直接通信することはできません．必ず親デバイスを介さないと他のエンド・デバイスと交信することができません．

コーディネータは，ネットワークを形成するときに，はじめに指定する必要があり，ネットワーク形成の柔軟性を損なうこともあります．

## ZigBeeの弱点を克服したDigiMesh

● DigiMeshのファームウェア

以上のように，ZigBeeプロトコルはネットワークの構築において柔軟性に欠ける部分があります．この柔軟性に欠ける部分を補ったものがDigiMeshプロトコルです．図1に示す四つのレイヤ（層）で構成されています．
(1) MAC (2) PHY (3) DigiMeshネットワーキング
(4) カスタマ・アプリケーション（ユーザが定義できる）

ディジ インターナショナル独自のプロトコルで，802.15.4以外のMAC層とPHY層にも対応できます．

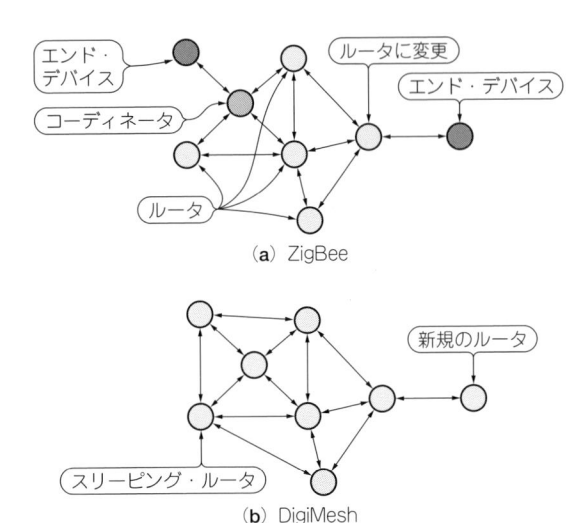

**図2 DigiMeshならXBeeをネットワークに追加するときにノードの種類を気にする必要がない**
ZigBeeには3種類あったノードがDigiMeshでは1種類しかない

ピア・ツー・ピア通信，メッシュ通信が可能で，セットアップやネットワークの規模を拡大するのが容易です．

● 親も子もないので追加が簡単

ノード・タイプは，スリーピング・ルータと呼ばれる1種類だけです．ZigBeeのようにコーディネータ，ルータ，エンド・デバイスなどが存在するマルチノード・タイプではありません．

DigiMeshは，ZigBeeプロトコルのように親ノードと子ノードといった関係がありません．ノードを追加する際にノードの種類を気にする必要はありません（図2）．例えば，エンド・デバイスの位置の先に新たにデバイスを追加したい場合，エンド・デバイスをルータに変更する作業は必要ありません．

● 全部のXBeeをスリープさせられる

ZigBeeプロトコルでは，スリープできるのはエンド・デバイスだけなので，コーディネータやルータには，常に電源を供給しておく必要があります．DigiMeshプロトコルでは，すべてのノードがスリープできるため，ネットワーク全体の低電力化が可能です（図3）．ネットワーク全体のノードのスリープとウェイクのタイミングを同期させることで，ルータ機能をもつノードでもスリープ動作を行えるのです．

## DigiMeshの設定手順

● ネットワークに参加させる作業が不要

DigiMeshでは，ZigBeeのように，面倒なネット

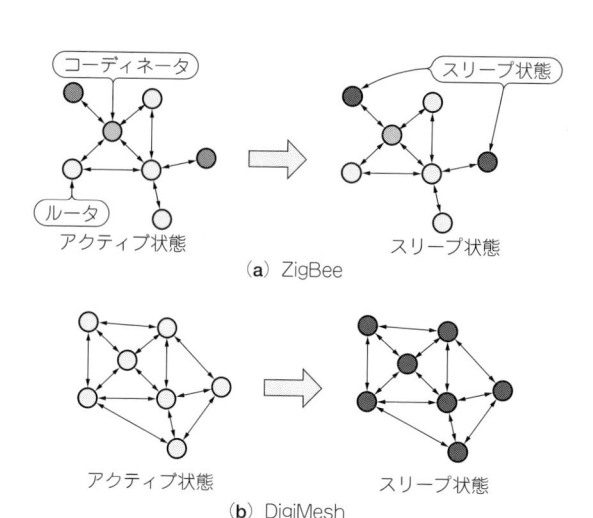

**図3 DigiMesh はネットワーク全体をスリープさせることができる**
ZigBee はコーディネータとルータが起きたまま

(a) ZigBee
(b) DigiMesh

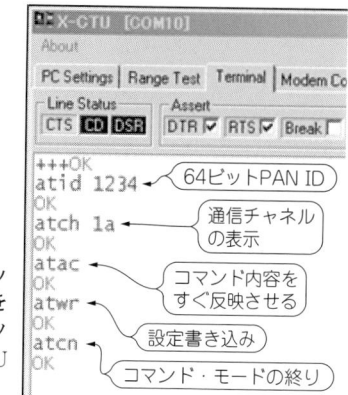

**図4 DigiMesh ネットワークに XBee を追加した例**（設定ソフトウェア X-CTU の画面）

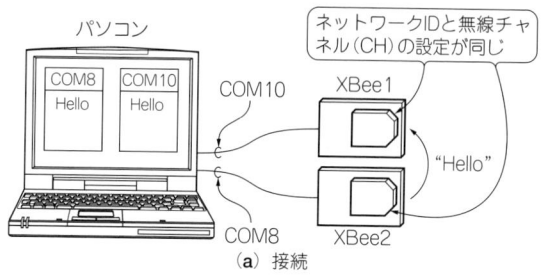

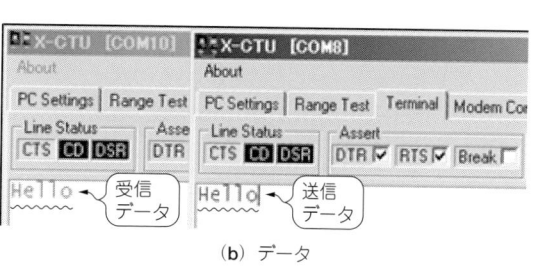

- atid 1234 … 64ビットPAN ID
- atch 1a … 通信チャネルの表示
- atac … コマンド内容をすぐ反映させる
- atwr … 設定書き込み
- atcn … コマンド・モードの終り

**図5 DigiMesh はネットワーク参加の特別な処理をしなくてもブロードキャスト通信できる**（ID と CH が同じ場合）

ワーク参加の作業がありません．各ノードのネットワーク ID と無線チャネル（CH）が一致していれば通信できます．

DigiMesh の XBee モジュールのネットワーク ID を ID：1234，チャネルを CH：1a にするときは，X-CTU のターミナルで，**図4** のように AT コマンドで設定します．この設定では送信先のアドレスをブロード・キャスト通信としています．

試しに，上記設定をした XBee モジュールをパソコンの COM8，COM10 それぞれに 1 台ずつつなぎ，通信テストを行います．COM8 を開いている X-CTU のターミナル画面で "Hello" と入力して送信します．すると，ブロードキャスト通信され，ID と CH が同じ COM10 の XBee モジュールが "Hello" を受信します（**図5**）．送信先のアドレスが 0x000000000000FFFF となっている場合はブロードキャスト通信になります．

● スリープさせる

スリープ機能を実現するときは，モジュールの使用状況によって SM（Sleep Mode）を変更します．

- スリープ・サポート・モード（SM=7）
- サイクリック・スリープ・モード（SM=8）

DigiMesh にはスリープ時間の同期が必要です．特定の XBee モジュールをスリープ・サポート・モード（SM=7）に設定すると，この XBee モジュールはスリープせず，サイクリック・スリープ・モード（SM=8）に設定した XBee に対して，スリープ時間とウェイク時間の同期制御を行います．ネットワーク内に SM=7 がなくても同期をとれますが，同期に時間がかかる可能性があります．

ノードの中からネットワーク全体の同期を行うスリープ・コーディネータを決定する必要があります．スリープ・コーディネータは，事前に決められたモジュールに設定できますが（Sleep Options: SO=1），設定していない場合にはネットワーク内で自動的に決定されます．

〈南里 剛〉

## Appendix4 小型化できる！マイコン搭載 Programmable XBee
――XBeeネットワークをイーサネットにつなぐゲートウェイ基板を製作

### どんなXBee？

写真A　マイコンを搭載したProgrammable XBee

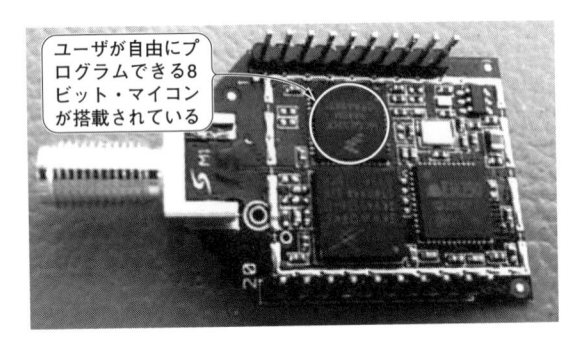

写真B　Programmable XBeeの裏側にはマイコンが実装されている

● マイコンを外付けしなくていい

　XBeeモジュールにはA-Dコンバータ入力やディジタルI/Oを備えているので単独でも使えますが，データのロギングや表示機器など外部回路とのインターフェース用に，マイコンを外付けして使うことも多くあると思います．ユーザ用のマイコンを内蔵したProgrammable XBeeを使えば，マイコンを外付けする必要がなくなり，実装面積を小さくできます．

　XBeeモジュールにアプリケーション用のマイコンを搭載し，実装や部品コストの削減，基板面積の縮小を狙ったのが，ここで紹介するProgrammable XBeeです（**写真A**）．RFコントロール・チップに加え，アプリケーション用マイコンとして，8ビット・マイコンS08シリーズのMC9S08QE32CFT（フリースケール・セミコンダクタ）が搭載されています（**写真B**）．

● ZigBee準拠

　Programmable XBeeは，2.4GHz帯を使うZB（ZigBee）タイプのS2Bというシリーズです．S2Bのなかでも，ユーザが自由にプログラムできるマイコンを搭載したものが相当します．

　従来のZigBee通信プロトコル・スタック・ファームウェアをもつZBタイプ単体（S2またはS2B）で無線通信以外にできることは，ディジタルの入出力とアナログ入力に限られていました．これより複雑なことをするためには，XBeeのDIN，DOUT端子によるシリアル通信を介して外部のマイコンで複雑な処理をさせていました．例えばマイコン基板Arduinoと拡張基板XBeeシールドの関係です．

　XBeeには，RF部をコントロールしたり通信プロトコルを処理するマイコンが搭載されているので，このマイコンをプログラムすれば機能を拡張できます．しかしこの方法は，場合によってはTELECにて認証を取り直す必要があるので，XBeeを大量に使うユーザ以外には一般的な方法ではありません．

　XBeeのRF部のコントロール用マイコンとして，シリーズ1にはフリースケール・セミコンダクタ社のS08マイコンが，シリーズ2とS2BにはEMBER社のEM250が採用されています．XBee上部にあるパッドは，これらマイコンのデバッグ端子に接続されています．

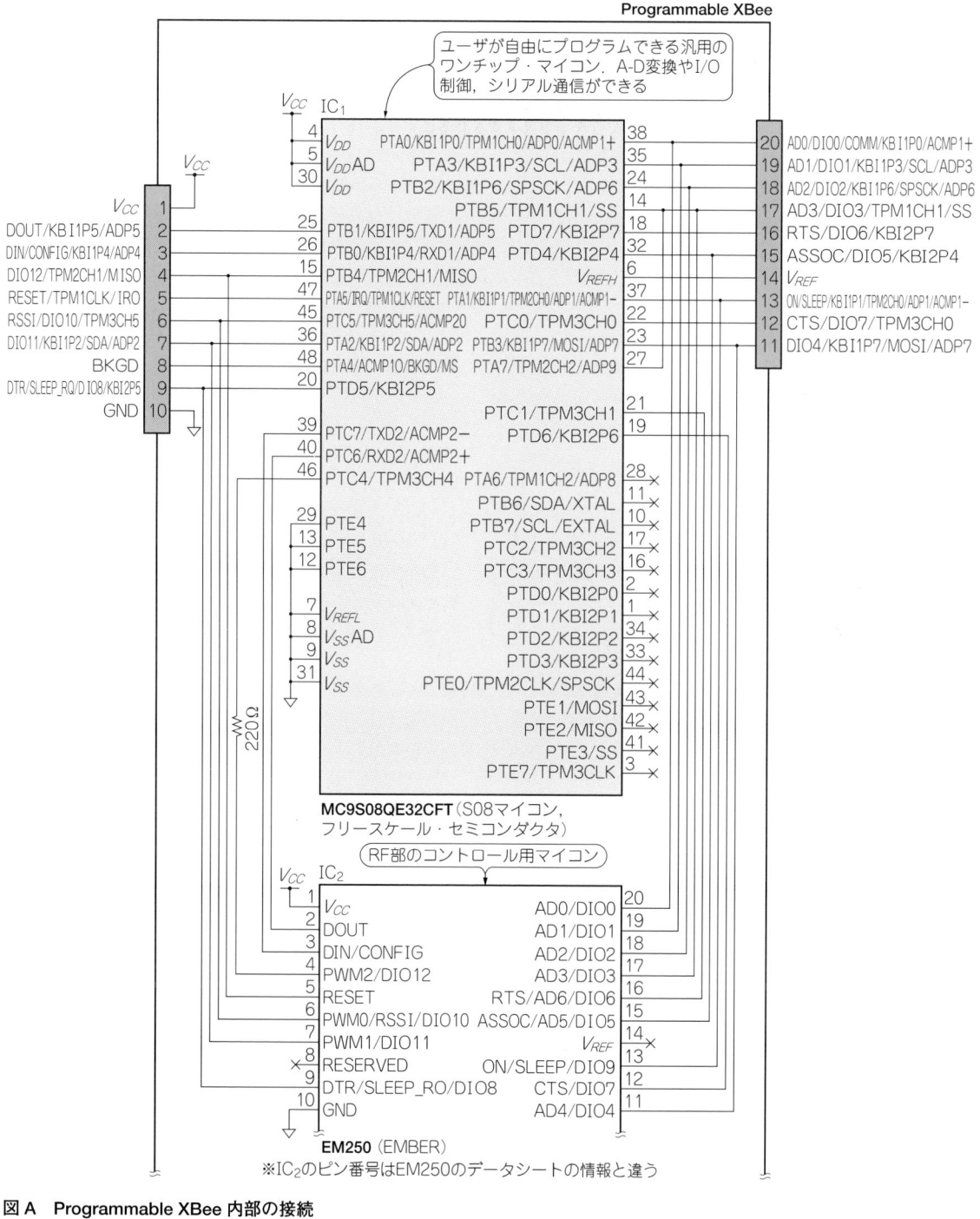

**図A Programmable XBee 内部の接続**

### ● 搭載されているマイコンは MC9S08QE32CFT

Programmable XBee に実装されているアプリケーション用マイコンは MC9S08QE32CFT（以降，S08 マイコン）です．

▶ 主な仕様

S08 マイコンの主な仕様は次のとおりです．

- 最大 50MHz の CPU コア/25MHz のバス周波数
- 32K バイトのフラッシュ・メモリ
- 2K バイトの RAM
- ループ制御の内部オシレータ（外部にクロック源を付けることも可能）

- オンチップ・デバッグ（BDM）機能
- ストップ・モードから6μsでウェイク・アップ
- 1.8～3.6Vでのフラッシュ・プログラミング（動作範囲も同じ）
- 最大24チャネル，最大12ビットの低電力A-Dコンバータ
- 2本のシリアル通信インターフェース（SCI/UART），1本のSPI，1本の$I^2C$

開発環境（IDE）はフリースケール・セミコンダクタから無償で提供されているCodeWarrior v6.3 SE版/v10.1です．また，CodeWarriorには周辺機能を設定するコードなどを生成するコード・ジェネレータProcessor Expertを利用できます（コラム参照）．

▶ モジュール内部での接続

図AにS08マイコンとRFコントロール・マイコン，および外部端子の接続を示します．ZigBeeの通信プロトコル・スタック・ファームウェアをもつZBタイプ（S2またはS2B）にS08マイコンが接続されたことがわかります．

RFコントロール部及びZigBeeプロトコル・スタックを担当するEM250にS08マイコンが接続されています．S08マイコンが持つ，外部割込み入力，シリアル入出力，12ビットA-Dコンバータ，$I^2C$バス，SPI，アナログ・コンパレータ，16ビット・カウンタ・タイマなどを利用できます．

● シリーズ2との違い

モジュールの20ピン・コネクタ上に出ているDIN，DOUT，RESET，CTS，RTS端子は直接EM250には接続されていません．これらはS08マイコン経由で制御されます．ZBタイプでは予約だった端子（8ピン）は，BKGD端子としてオンチップ・デバッガに利用されます．また，ZBタイプでは利用されていなかった$V_{REF}$端子は，S08マイコンの$V_{REFH}$端子に接続されています．

● 動作に必要な外付け部品

オンチップ・デバッグのため，BKGD端子は開放し，RESET端子は約10kΩでプルアップ，端子-GND間には0.1μF程度のコンデンサを挿入します．また，デバッガを接続するための6ピン・コネクタを用意します．

$V_{REF}$端子には，アナログ入力を使うなら外部から基準電圧を供給します．使わないときは$V_{CC}$かGNDに接続しておきます．

Programmable XBeeに限らずXBee全般の話になりますが，$V_{CC}$端子の直近にはコンデンサを実装します．特に消費電力の大きいPRO版（10mW出力）は，動作中に激しく消費電流が変化します．

便宜上，ネットワークに参加した事を示すASSOC用インジケータLEDは可能な限り用意します．さらに，ネットワークの設定が変更されたときにルータがネットワークへの参加を容易にするコミッショニング・スイッチも，できれば用意しておきます．

外付け部品ではありませんが，空き端子はプルアップ・レジスタを使って適切に処理しておきます．

## S08マイコンをプログラムする手順

● 開発の方法は2とおり

S08マイコンのプログラム（ユーザ・ロード・モジュール）は，開発環境CodeWarriorを使って作成します．このプログラムを書き込む方法は，次の2種類があります．なお，CodeWarriorは無料でダウンロードできます．

（1）シリアル・プログラミング

Programmable XBeeのブートローダ（初期状態で書き込み済み）とXBee設定用ソフトウエアX-CTU（ver.5.2.5.0以上）を使ってシリアル通信で書き込みます．

（2）オンチップ・デバッガを使う

写真Cに示すオンチップ・デバッガUSBMULTILINKBDM（P&E，$99）をパソコンに接続し，デバッグと書き込みを行います．

● シリアルでプログラミングする

▶ 必要なツール

まず，必要なツール類を入手しておきます．

図BのようにディジインターナショナルのFTPサイトに入り（ftp://ftp1.digi.com/support/documentation/

写真C　Programmable XBeeに搭載されているS08マイコンへのプログラムの書き込みやデバッグに使うオンチップ・デバッガ USBMULTILINKBDM

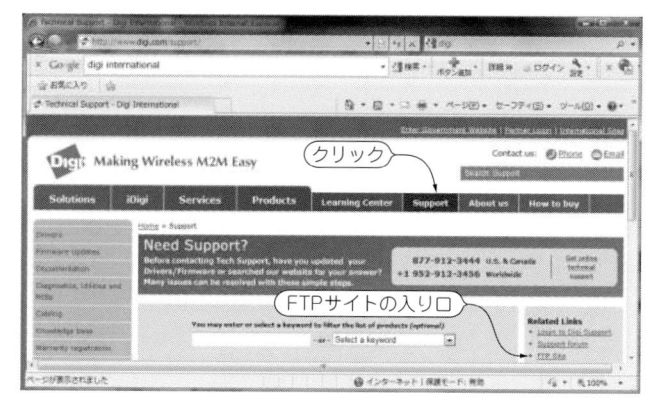

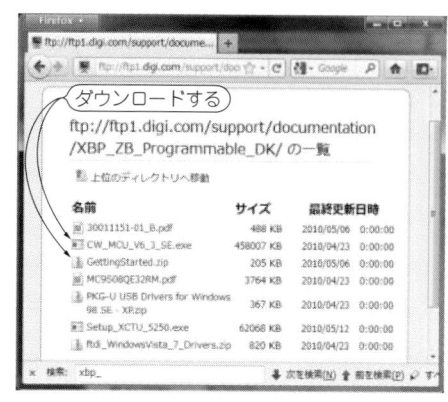

(a) FTPサイトにアクセス　　　　　　　　　　　　　　　　(b) ダウンロードするファイルを選択

**図B　必要なツールをディジ インターナショナルのウェブ・サイトからダウンロードする**

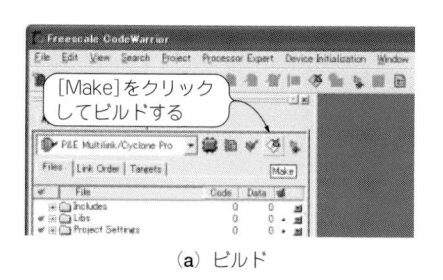

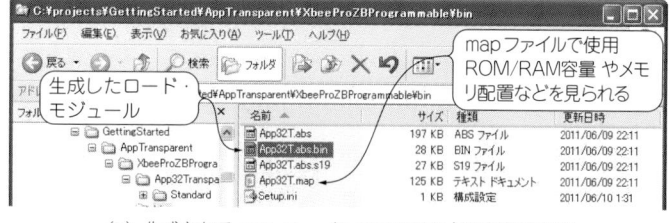

(a) ビルド　　　　　　　　　　　　　　　　(b) 生成されるmapファイルでメモリなどの状態を確認

**図C　開発環境CodeWarriorでProgrammable XBeeのアプリケーション用マイコンに書き込むプログラムを生成する手順**

XBP_ZB_Programmable_DK/)，GettingStarted.zip とX‐CTU，マニュアル，S08マイコンの開発環境 CW_MCU_V6_3_SE.exe（CodeWarrior V6.3 SE版）をダウンロードします．

CodeWarriorはフリースケール・セミコンダクタのウェブ・サイトからも入手できます．「Special Edition: CodeWarrior for Microcontrollers（Classic, Windows hosted）」をダウンロードします．

CodeWarrior V6.3 SE版とX‐CTUを，パソコンにインストールします．

GettingStarted.zipを展開後，AppTransparent/ XBeeProZBProgrammable/App32Transparent.mcp をダブルクリックするとCodeWarriorが起動し，プログラムの開発準備が整います．

▶CodeWarriorで書き込み用のプログラムを生成

図CのようにCodeWarriorが起動したら［Make］ボタンを押してプロジェクトをビルドします．プロジェクト一式が入っているフォルダの中にbinフォルダがあります．その中にあるApp32T.abs.binがビルドによって生成されたユーザ・ロード・モジュール（アプリケーション・プログラム）です．同時に生成されるApp32T.mapをエディタで開いて眺めると，使用ROM/RAM容量やメモリ配置などを確認できます．

▶Programmable XBeeにアプリケーション・プログラムを書き込む下準備

XBee‐USBインターフェース基板（XU1）にProgrammable XBeeを搭載します．書き込み用の基板はXU1のほか，デバッガ接続用コネクタを搭載したXBIB‐U‐DEV Interface Board（ディジ インターナショナル）もあります．

図Dに手順を示します．X‐CTUを起動し，最初のページの「PC Setting」タブで通信ポートと9600bpsを確認し「Terminal」タブに移動します．

リターンを押すと，ブートローダのメニューが出てきます．"B"を入力して「Modem Configuration」タブに移動し［READ］をクリックします．

ここから先は従来のXBeeを使うときと同じX‐CTUの操作になります．適宜必要なコンフィグレーションを行っておきます．今回は特に何も変更せずにX‐CTUを終了します．

Programmable XBeeは再起動する必要があるので，一度USBケーブルを抜き差しします．

▶アプケーション・プログラムを書き込む

図Eに，書き込みの手順を示します．

X‐CTUを再起動し，先の手順で「Terminal」画面にブートローダのメニューを表示させます．

ファイルメニューの「XModem」を押してダイアログを開き［Open File］ボタンで先程のApp32T.abs.bin

(a) 最初のページ

(b) 「Terminal」タブに移動してブートローダ・メニューを表示

(c) 「Modem Conguration」タブに移動して [Read] を実行

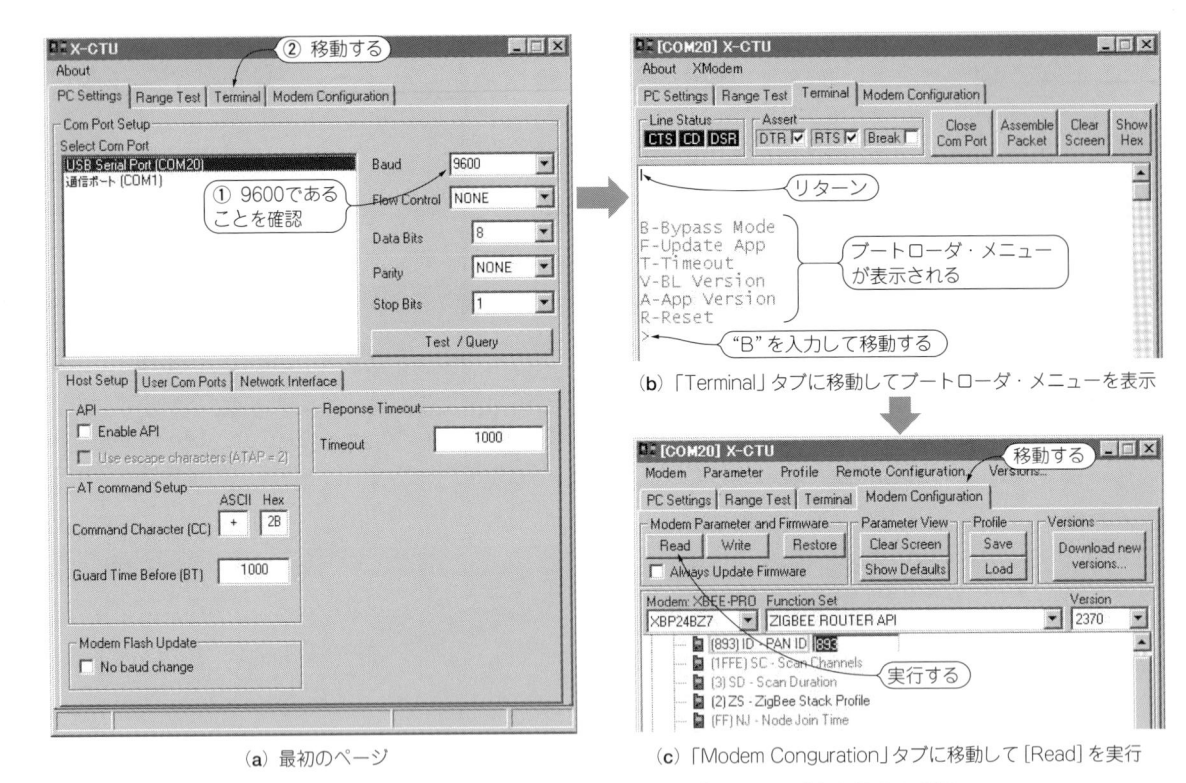

**図D　XBee 設定用のソフトウェア X-CTU で Programmable XBee のブートローダを実行する手順**

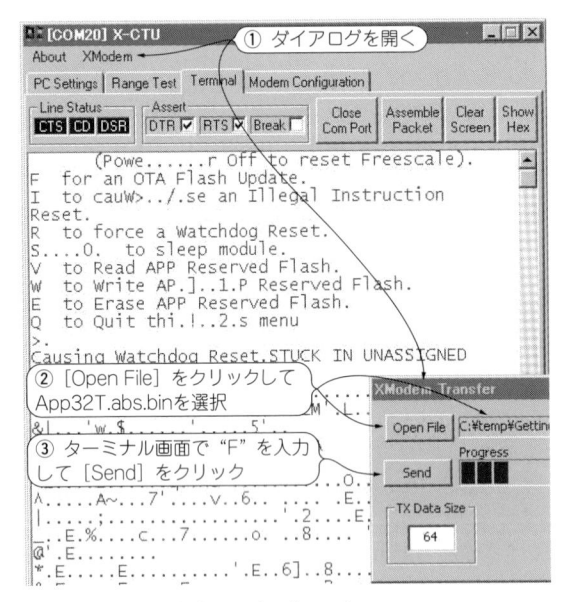

**図E　X-CTU で生成したプログラムを Programmable XBee に書き込む手順**

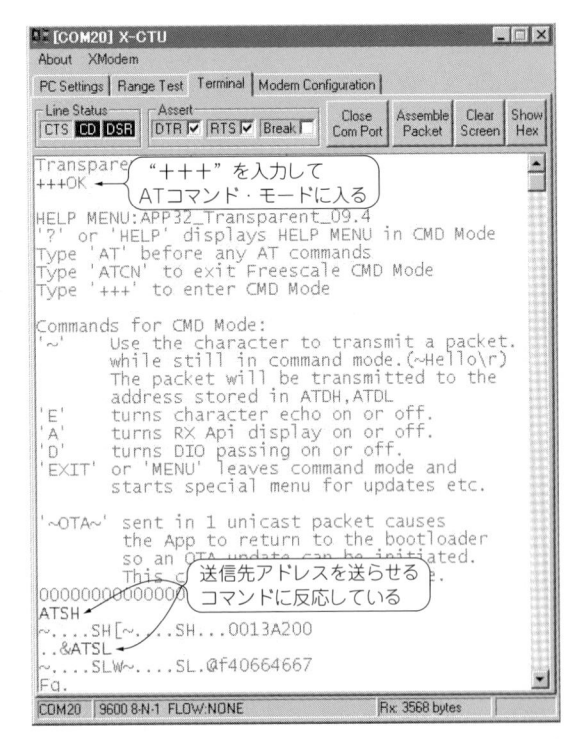

**図F　プログラムを書き込んだら Programmable XBee が動作するかチェックする**

を選択します．「Terminal」画面上で "F" を入力して受信待ち状態にし，[Send] ボタンをクリックします．大量の文字が流れ，最終的には赤文字（X-CTU では受信した文字は赤色で表示される）でアプリケーションのメニューが表示されます．これで，アプケーションの書き込みが終了です．

図Fに "+++" を入力して AT コマンド・モード

106　Appendix4　小型化できる！マイコン搭載 Programmable XBee

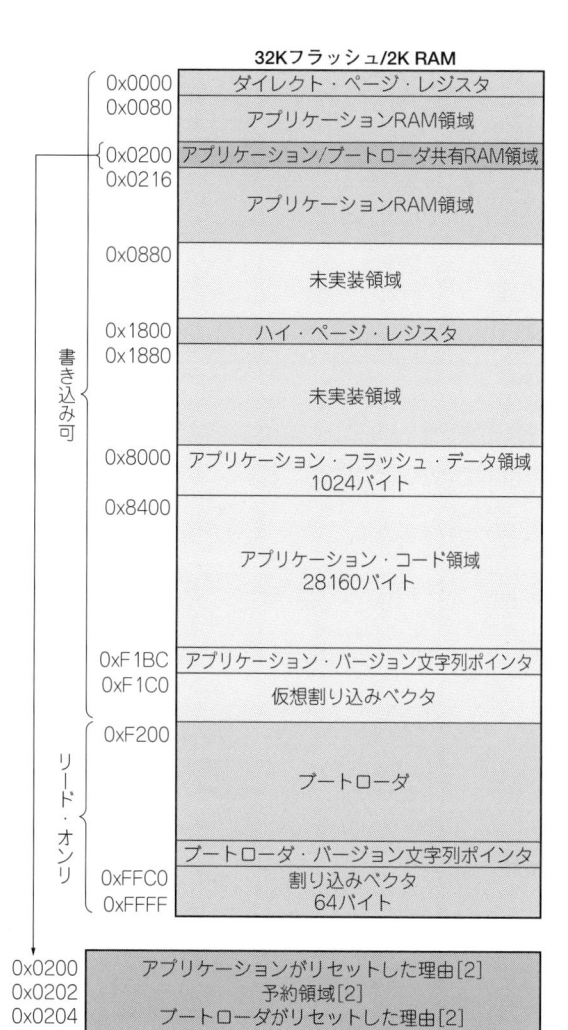

図 G　Programmable XBee に搭載されているマイコン MC9S08QE32CFT のメモリ・マップ

図 H　Programmable XBee に再度プログラムを書き込む場合の手順

(a) ブレイクを設定
(b) XBee に新しいプログラムを転送できるようになる

に入って，動作を確認します．何故か文字が崩れていますが，ATSH，ATSL に反応しています．

図 G に MC9S08QE32 のメモリがどのように使われているかが分かるメモリ・マップを示します．0xF1BC 番地からアプリケーションのバージョン文字列へのポインタとなっています．

ブートローダは ROM の特定の領域にアプリケーションのバージョン・コードが書かれていると，実行をユーザ・アプリケーションに移します．言い換えればブートローダは有無を言わさず起動後にアプリケーションに移動します．そのため，X-CTU のターミナル画面で表示されたブートローダ・メニューは出力されなくなります．では，再度アプリケーションを書き込みたいときはどうするのでしょうか．

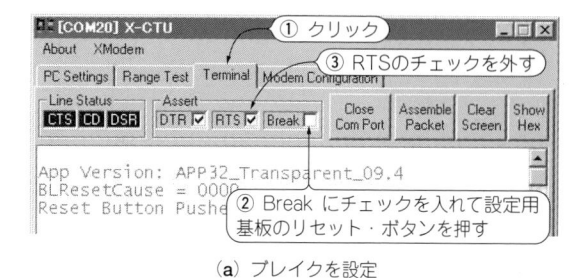

▶ 書き込んだアプリケーションを更新するには

図 H に示す手順で，書き込んだアプリケーションを更新できます．

「Terminal」タブの「RTS」のチェックを外し「Break」にチェックを入れて，リセットします．その後「Break」のチェックを外しリターンを入力します．ブートローダのメニューが表示されるので，先の手順で新しいプログラムを転送します．

ブートローダには遠隔デバイスのプログラムを更新することもできますが(OTA；Over The Air)，今回は行いません．

● オンチップ・デバッガを利用する

シリアル・プログラミングではメモリ配置などでい

S08 マイコンをプログラムする手順　107

(a) スタート画面

(b) マイコンとデバッグを選択

(c) Processor Expertを選んで[次へ]

(d) [完了]をクリック

(e) Programmable XBee に搭載されているマイコンのタイプを選択

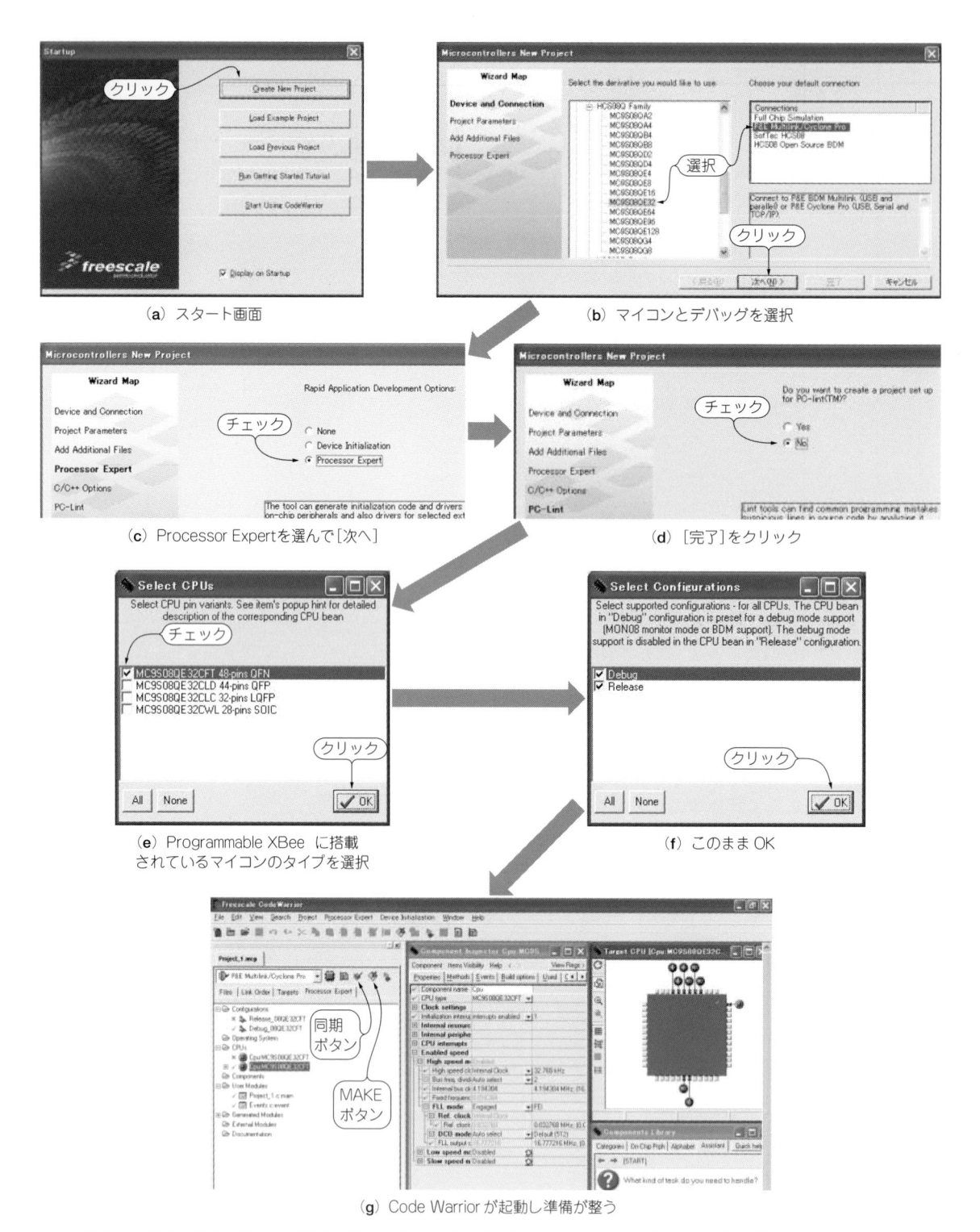

(f) このままOK

(g) Code Warrior が起動し準備が整う

図1 マイコンの周辺機器を少ない手間で開発できるコード・ジェネレータ Processor Expert を使う手順

ろいろ作法がありますし，デバッガが起動しているわけではありません．やはりデバッグにはオンチップ・デバッガが便利です．これさえあればやりたい放題です．

開発方法は，通常のフリースケール・セミコンダクタ製マイコンと同じです．詳細な手順はフリースケー

ル・セミコンダクタ・ジャパンのサイトからドキュメントを入手してください．

シリアル・プログラミングで開発していて，間違ってブートローダが起動できなくなった場合は，このデバッガでブートローダを回復する必要があります．

オンチップ・デバッガは，パソコンにUSBMULTI-LINK（**写真C**，前出）を接続し，USBMULTILINKにターゲット（XU1などデバッグ用コネクタを実装した基板を介したProgrammable XBee）を接続，ターゲットに電源が供給されている状態で［Debug］ボタンをクリックすると起動します．

オンチップ・デバッガを使うと，ソース・レベル・デバッグ，ブレーク・ポイントの設定，トレース機能，変数やメモリのリアルタイムな参照や変更ができます．

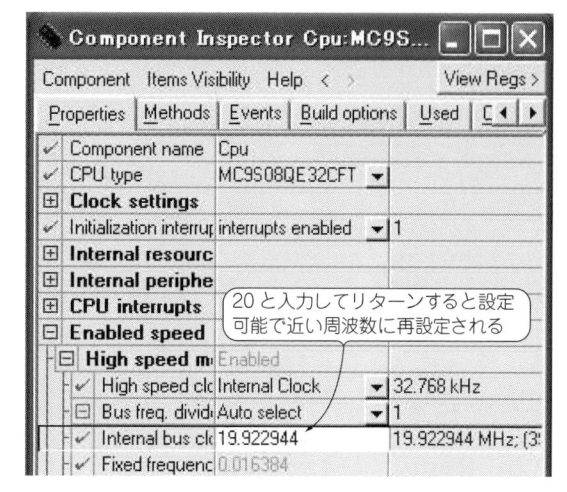

**図J Processor Expertでバス・クロック周波数を設定しているようす**

## S08マイコンの周辺機能の設定はProcessor Expertで自動化されている

マイコン内蔵の周辺機能を使いこなすのは意外と骨が折れます．S08マイコンも親切な英文マニュアルをダウンロードでき，これを読めば使いこなせるはずですが，やはり英文マニュアルを読んで必要なことを理解するだけで結構時間がかかってしまいます．

最近は，多くの統合開発環境に，周辺機能を設定したり簡単にアクセスするコードを生成するコード・ジェネレータが標準装備されています．Code WarriorにはProcessor Expertというコード・ジェネレータが用意されています．

### ● 設定の手順

新規にプロジェクトを生成するとき，必ずProcessor Expertを使うように手順を踏んでください．**図I**に手順を示します．

### ● 応用例

S08マイコンは32kHzのオシレータを内蔵しており，これを逓倍して最大で約50MHzのCPUクロックを生成できます．しかし内蔵のオシレータには微調整の機能があり，所望の周波数を得るにはこの微調整機能と逓倍率などの要素が関係し複雑です．

**図J**に示すように，Processor Expertを使えば，欲しい周波数を入力するだけで自動的に計算し，実現可能な周波数を設定してくれます．

例えばCPUクロックを40MHz，バス・クロックを20MHz欲しいと思ったら（S08ではバス・クロックは最大でもCPUの半分になる），下の"Component Inspector"の"Internal Bus Clock"の欄に20と入力してリターンすると，設定可能なもっとも近い周波数に再設定されます．

Processor Expertを使用する利点として，例えばバス・クロックの変更を受けて，バス・クロックをベースにボー・レート生成している周辺I/Oのボー・レートのレジスタ値が自動的に修正することが挙げられます．これにより，うっかり修正し忘れてバグを発生するといったことを防げます．

周波数を変更したら，いったんMakeしておきます．**図I（f）**に示す赤いチェックが入った同期ボタンを押し，次に右の［Make］ボタンを押します．すると，バス・クロックを設定するコードがソース・コード一式が収められているコード・ディレクトリに生成されます．

このように必要な周辺機能の「Component Inspector」の画面で所望の数値や機能を入力し，モジュールのコードを生成していきます．

## 地球上のどこからでも操れる！ モニタできる！ ゲートウェイ基板の製作

Programmable XBeeを使って，XBee群のネットワークをイーサネットにつなぐXBeeゲートウェイ基板を製作します（**図K**）．Programmable XBeeを使うことで外付けマイコンが不要になり，FRISKのケースに入るような小型な装置を作れます．

応用例として，東京電力のサイトから，電力の需要と供給の情報を読み出し，電力不足の状況に応じてXBeeを介して遠隔でLEDを点灯させました．

(b) パソコンからXBeeゲートウェイ基板にアクセスしたときの表示画面

**写真D　XBeeゲートウェイ基板**
プログラムできるマイコンを搭載したProgrammable XBeeを使ってFRISKのケースに入るほどコンパクトに仕上げた

(a) 全体

**図K　XBeeをインターネットに接続する出入り口（ゲートウェイ）を作る（マイコン搭載のProgrammable XBeeを使う）**
地球上のどこからでもXBee群の小ネットワークを操作，モニタできるようになる．インターネット上のデータを取得できるようにした．さらにウェブ・サーバを実装することで，ブラウザからアクセスできるようにした

## ハードウェア

写真DにしめすのはXBee群のネットワークをイーサネットに接続するXBeeゲートウェイ基板です．

インターネット上でプリント基板を販売しているP板.COM（インフロー）でのガーバデータ相当のデータは付属CD-ROMに収録されています（¥gateway¥XBEE_ETHER_01.COMP）．

● 回路構成

図Lに回路ブロックを，図Mに回路図を示します．

主な搭載部品は，Programmable XBeeとWIZnet社のプロトコル・スタックICであるW5100，電源レギュレータ，LANコネクタ，それに若干のCRだけです．基板はFRISKのケースに収まります．表Aに部品表を示します．

● デバイス間の接続

図Lを元にXBeeゲートウェイ基板のデバイス間の接続を解説します．

▶ Programmable XBeeに搭載されているマイコンS08QEのSCIとパソコンの接続

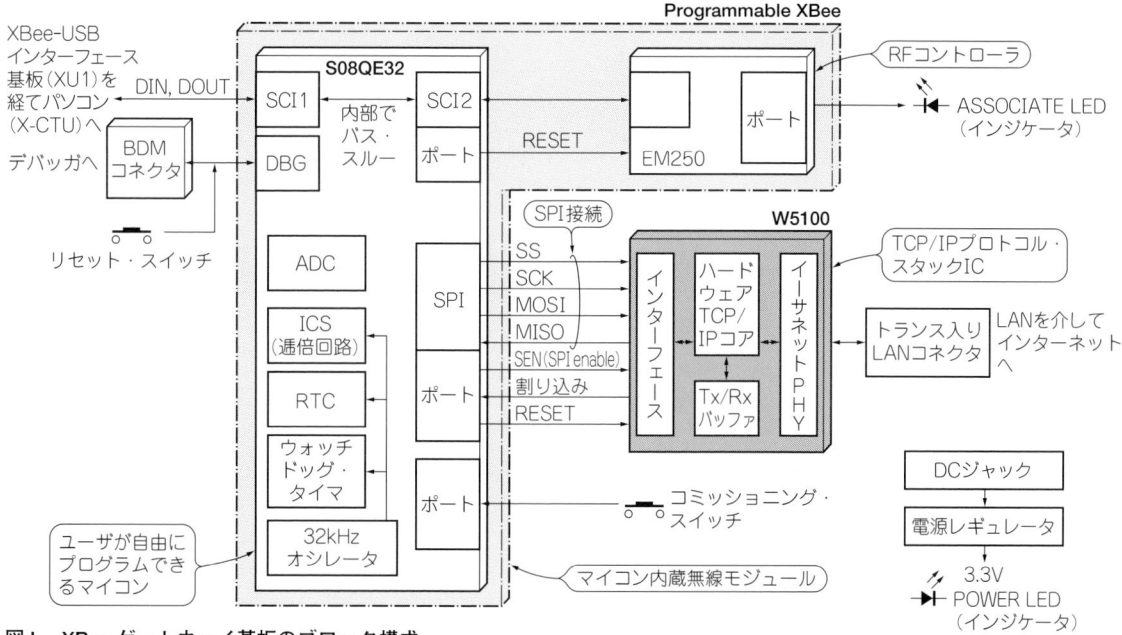

**図L　XBeeゲートウェイ基板のブロック構成**
役割は三つ．XBeeとの無線通信，インターネットとの通信，インターネットからアクセスできるサーバ

　S08QE32の二つのSCIは，マイコン内部でソフトウェア的に接続されています．

　DIN，DOUT端子からSCI1に入ったデータはそのままSCI2に抜けます．RFコントローラEM250からSCI2に入ったデータは，内部処理へもまわされますが，SCI1にもそのまま抜けて行きます．これにより，DIN，DOUT端子を介して，パソコン上のXBee設定用ソフトウェアX‐CTUからコンフィグレーションできます．

　ただし，デバイス・タイプの変更には対応していません．

▶ RFコントローラEM250とS08QE32の接続

　EM250は，SCI2を通したシリアル通信による制御に加え，リセットもS08QE32により制御されています．

▶ TCP/ICプロトコル・スタックICW5100とS08QE32の接続

　W5100とS08QE32の接続にはSPIインタフェースを使うので，SPIモジュールの各端子を接続しています．チップ・イネーブルに相当するSEN，RESETおよび割り込み入力は，S08QE32のポートに接続しています．

▶ デバッガとS08QE32の接続

　オンチップ・デバッグを行うためには，外部に6ピンのヘッダが必要です．この6ピンのヘッダには，電源，グラウンドとProgrammable XBeeのBKGD端子，RESET端子（S08QE32）を接続するだけです．この6ピンのヘッダがないと，プログラムの書き込みもできないので，必須です．

## S08マイコンのソフトウェア

　XBeeゲートウェイ基板用ソフトウェアは付属のCD-ROMの¥gateway¥PackAndGo.zipに収録されています．

　S08QEの周辺機能の設定には，コード・ジェネレータProcessor Expertを使いました．最近では，多くの統合開発環境に，周辺機能を簡単に設定するコード・ジェネレータが標準装備されています．Processor Expertは，Programmable XBeeに搭載されているS08QEの統合開発環境Code Warriorに装備されているコード・ジェネレータです．

　図Nに，Processor Expertを使って生成した，プロジェクトに使う"Component"を示します．

　IVで始まるコンポーネントは割り込みベクタ，SM1はSPI，RTC1は時間を計測するためのリアルタイム・カウンタ機能，AD1は電源電圧とチップ内部の温度を計測するA‐Dコンバータ，WDog1は暴走検知のためのウォッチドッグ・タイマです．

　これ以外にRFコントローラとシリアルで通信するためのSCI2と，X‐CTUでコンフィグレーションするためのSCI1は独自にコードを作成しているので，Processor Expertは使いませんでした．

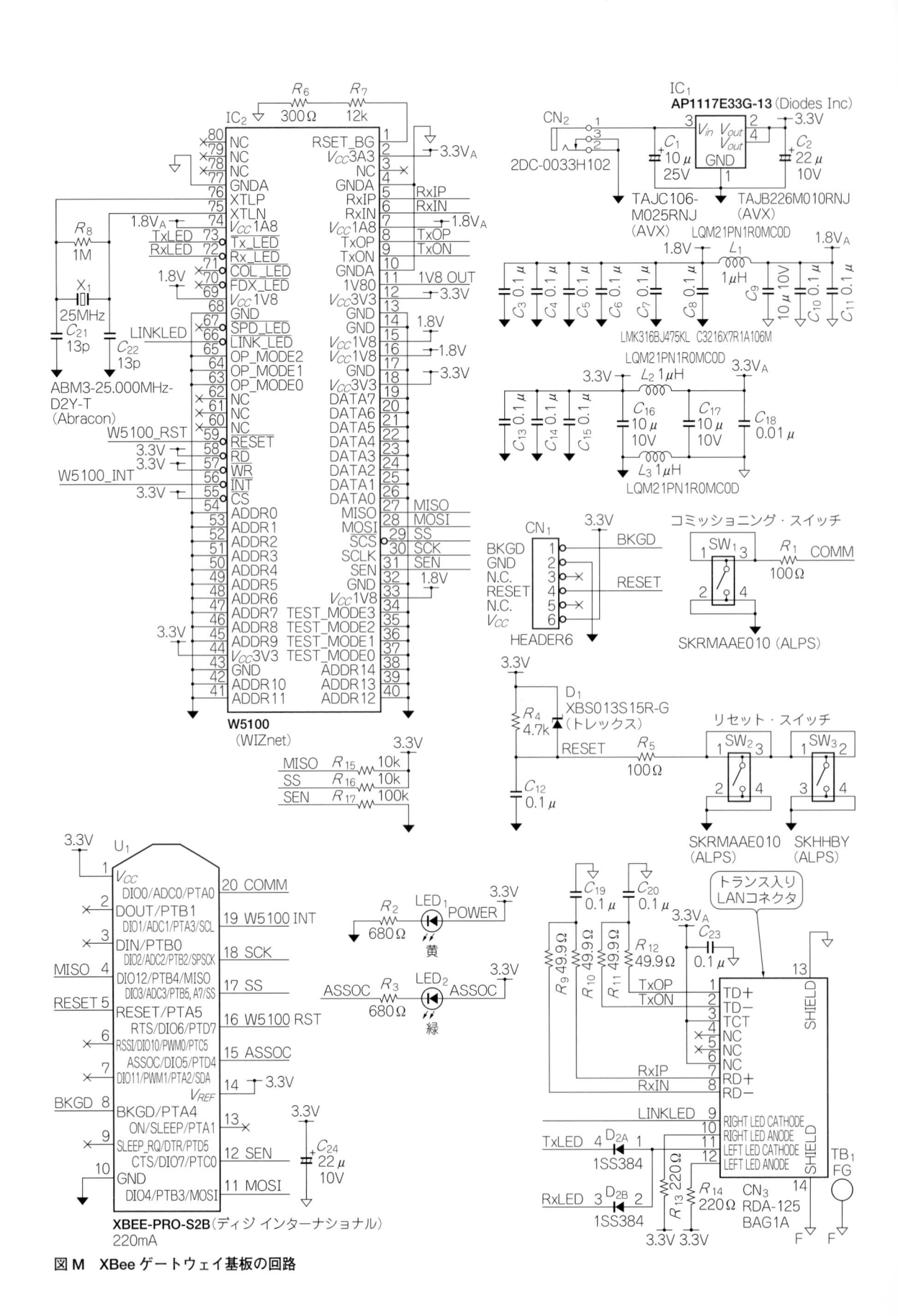

図 M　XBee ゲートウェイ基板の回路

表A　XBeeゲートウェイ基板の部品表

| 数量 | 参照番号 | 種類 | 型名 | メーカ名 |
|---|---|---|---|---|
| 1 | $CN_1$ | 6ピン・ヘッダ | − | − |
| 1 | $CN_2$ | DCジャック | 2DC-0033H102 | SINGATRON ENTERPRISE |
| 1 | $CN_3$ | トランス入りLANコネクタ | RDA-125BAG1A | MAG Jack |
| 1 | $C_1$ | タンタル・コンデンサ | TAJC106M025RNJ | AVX |
| 2 | $C_2, C_{24}$ | | TAJC226M010RNJ | |
| 13 | $C_3, C_4, C_5, C_6, C_{10}, C_{11},$ $C_{12}, C_{13}, C_{14}, C_{15},$ $C_{19}, C_{20}, C_{23}$ | セラミック・コンデンサ | GRM188F51E104ZA01D | 村田製作所 |
| 1 | $C_7$ | | LMK316BJ475KL | 太陽誘電 |
| 4 | $C_8, C_9, C_{16}, C_{17}$ | | C3216X7R1A106M | TDK |
| 1 | $C_{18}$ | | GRM188F51E103ZA01D | 村田製作所 |
| 2 | $C_{22}, C_{21}$ | | GRM1885C1H130JA01D | |
| 1 | $D_1$ | ショットキー・バリア・ダイオード | XBS104S13R-G | トレックス・セミコンダクター |
| 1 | $D_2$ | ショットキー・バリア・ダイオード(2回路入り) | 1SS384 | 東芝 |
| 1 | $IC_1$ | 3.3V固定出力レギュレータ | AP1117E33G-13 | Diodes Inc |
| 1 | $IC_2$ | TCP/IPプロトコル・スタックIC | W5100 | WIZnet |
| 1 | $LED_1$ | 赤 | APT1608SRCPRV | Kingbright Corp |
| 1 | $LED_2$ | 緑 | LG L29K-G2J1-24-Z | OSRAM |
| 3 | $L_1, L_2, L_3$ | 1μH | LQM21PN1R0MC0D | 村田製作所 |
| 2 | $R_5, R_1$ | 100Ω | MCR03EZPJ101 | ローム |
| 2 | $R_3, R_2$ | 680Ω | MCR03EZPJ681 | |
| 1 | $R_4$ | 4.7kΩ | MCR03EZPJ472 | |
| 1 | $R_6$ | 300Ω(1%精度) | RR1220P-301-D | 進工業 |
| 1 | $R_7$ | 12kΩ(1%精度) | RR1220P-123-D | |
| 1 | $R_8$ | 1MΩ | MCR03EZPJ105 | ローム |
| 4 | $R_9, R_{10}, R_{11}, R_{12}$ | 49.9Ω(1%精度) | RR1220Q-49R9-D-M | 進工業 |
| 2 | $R_{14}, R_{13}$ | 220Ω | MCR03EZPJ221 | |
| 2 | $R_{15}, R_{16}$ | 10kΩ | MCR03EZPJ103 | ローム |
| 1 | $R_{17}$ | 100kΩ | MCR03EZPJ104 | |
| 2 | $SW_2, SW_1$ | 面実装タクト・スイッチ | SKRMAAE010 | ALPS |
| 1 | $SW_3$ | タクト・スイッチ | SKHHBY | |
| 2 | $U_1$ | XBee-PRO-S2B用ソケット | PRT-08272 | − |
| 1 | $U_1$ | Programmable XBee | XBP24BZ7WITB003J | ディジ インターナショナル |
| 1 | $X_1$ | 25MHz | ABM7-25.000MHZ-D-2-Y-T | Abracon Corporation |
| 1 | PCB | プリント基板 | XBee Ether | − |

## 動作チェック①　ウェブ・サイトからデータを取得する

　XBeeゲートウェイ基板(**写真D**)を使ってウェブ・サイトにアクセスしてみます．例として東京電力のサイトから電力の需要と供給のデータを読み出して，その比率を算出しました．結果に応じてXBeeを介し遠隔でLEDを点灯しています．

　東京電力のサイトからデータを読み出すしくみを紹介します．

### ■ アクセスするウェブ・サイトのIPアドレスを得る

　電力会社のウェブ・サーバにTCP/IPを使ってアクセスするためには，事前に公開されているサーバのIPアドレスを知っておく必要があります．

　しかし，通常はIPアドレスを使ってアクセスすることは一般的ではなく，代わりに人間が利用しやすい有意な文字列によるドメイン名が利用されています．このため，このドメイン名をIPアドレスに変換する処理が必要です．

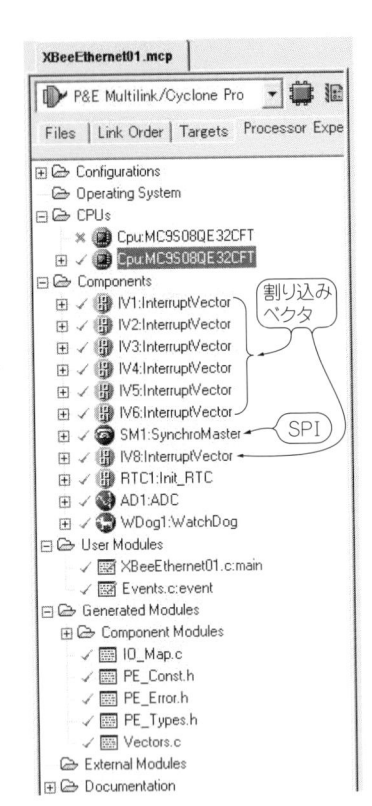

図N　XBee ゲートウェイのプロジェクトに使ったコンポーネント

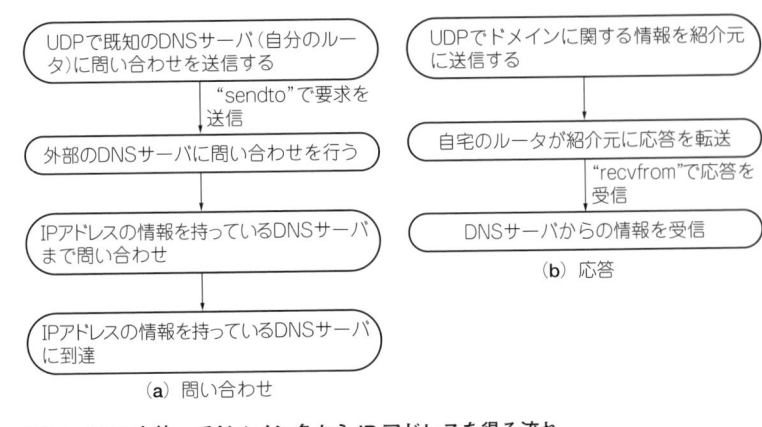

図O　DNS を使ってドメイン名から IP アドレスを得る流れ
(a) 問い合わせ
(b) 応答

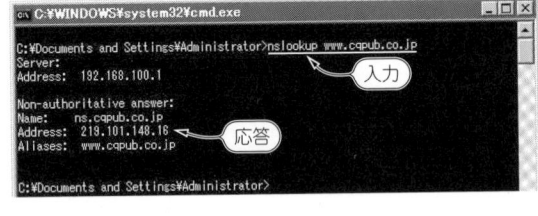

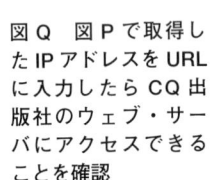

図P　パソコンでドメイン名から IP アドレスを取得したようす

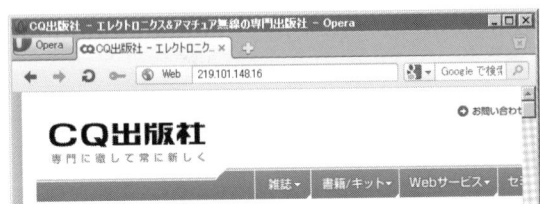

図Q　図P で取得した IP アドレスを URL に入力したら CQ 出版社のウェブ・サーバにアクセスできることを確認

● ドメイン名から IP アドレスを得るまで

ドメイン名を渡すと応答として IP アドレスが得られる DNS(Domain Name System) というサービスを使います．DNS は，ネーム・サーバとも呼ばれています．

DNS へのアクセスは，UDP(User Datagram Protocol) というプロトコルを使います．ポート番号は DNS で利用する 53 番です．

▶ IP アドレスの問い合わせ

図O(a) に，IP アドレスの情報を持っている DNS サーバまで問い合わせをする流れを示します．既知の DNS サーバに UDP で問い合わせし，管理していないドメインの場合はその DNS サーバが上位の DNS サーバに問い合わせします．これを続けることで最終的に，IP アドレスの情報を持つ DNS サーバに到達します．

既知の DNS サーバは，ルータに DNS フォワーディング機能がある場合，たいてい自分のルータだと思われます．

▶ 応答

図O(b) に，問い合わせた IP アドレスが返信されるまでの流れを示します．DNS サーバから送られて来たパケットは，ルータによって LAN 上の要求元に転送されます．

情報を持っている DNS サーバは問い合わせ受信時に要求元の IP アドレスとポート番号を得ているので，直接この IP アドレス，ポート番号で返信ができます．ただしこのときの IP アドレスはルータの WAN 側に設定された IP アドレスです．

● パソコンでドメイン名から IP アドレスを取得してみる

実際にパソコン上から CQ 出版社のウェブ・サーバの IP アドレスを取得してみます．

図P に，パソコンのコマンド・ラインから "nslookup www.cqpub.co.jp" とタイプして IP アドレスを取得したようすを示します．応答は 219.101.148.16 を得ています．

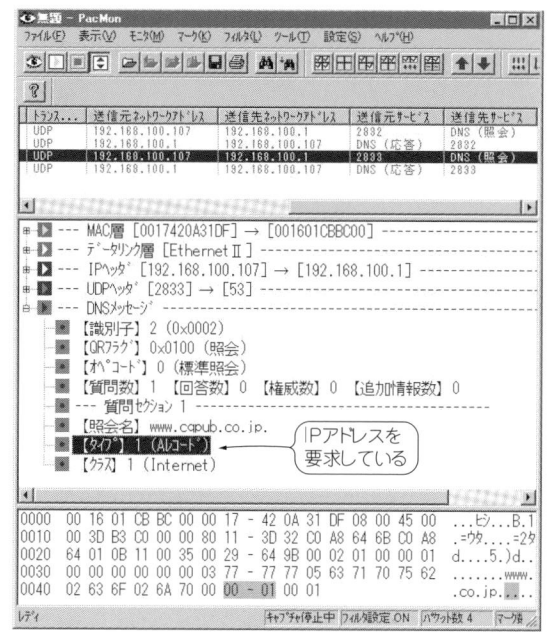

(a) 問い合わせ

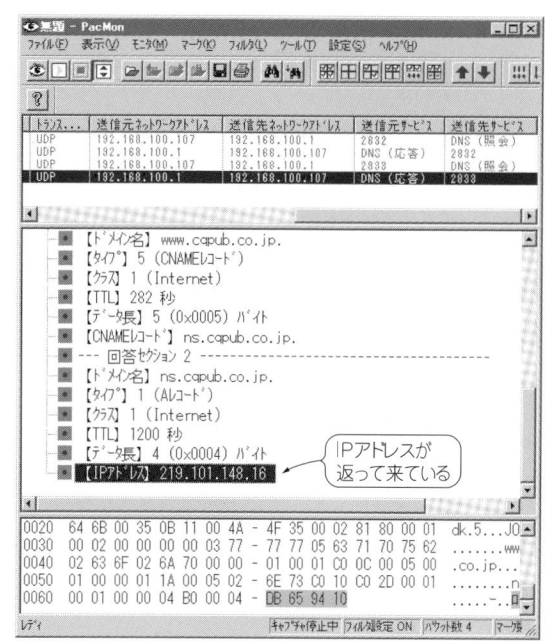

(b) 応答

**図R　ドメイン名からIPアドレスを取得するようすをパケット・モニタで確認**
パケット・モニタにはPacMon(レイヤ)を使った

　図Qのとおり，取得したIPアドレスをブラウザのURL欄に入力してアクセスしてみました．無事CQ出版社のウェブ・サーバに接続できていることがわかります．

● 問い合わせと応答のようすをモニタ

　図R(a)に，パソコンからルータに送信した問い合わせメッセージをパケット・モニタ(イーサネット用LANアナライザ)でモニタした画面を示します．使用したパケット・モニタは㈲レイヤーのPacMonです．

　反転表示している"Aレコード"がIPアドレスを要求しています．

　図R(b)に，DNSサーバから受信した応答メッセージを示します．IPアドレスが返ってきていることがわかります．何故かDNSサーバはIPアドレス以外の要求していない項目まで親切に返信してくるので，受信データの構造解析が必要です．

## ■ ウェブ・ページからデータを取得する

　インターネット上の電力会社のウェブ・サーバからデータを取得するためには，TCP/IPを使ってアクセスする必要があります．通信の品質を保証するトランスポート層ではTCPというプロトコルを使い，アプリケーションが利用できるサービスを提供するアプリケーション層ではHTTPというプロトコルを使います．まずはTCPの解説を簡単に行います．

● 通信の品質を保証する層で使うプロトコルTCP

　DNSで使ったUDPは，①えいやぁ！とパケットを投げて，②相手がそれに応じ，③データ的に問題なしなら成功，③失敗時はリトライする，といった極単純なプロトコルをアプリケーション層で実現していました．

　TCPは，通信の品質を保証するトランスポート層で使われているプロトコルです．相手との1対1の通信経路を確立し，経路を確立した後は必要なデータの交換を，障害が検出されたなら再送処理などを行います．それ以上通信の必要がないなら切断処理に入ります．

　データの交換以外では処理手順は決まっており，それらはトランスポート層でサポートされています．また，この時必ず片方がクライアント，もう片方がサーバの立場を取ります．

　図Sに，HTTPサーバからデータを取得するもっとも典型的な手順を示します．上から下へ時間の流れを表します．

　SYN，ACK，FINは交換されるフラグです．OPEN，CONNECT，LISTEN，SEND，RECV，CLOSEはトランスポート層で提供されるAPIであるソケット・インターフェースのアクションを示しています．REQUEST(GET)とDATAは次のHTTPで

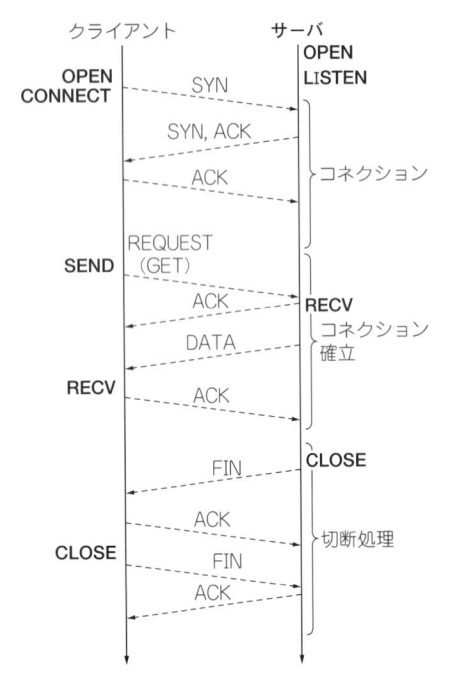

**図S　クライアントのXBeeゲートウェイ基板からHTTPサーバのデータを取得する流れ**
今回は電力会社のウェブ・サーバから電力情報を入手した

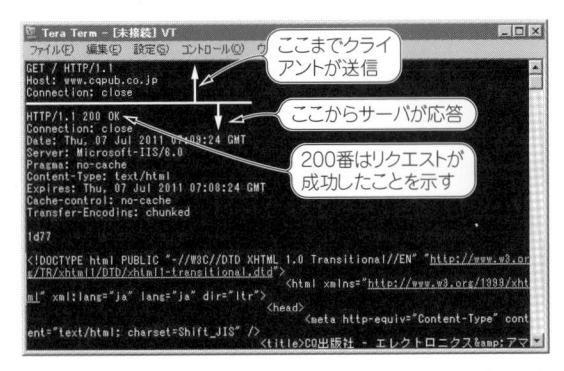

**図T　TELNETクライアントからHTTPサーバにデータをリクエストしたときの応答**

解説します．

● **アプリケーションで利用できる層のプロトコルHTTP**

　HTTPは，主にウェブ・サーバとウェブ・クライアントの間でHTML文章のようなコンテンツを転送するプロトコルです．実際には，写真などのバイナリ・データの転送も行えます．基本的には，接続してきたウェブ・クライアントがリクエストをウェブ・サーバに送信し，ウェブ・サーバがそれに答えることで，転送しています．

▶ **Programmable XBeeに搭載したHTTPのメソッドはGETだけ**

　HTTPにはバージョンが3種類あります．最も古い物から0.9，1.0，そして現在では1.1が主に使われています．バージョンが上がるごとに機能が増えて行き，HTTP1.1をマイコンに実装するのはかなり困難です．

　そこで今回のXBeeゲートウェイ基板ではプロトコルを実現できる最低限度の実装を行います．リクエスト（メソッド）の種類には，GET，POST，PUT，HEAD，DELETE，OPTION，TRACE，CONNECTがありますが，このうちGETのみ実装します．

▶ **リクエスト（GET）の発行手順**

　試しにTELNETクライアントでCQ出版のウェブ・サーバにHTTPで接続してみます．

　TCPのポート番号は80番です．先ほどDNSで調べたIPアドレスを直接相手先アドレスとしても接続できますが，URL−IPアドレスの変換はアプリケーション層で自動的に行ってくれるので，URLの"www.cqpub.co.jp"で接続します．

　TELNETクライアント（通信ソフトウェアにはTera Termを使った）でウェブ・サーバに接続します．次にリクエストを入力し，最後にリターンを2回押します．ウェブ・サーバは2回連続のリターンをリクエストの終端とみなします．

　コンテンツを取得するには，次のようにリクエストを入力します．すると，**図T**の応答が返ってきます．

> "GET/HTTP/1.1"［リターン］"Host:www.cqpub.co.jp"［リターン］"Connection: close"［リターン］［リターン］

　重要なのは"GET / HTTP/1.1"の行です．

　最初の"GET"はメソッドです．"/"はコンテンツのルート・ディレクトリで通常はindex.で始まるコンテンツが送られてくるはずです．

　"HTTP/1.1"がプロトコル・バージョンを示し，クライアントがどのバージョンをサポートしているのかをサーバに伝えます．

　受信側は"HTTP/1.1 200 OK"の行で，サーバ側のプロトコル・バージョンが判りますし，"200 OK"はリクエストが成功したことを示します．あとはサーバから送られて来るデータを解析すれば，必要な情報を入手できます．

### 動作チェック②　ブラウザからXBeeゲートウェイ基板のデータを見る

　ブラウザからXBeeゲートウェイ基板のデータにアクセスできるように，S08QEにHTTPサーバを搭載

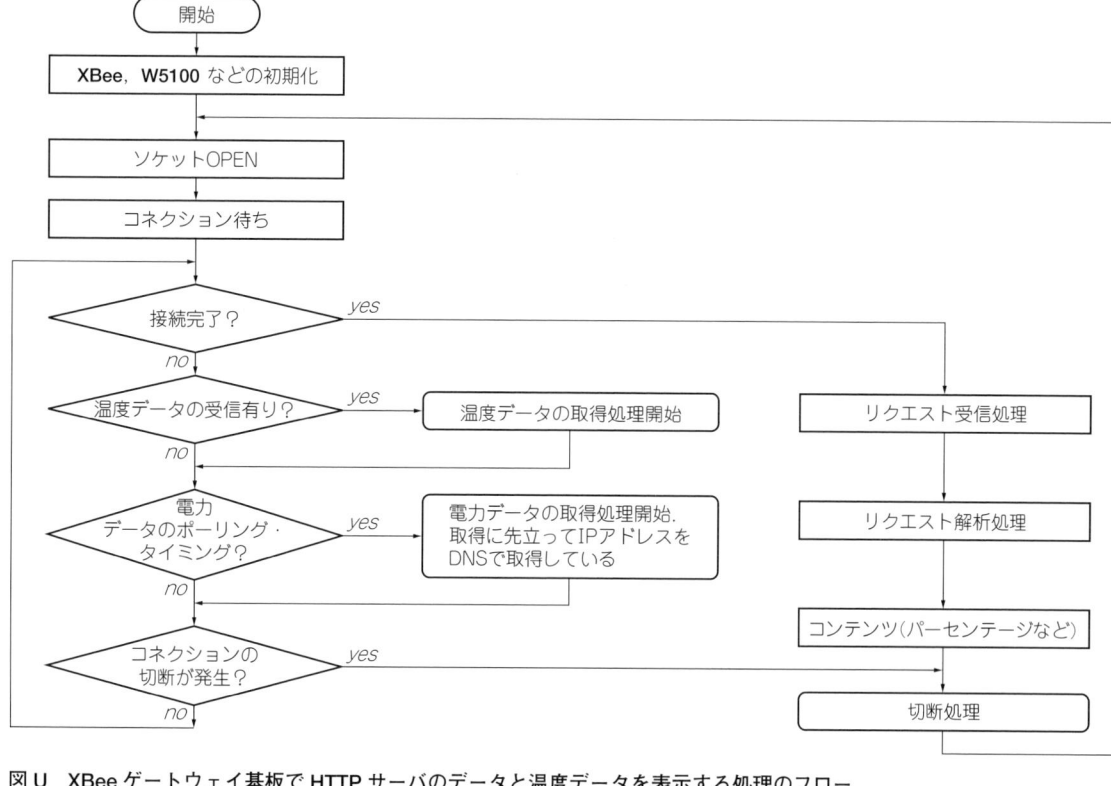

**図U　XBeeゲートウェイ基板でHTTPサーバのデータと温度データを表示する処理のフロー**
電力会社のサーバから電力の需要と供給のデータを取得し，温度データは温度センサ基板から取得した

してみました．これにより，世界中のどこにいてもブラウザを介してXBeeゲートウェイ基板にアクセスできます．

HTTPサーバは，先ほどのHTTPクライアントの逆を行えば実現できます．ソケットのOPENから相手の接続待ち，リクエストの受け付け，コンテンツの送信，接続断，そしてソケットのOPENに戻る手順を永遠に繰り返すこととなります．このようなサーバを反復サーバと呼びます．

S08QEの能力から，一度に開けるソケットは1個としました．そのため，一つの接続が開始後に別の接続の要求が入ったときは，その要求に答えられないので接続を拒否（RSTフラグ）します．一つの接続要求にかかる時間はそれほど長くないので，相手が接続要求をリトライすることで事実上問題なく動くでしょう．

## 仕上げ

第8章で紹介したXBee経由でLEDを点灯するLED表示基板と，室内の温度を測定する温度センサ基板（**図K**参照）を組み合わせました．

**図U**に，XBeeゲートウェイ基板で電力会社の電力需要データと，温度センサ基板からの温度を表示する処理のフローチャートを示します．

電力会社は5分置きの電力の供給，需要状況のデータをファイルとして公開しているので，このファイルを取得します．XBeeゲートウェイ基板上のHTTPサーバにアクセスすれば，ブラウザ画面で現在の使用状況をパーセンテージで表します．さらに，電力の供給に対する需要の割合に合わせて緑，黄，赤のLEDを点灯します．また室温を測定したデータもブラウザ画面で確認できます．

〈濱原 和明〉

※ Appendix4は「トランジスタ技術」誌2011年11月号，12月号に掲載された記事を元に，加筆，再編集したものです

# Appendix5 通信できる距離と速さの実力をチェック
—— シリーズ2で450m，2.8kバイト/s

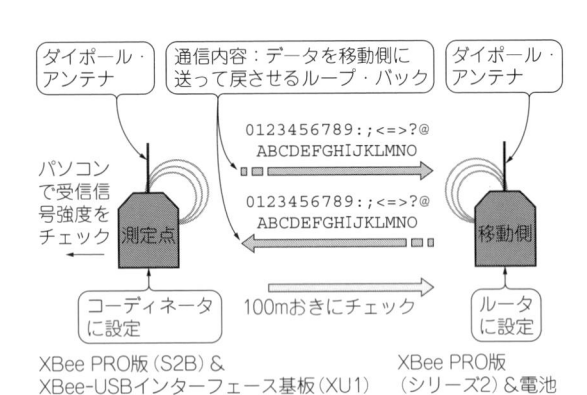

## 通信距離

図A 電波の到達距離を確認する実験条件

写真A　実験には出力電力が10mWのS2Bおよびシリーズ2のPRO版を使った
本書と同時発売「[XBee 2個＋書込基板] 超お手軽無線モジュールXBee」に同梱されるXBeeモジュールはチップ・アンテナが搭載された通常版．通信距離は約450m

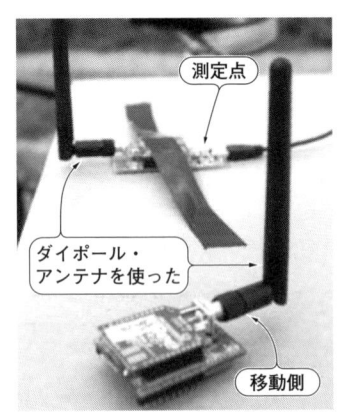

### XBee PRO版の通信距離1500mは本当？

● ちょっと計算してみる

　XBeeの電波到達距離は，カタログ・スペックを見るとPRO版で1500m（国内仕様）とあります．本当にそんなに届くのでしょうか．

　カタログ・スペックには色々な計測条件が明示的，暗黙的に適用されています．実運用では，電波が広がる空間，フレネル・ゾーン（Appendix8参照）の確保，送信出力，受信感度，損失の検討を行っておきます．理論上の受信レベル $P_{ideal}$[dBm]は式(A)で表されます．

$$P_{ideal} = P_{out} + G_{ant} - P_{loss} \cdots\cdots(A)$$
ただし，$P_{out}$：送信出力[dBm]，アンテナ・ゲイン[dBi]，$P_{loss}$：伝搬損失[dB]

　PRO版の送信出力は10mW（10dBm）です．送信，受信共にダイポール・アンテナを使い，ダイポール・アンテナのゲインは2.1dBiです．伝搬損失は自由空間伝搬損失とし約103.6dBです．以上を式(A)に代入して理論上の受信レベルを求めると－89.4dBmと求まります．

$$P_{ideal} = 10\text{dBm} + 2 \times 2.1\text{dB} - 103.6\text{dB} = -89.4\text{dBm}$$

　それに対してPRO版の受信感度は－102dBmです．つまり理論上は十分に1500mの距離で電波が届くということになります．

### つべこべ言わずに実験で確かめる

　実際に野外に出てXBeeの通信距離測定実験を行いました．図Aに実験条件を，写真Aに実験に使ったモジュールを示します．

● 天気や場所の条件

▶ 雨による減衰なきこと

　実験を行った場所は利根川の河川敷です（写真B）．当日は四国に大型の台風が上陸しており，天候は曇り，時折雨がぱらついています．ただ視覚的な見通しはよく，雨で電波が減衰する心配はない状況でした．

▶ 他の電波源による干渉なきこと

　広い河川敷と広大な畑地に囲まれた地域であり，XBeeと同じ2.4GHz帯で障害となる他の電波源を気にしなくてもよい状況です．

▶ 地面による減衰を防ぐ

　可能な限りフレネル・ゾーンを確保するためには地面から十分に高い位置に双方のアンテナが配置される

必要があります（詳細は後述）．1500m離れていても一定の高さを確保するためには，例えば4m以上の長さの竿の先にXBeeを設置する必要があります．4mの竿を持って1500m以上移動するのは大変なので，図Bのように堤防の上に測定点を設定し，堤防がアーチ状になっている上を移動することで実質的な高さを確保しています．

写真Cに実験した土手を示します．右側の車高1.9mの車と比較しても堤防の高さは4m以上あると判断できます．

● 実験に使ったモジュール

▶ シリーズとアンテナ

固定側は，XBeeシリーズのうち，もっとも出力電力が大きいPRO版（S2Bシリーズ）のダイポール・アンテナ・タイプを使いました．設定はネットワークの管理などを行うコーディネータです．

電源は，XBee-USBインターフェース基板（XU1）を介してノート・パソコンから供給しています．

移動側は，PRO版（シリーズ2）のダイポール・アンテナ・タイプを使いました．設定はネットワークの中継などを行うルータです．電源は，リチウム・ボタン電池CR2450（3.0V）とウェブ・ページYAPAN.orgで紹介されているXBee用レギュレータ基板Xio v1.0 r485を使いました．

堤防の上で手を上げることで，地面からの高さをさらに稼ぎました．

▶ 動作モード

固定側がデータを送信し，移動側は受信したデータを固定側に送信します．固定側はUSB変換基板を経てパソコンとシリアル通信しています．

固定側で信号が届いたかどうかは，X-CTUの*RSSI*（Received Signal Strength Indication，受信信号強度）機能を使って判定しました．X-CTUはXBeeを設定するパソコン用ソフトウェアです．図Cに，*RSSI*機能を使っているときのパソコン画面を示します．具体的には，X-CTUの「Range Test」のタブで*RSSI*のラジオ・ボタンをチェックして有効とし［Start］ボタンをクリックします．

固定側は1mの高さのテーブルの上に33cmの高さの段ボール箱を用意し，その上に計測起点となるXBeeを固定し，移動側のXBeeを100mずつ動かして実験しました．

## 実験結果

図Dは100m置きに計測した受信レベルです．距離が離れるほどレベルが落ちるのがわかります．それ

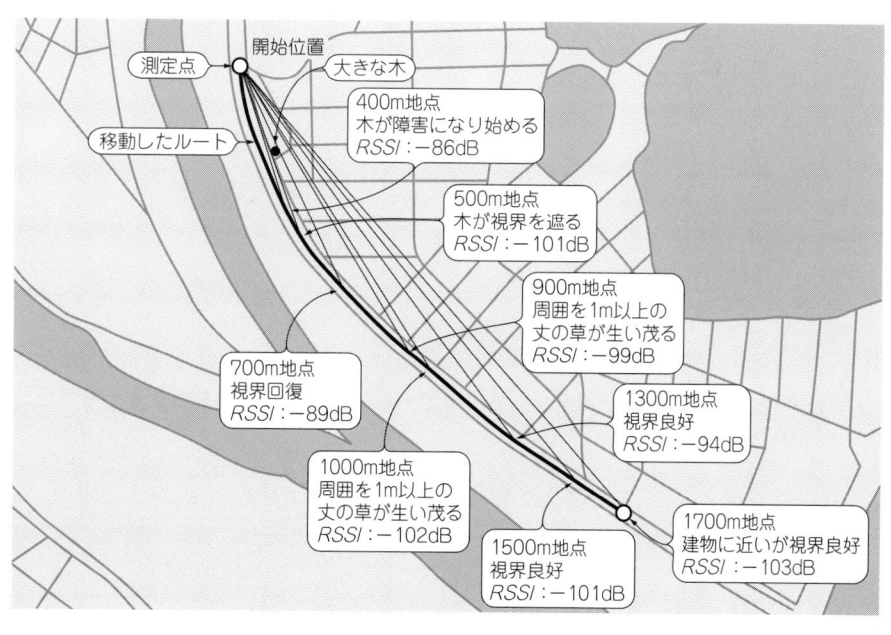

**写真B　河原で実験**
地面による減衰や，2.4GHz帯の干渉が少ない

**図B　電波到達距離の限界を実験した河原**

写真C　地面による減衰を少なくするため土手を活用した

(測定点. フレネル損が生じないように土手で4mの高さを確保している)

(車高1.9m)

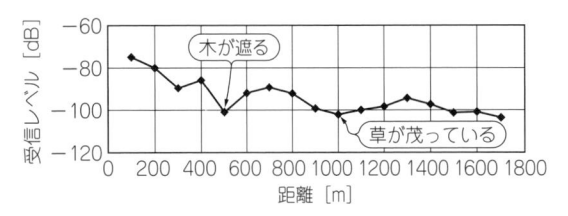

図D　実験結果(S2B PRO版)
100mおきに通信状況を確認した. 1700mまで送受信できた

(木が遮る / 草が茂っている)

以外に二つのXBee間に障害物があってもレベルが落ちています．

1500m地点では，念のため移動側のXBeeの電源を再投入してみましたが，ネットワークに参加したことを示すAssoc LEDの点滅しました．このことからも，コーディネータとルータ間で，双方向での有意な通信が行えていることがわかります．

▶ 2mW出力の通常版も実験で確認

参考までに，移動側のXBeeをPRO版ではなく通常版(2mW出力，「[XBee 2個＋書込基板]超お手軽無線モジュールXBee」同梱)，チップ・アンテナ・タイプに変更して実験したときのグラフを図Eに示します．コーディネータ側にはダイポール・アンテナを接続したPRO版を使っています．

あまり期待していなかったチップ・アンテナ・タイプですが，驚いたことに400mを超える飛距離が記録できました．もちろん400m先で電源を再投入してAssoc LEDが点滅することも確認しました．

なんでも実験してみないとわからないものですね．

＊　　＊　　＊

実験の結果はあくまでも限界を求めたのであり，参考です．実際には自分自身で実環境の状況を調べ，必要なら高さを確保したり中継用のルータを追加するなどして十分なマージンを確保して運用してください．

## XBeeは通信できなくなると自動的に通信ルートを変える

ZigBeeのメッシュ・ネットワークの特徴は，あるルータが何らかの原因で動作停止した場合，その

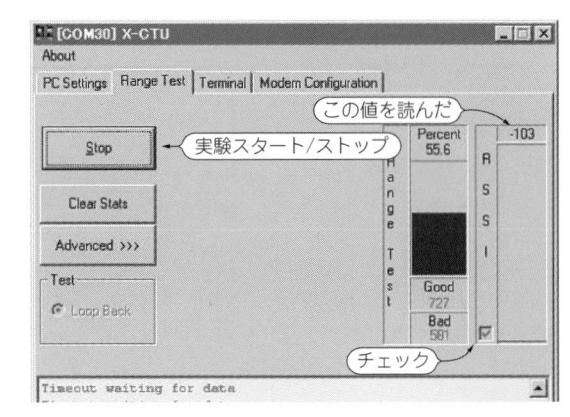

図C　XBeeどうしで通信できたかどうかは固定側に接続しているパソコンで確認した
XBeeを設定するソフトウェアX-CTUのRSSI機能を使った

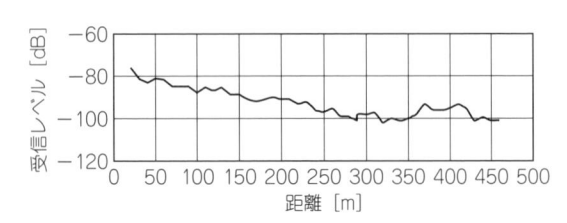

図E　移動側のXBeeを2mW出力の通常版(チップ・アンテナ)にして実験した結果
固定側はPRO版．10mおきに通信状況を確認した．400mを超えても送受信できた

ルータを避けて通信経路を再構成することです．これにより冗長性の高いネットワークを構築できます．実際には，ルータが動作停止に陥らなくても，常に通信品質をチェックして必要があれば再構成している，というほうが正確です．

このことを証明するため，位置を固定したルータ間を移動するエンド・デバイスを用意し，移動に合わせて通信経路が変わるようすを見てみます．

● 実験条件

▶ エンド・デバイスの移動にともない親子関係が動的に変わる

図Fのように，遠方(No.13)からエンド・デバイスを持ってコーディネータに近づきます．

先の通信距離試験からわかるように，思った以上にXBeeの電波は遠くまで届いてしまい，ルータとエンド・デバイスが，直接コーディネータと通信できてしまいそうです．直接通信してしまっては実験にならないので，ルータとエンド・デバイスは地面に置き，なるべく電波が届かないようにしました．

▶ XBeeの設定

1個のコーディネータ，1個の移動するエンド・デ

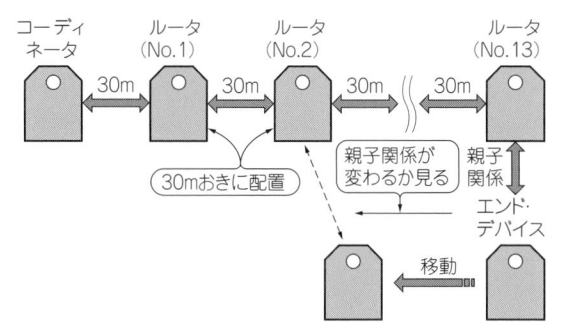

**図F　XBee モジュールが通信経路を適宜変えるようすを確認する実験の方法**
ZigBee のメッシュ・ネットワークの動作を実験

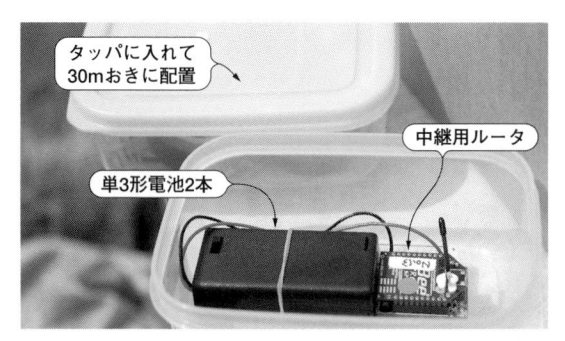

**写真D　ルータを複数配置して XBee モジュールが適宜通信経路を変えるようすを見る**

バイスと，中継用の No.1 から No.13 まで番号を割り付けたルータを用意します（**写真D**）．ルータは，コーディネータから大体 30m 置きに配置します．最遠点のルータ（No.13）はコーディネータから約 420m の位置にあります．XBee モジュールの設定は次のとおりです．

- コーディネータ：PRO 版（出力 10mW），ダイポール・アンテナ・タイプ
- ルータ：Pro 版，ワイヤ・アンテナ・タイプ
- エンド・デバイス：通常版チップ・アンテナ・タイプ

● 実験結果

　図G は，ネットワークの構成を図示するソフトウェア「Bee Explorer」で，階層表示させてみたところです．「Bee Explorer」は ZigBeeOperator で入手できます．使うには，パソコンに「.Net Framwork 2.0」以降をインストールする必要があります．

　図G(a) の最初の状態から，すべてのルータがコーディネータの直接の傘下に入っていることがわかります．エンド・デバイスは予定どおり No.13 と親子関係

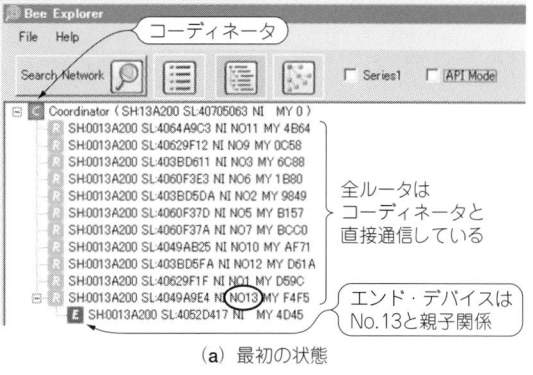

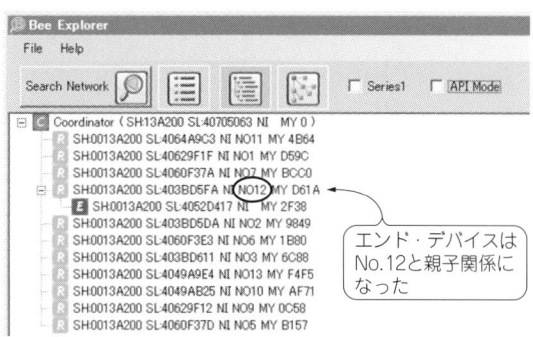

(a) 最初の状態
(b) No.12に近づいた
(c) No.1に近づいた

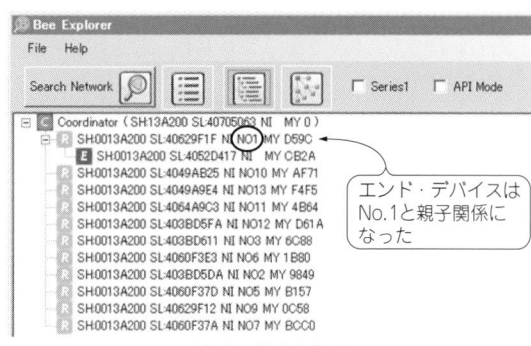

**図G　エンド・デバイスを移動させるとともに通信経路が変わっていくことを確認した**
ネットワークの構成を図示するソフトウェア「Bee Explorer」を使った

を構築しているのがわかります．

　通常，コーディネータから直接通信できないルータまたはエンド・デバイスは，よりコーディネータに近いルータの傘下に入り，親子関係を結びます．

　No.12 にエンド・デバイスを近づけると，No.12 と親子関係を構築しているのがわかります．最終的に No.1 にまで近づいてみたところ，No.1 と親子関係を構築することを確認しました．

　XBee（ZigBee プロトコルを搭載した製品）は動的に通信経路，つまりルーティングを変化させていることがわかりました．

# 通信速度

## 「通信速度」の意味

### ● 二つの意味を含んでいる

XBeeモジュールのような一種のモデムでの「通信速度」は2種類の速度を指します．図Hに示します．

▶ XBeeどうしによる無線部分

無線部分の伝送速度は，公称250kbpsです．現行の無線LANの最大速度であるIEEE802.11nの300Mbpsに比べるとずいぶん見劣りしますが，XBeeのシリーズ2が採用するZigBeeは，センサなどの情報を，広くまばらに集める目的でできた無線規格です．消費電力との兼ね合いからこれで十分ということになったのでしょう．

▶ XBeeと外部のパソコンやマイコン間（端末速度）

XBeeのボー・レートはBDコマンドで設定します．端末速度はZigBeeの規格に依存しないので，XBeeモジュール製品が内蔵しているマイコンのシリアル・インターフェースの限界値が端末速度の最大値です．

シリーズ2（［XBee 2個＋書込基板］超お手軽無線モジュール XBeeに同梱），シリーズ1共にBD＝7とすると，端末速度を115200bpsまで上げられます．BDコマンドのパラメータに直接ボー・レートの数値を与えると，その数値を元に実現可能なボー・レートを設定できます．シリーズ1が最大250kbps，シリーズ2では921kbpsまで設定できます．

### ● 公称値では使えない

公称値は理論値であり，あまり重要ではありません．

瞬間的な通信速度や理論値ではなく，例えばXBeeモジュールで大きなデータを転送したときにかかった時間から得られる，単位時間あたりの転送バイト数など，運用上目安になる数値が重要です．

## とにかく動かして確認！

実際にシリーズ2（［XBee 2個＋書込基板］超お手軽無線モジュール XBeeに同梱），シリーズ1を使ってデータを転送し，単位時間あたりの伝送速度を測ってみました．

### ● 実験条件

▶ 接続

図Iに接続を示します．XBeeモジュール間は約1mとし，受信レベルが小さくて再送処理を繰り返すことを避けました．動作モードはトランスペアレント・モードです．図JにXBee設定用ソフトウェア X-CTUの画面を示します．

シリーズ1では，2種類の端末速度38400bpsと115200bpsで測定しています．シリーズ1では端末速度を38400bps以上にすると，ボー・レートの誤差が大きく正常に送受信できない可能性があるからです．安心して使えるのは38400bpsまでと思ったほうが良いでしょう．115200bpsのデータはイチかバチかの結果だと思ってください．

シリーズ2（［XBee 2個＋書込基板］超お手軽無線モジュール XBeeに同梱）では，端末速度115200bpsで測定しました．シリーズ2の端末速度は921kbpsあたりでもボー・レートの誤差は少なくなっています．ただ無線部分の速度がそこまで達しないので115200bpsで十分です．実験に使う二つのXBeeは，コーディネータとルータです．

シリーズ1，シリーズ2のどちらもシリアル通信のCTS（Clear To Send），RTS（Request To Send）を有効としたハードウェア・フロー制御を行い，データの取りこぼしを防いでいます．

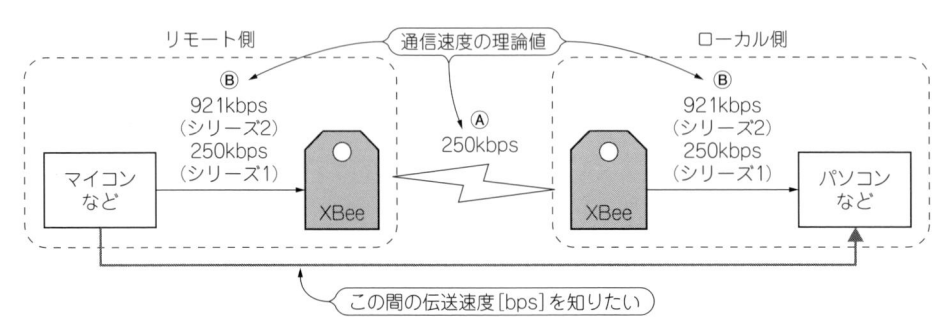

**図H　通信速度と一口に言っても2種類ある**
無線通信部の通信速度 Ⓐ とシリアル・インターフェースの通信速度 Ⓑ がある

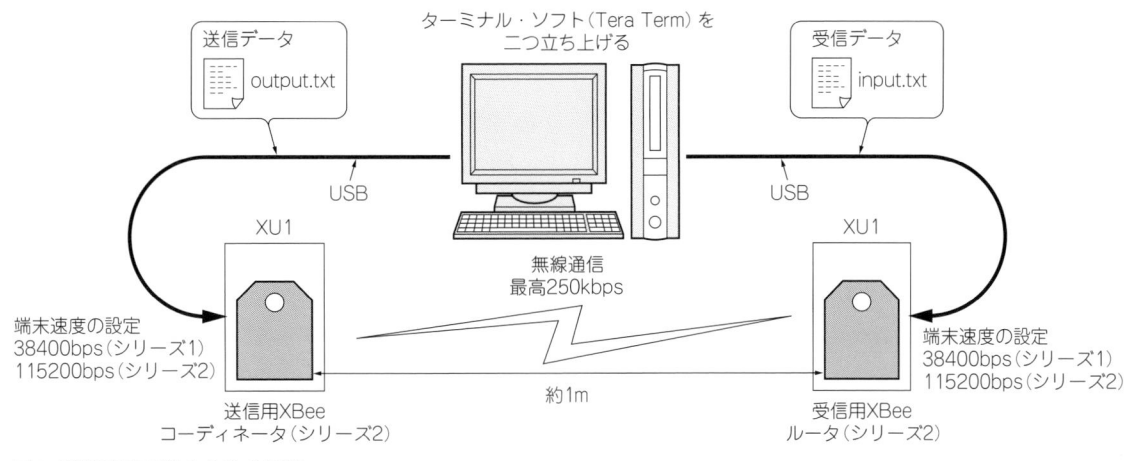

**図I　通信速度を測るための接続**
XBee-USB インターフェース基板 XU1 を 2 個使用して実験した

(a) 送信側（コーディネータ）

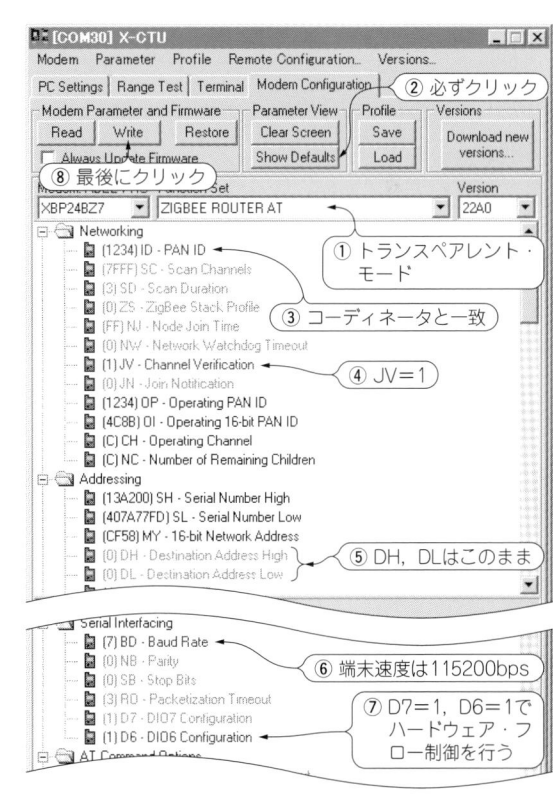

(b) 受信側（ルータ）

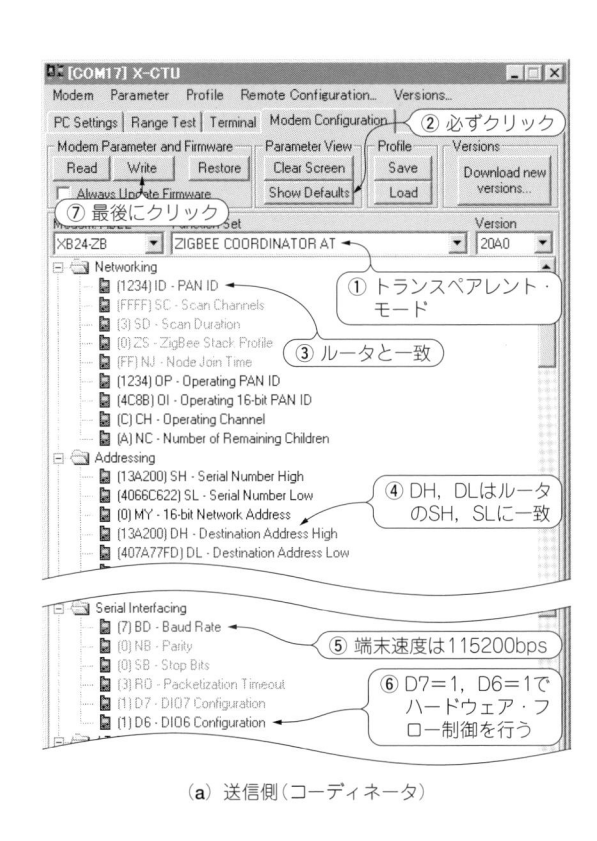

**図J　XBeeモジュールの設定画面**
XBee 設定用ソフトウェア X-CTU の画面

▶ テスト用のデータ

転送するデータは約 1M バイト（1191632 バイト）です．

**図K** にターミナル・ソフト TeraTerm の設定画面を示します．ポート番号以外は送信側と受信側で同じ設定です．

**図L** のように，約 1M バイトのテキスト・ファイル output.txt を，送信側 XBee（コーディネータ）から受信側 XBee（ルータ）に送信します．

受信したデータは，input.txt という名前を付けて

保存します．転送にかかった時間を測り，ファイル・サイズと転送時間から，単位時間あたりの転送量を求めます．図Mに，TeraTermの送受信中の画面を示します．

最後は図Nのように，コマンド・プロンプトで送信ファイル（output.txt）と受信ファイル（input.txt）を，FCコマンドを使ってバイナリ・レベルで照合します．

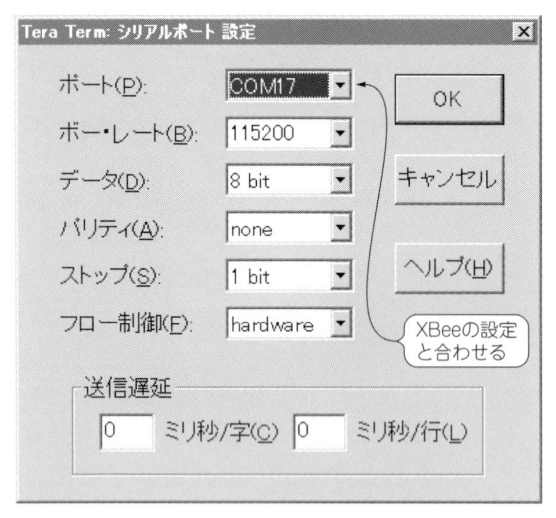

● 伝送速度の算出結果

測定結果から伝送速度を算出しました．表Aにシリーズ1の結果を，表Bにシリーズ2の結果を示します．

表A（b）を見ると，シリーズ1では端末速度が38400bpsを超えるとエラーが発生しています．しかし38400bpsで通信している場合はほぼ理論上の速度が出ていることが分かります．

伝送速度は，キャラクタ長8ビット，ストップ・ビット1ビット，パリティ無し，とした場合の調歩同期通信で1バイト伝送するのに10ビットかかるので，3769バイト/sの10倍でbpsに換算できます．

シリーズ2では理論上の端末速度と比較してずいぶん小さな値となりました．マニュアル上のスループットは最大35kbpsとなっています．

この試験は通信条件が良い場合の結果です．モジュールが二つだけで，二つのモジュールの距離は約1mです．おそらく実際にフィールドにXBeeを複数設定して運用した場合はもっと悪い結果となるでしょう．

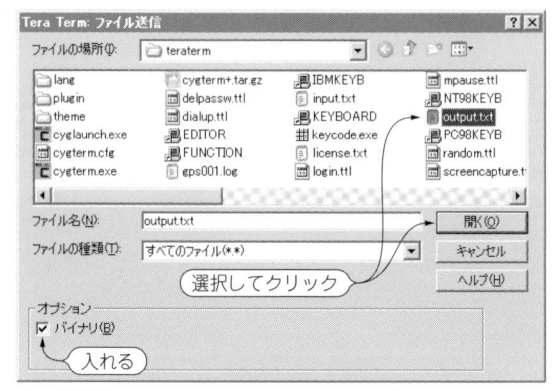

図K　ターミナル・ソフトTeraTermの設定画面

(a) 受信側（ロギング開始）

(b) 送信側（送信開始）

図L　送受信用データの準備

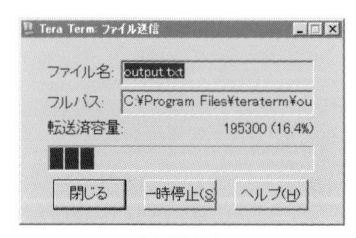

(a) 送信中

(b) 受信中

図M　送受信中のTeraTermのダイヤログ画面

**図N 送信データと受信データが一致していることをコマンド・プロンプトでチェック**
FCコマンドを使った

**表B シリーズ2の伝送速度**(端末速度115200bps時…平均2852バイト/s)
1Mバイトのテキスト・ファイルをターミナル・ソフトからXBeeを介してバイナリ転送完了するまでの時間から換算

| 回数 | かかった時間 | エラー | 伝送速度[バイト/s] |
|---|---|---|---|
| 1 | 6分57秒 | 無 | 2858 |
| 2 | 6分59秒 | | 2844 |
| 3 | 6分59秒 | | 2844 |
| 4 | 6分57秒 | | 2858 |
| 5 | 6分57秒 | | 2858 |

## シリーズ2で通信条件を複雑にしたときの通信速度

シリーズ2には,通信データの中継機能があるので,実質的な通信速度の算出は,より複雑です.表Cに,目安としてマニュアルに掲載されている通信速度を引用します.今回の実験は,表Cのルータ→ルータ,セキュリティなしに相当します.実験ではルータとコーディネータですが,コーディネータとルータの違いはネットワークを立ち上げるか立ち上げないかでそれ以外の機能は同じです.

実質的な転送速度の変化はホップ数,暗号化,エンド・デバイスの省電力の状態,ルート検索の失敗などに依存します.表Cもあくまでも目安としてください.

ルータ-ルータに比べてルータ-エンド・デバイスの組み合わせが遅いのは,エンド・デバイスの受信のタイミングが,一定のPO(Poll Rate,スリープ・モー

**表A シリーズ1の伝送速度**
1Mバイトのテキスト・ファイルをターミナル・ソフトからXBeeを介してバイナリ転送完了するまでの時間から換算

(a) 端末速度38400bps時…平均3769バイト/s

| 回数 | かかった時間 | エラー | 伝送速度[バイト/s] |
|---|---|---|---|
| 1 | 5分20秒 | 無 | 3724 |
| 2 | 5分17秒 | | 3759 |
| 3 | 5分15秒 | | 3783 |
| 4 | 5分13秒 | | 3807 |
| 5 | 5分16秒 | | 3771 |

(b) 端末速度115200bps時…平均10117バイト/s

| 回数 | かかった時間 | エラー | 伝送速度[バイト/s] |
|---|---|---|---|
| 1 | 1分57秒 | 有 | 10185 |
| 2 | 1分59秒 | | 10014 |
| 3 | 1分59秒 | | 10014 |
| 4 | 1分57秒 | 無 | 10185 |
| 5 | 1分57秒 | 有 | 10185 |

**表C 伝送速度は組み合わせやホップ数などで変わる**(シリーズ2のカタログ・スペック)
ディジインターナショナルのマニュアルから引用.100kバイト転送してかかった時間を測定.ルート発見や失敗は無し

| 設定 | | | スループット[kbps] |
|---|---|---|---|
| ホップ | 組み合わせ | セキュリティ | |
| 1ホップ以内 | ルータ→ルータ | 無 | 35 |
| | | 有 | 19 |
| | ルータ→エンド・デバイス | 無 | 25 |
| | | 有 | 16 |
| | エンド・デバイス→ルータ | 無 | 21 |
| | | 有 | 16 |
| 4ホップ | ルータ→ルータ | 無 | 10 |
| | | 有 | 5 |

ド設定)周期に行われるからです.

セキュリティをかけると,一度に送れるデータのサイズが小さくなり暗号化の処理に時間がかかります.

〈濱原 和明〉

※ Appendix5は「トランジスタ技術」誌2012年1月号,3月号の記事を元に,加筆,再編集を加えたものです

# Appendix6 XBee 選択マップ
―― 用途やインターフェースから適切なモジュールを選ぶ

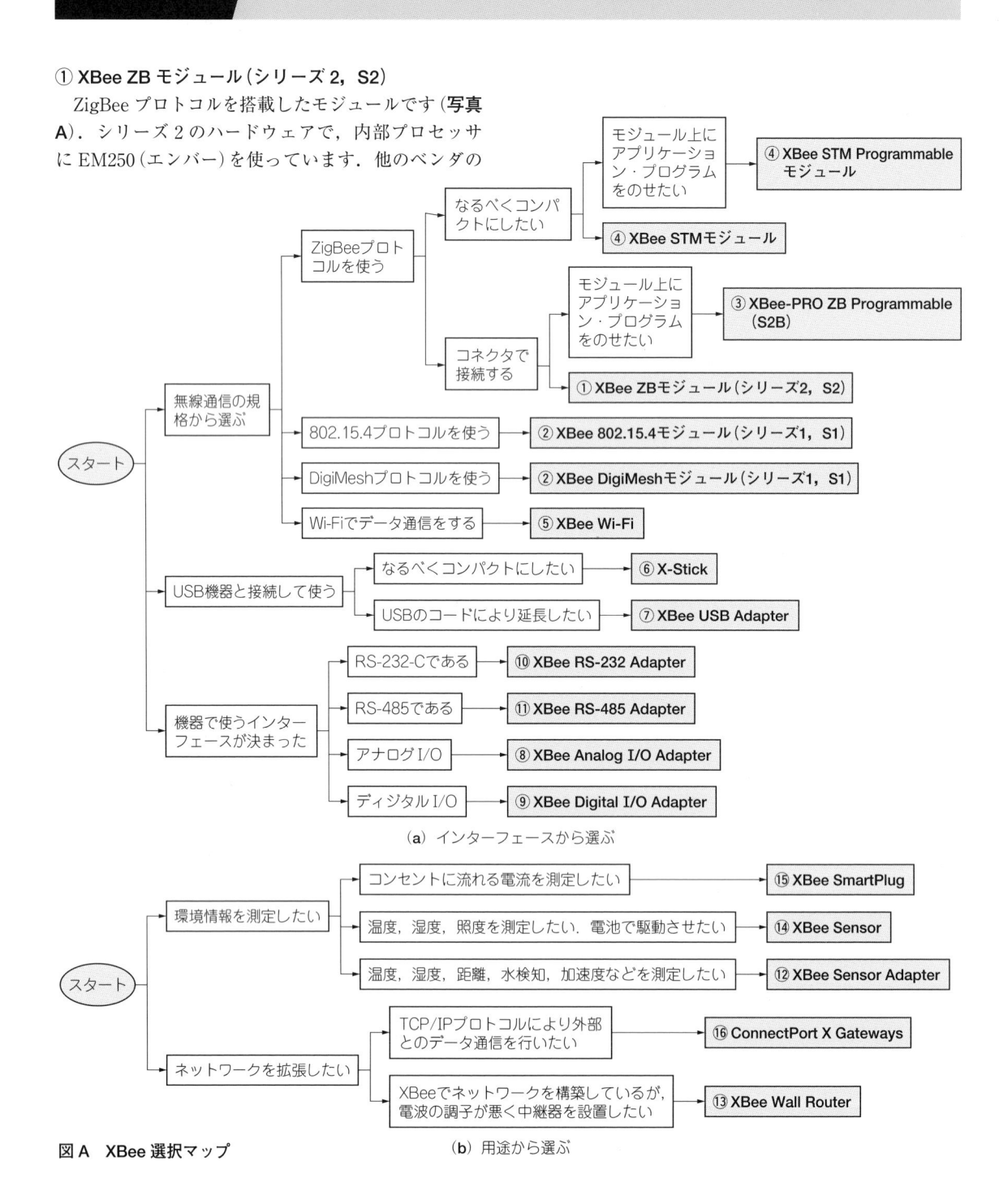

① **XBee ZB モジュール（シリーズ2，S2）**

ZigBee プロトコルを搭載したモジュールです（**写真A**）．シリーズ2のハードウェアで，内部プロセッサに EM250（エンバー）を使っています．他のベンダの

```
スタート
├─ 無線通信の規格から選ぶ
│   ├─ ZigBeeプロトコルを使う
│   │   ├─ なるべくコンパクトにしたい
│   │   │   ├─ モジュール上にアプリケーション・プログラムをのせたい → ④ XBee STM Programmable モジュール
│   │   │   └─ ④ XBee STMモジュール
│   │   └─ コネクタで接続する
│   │       ├─ モジュール上にアプリケーション・プログラムをのせたい → ③ XBee-PRO ZB Programmable（S2B）
│   │       └─ ① XBee ZBモジュール（シリーズ2，S2）
│   ├─ 802.15.4プロトコルを使う → ② XBee 802.15.4モジュール（シリーズ1，S1）
│   ├─ DigiMeshプロトコルを使う → ② XBee DigiMeshモジュール（シリーズ1，S1）
│   └─ Wi-Fiでデータ通信をする → ⑤ XBee Wi-Fi
├─ USB機器と接続して使う
│   ├─ なるべくコンパクトにしたい → ⑥ X-Stick
│   └─ USBのコードにより延長したい → ⑦ XBee USB Adapter
└─ 機器で使うインターフェースが決まった
    ├─ RS-232-Cである → ⑩ XBee RS-232 Adapter
    ├─ RS-485である → ⑪ XBee RS-485 Adapter
    ├─ アナログI/O → ⑧ XBee Analog I/O Adapter
    └─ ディジタルI/O → ⑨ XBee Digital I/O Adapter
```

（a）インターフェースから選ぶ

```
スタート
├─ 環境情報を測定したい
│   ├─ コンセントに流れる電流を測定したい → ⑮ XBee SmartPlug
│   ├─ 温度，湿度，照度を測定したい．電池で駆動させたい → ⑭ XBee Sensor
│   └─ 温度，湿度，距離，水検知，加速度などを測定したい → ⑫ XBee Sensor Adapter
└─ ネットワークを拡張したい
    ├─ TCP/IPプロトコルにより外部とのデータ通信を行いたい → ⑯ ConnectPort X Gateways
    └─ XBeeでネットワークを構築しているが，電波の調子が悪く中継器を設置したい → ⑬ XBee Wall Router
```

（b）用途から選ぶ

**図A　XBee 選択マップ**

**写真A** ZigBeeプロトコルを搭載したXBee ZBモジュール（シリーズ2）
「[XBee 2個＋書込基板＋解説書]キット付き超お手軽無線モジュールXBee」に同梱されているのはこのタイプ

**写真B** DigiMeshプロトコルかIEEE802.15.4プロトコルを搭載したXBee DigiMesh/802.15.4モジュール（シリーズ1）

**写真C** 面実装タイプのXBee SMT/Programmableモジュール

**写真D** Wi-Fi通信ができるXBee Wi-Fi

**写真E** USB装置に挿入して使えるX-Stick

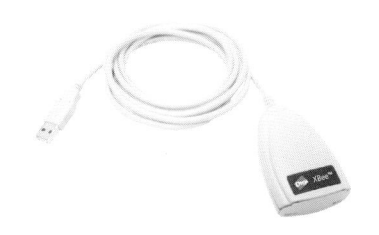

**写真F** USBケーブル型のXBee USB Adapter

ZigBeeデバイスとも通信できます．組み込み向け通信モジュールとして使えます．実装時はコネクタによる接続が推奨されます．

**② XBee DigiMesh/802.15.4モジュール（シリーズ1，S1）**

DigiMeshプロトコル，またはIEEE802.15.4プロトコルを搭載したモジュールです（**写真B**）．シリーズ1のハードウェアで，内部プロセッサにフリースケール・セミコンダクタのCPUを使っています．CPUのファームウェアによりDigiMesh，IEEE802.15.4プロトコルを変えられます（レビジョンにより不可の場合もあり）．

802.15.4モジュールは，他のベンダのIEEE802.15.4デバイスとの通信できます．DigiMeshモジュールは，独自規格のためDigiMesh対応デバイスと通信できます．

**③ XBee-PRO ZB Programmableモジュール（S2B）**

モジュール内にアプリケーション用ソフトウェアを導入できるシリーズ2のデバイスです．外付けのCPUを無くすことで，装置を簡素化できます．ZigBeeの特定のプロファイルを実装したり，XBeeモジュールだけで他の回路をコントロールしたりできます．フリースケール・セミコンダクタのデバッガ「CodeWarrior」を使ってC言語でプログラミングできます．

**④ XBee SMT/Programmableモジュール**

表面実装タイプのモジュールです（**写真C**）．プロセッサはEM357（エンバー）を使っており，XBee ZB（シリーズ2）よりも高性能です．インターフェースはUARTだけではなくSPIにも対応しています．リフロで基板に実装でき，量産時の対応が可能です．

**⑤ XBee Wi-Fi**

802.11b/g/nに対応したWi-Fiモジュールです（**写真D**）．TCP/IPに対応し，インフラストラクチャ，アドホック通信も可能です．インターフェースはUART，SPIをもち，他のXBeeモジュールと基本的にはピン配置が同じなので，例えばZigBee通信からWi-Fi通信に切り替えたいときに置き換えられます．

**⑥ X-Stick**

USBのインターフェースを無線化するデバイスです（**写真E**）．多くは直接パソコンに接続して使われます．ZigBeeや802.15.4に対応したものがあります．

**⑦ XBee USB Adapter**

USBケーブルの先にXBeeモジュールが搭載されています（**写真F**）．プロトコルはZigBeeまたは802.15.4/DigiMeshに対応しています．

**⑧ XBee Analog I/O Adapter**

アナログ入出力を無線化するアダプタ・タイプです．測定方法は0～10Vの入力電圧モード，0～20mAのカレント・ループ・モード，差動電流モードがあります．

**⑨ XBee Digital I/O Adapter**

ディジタル入出力を無線化するアダプタ・タイプです．

**⑩ XBee RS-232 Adapter**

RS-232-Cインターフェースを無線化するアダプ

写真G　RS-232-Cを無線化できるXBee RS-232 Adapter

写真H　ルータ機能をもつコンセント・タイプのXBee Wall Router

写真I　コンセントを挿入された装置の電流測定とON/OFF切り替えができるXBee Smart Plug

タ・タイプです（写真G）．

⑪ **XBee RS-485 Adapter**

RS-485インターフェースを無線化するアダプタ・タイプです．

⑫ **XBee Sensor Adapter**

1-Wireインターフェースのセンサを接続できるアダプタ・タイプです．1-Wireインターフェースのセンサには温度，温湿度，距離，水検知，加速度があります．

⑬ **XBee Wall Router**

ZigBee通信の中継ができる，ルータ機能をもつコンセント・タイプです（写真H）．設置後に通信が不安定な場合など，中継点を増やして通信を安定化できます．

⑭ **XBee Sensor**

温度，湿度，照度を測定できるバッテリ駆動のデバイスです．単三形電池3本により動作します．1分間隔の計測で約1年間動かせます．

写真J　EthernetやWi-Fi，セルラ通信ができるゲートウェイ装置 ConnectPort X Gateways

⑮ **XBee Smart Plug**

測定対象の回路の電源コンセントを挿すことで電流を測定できるアダプタ・タイプです（写真I）．電源のON/OFFもでき，遠隔でコントロールできます．温度計，照度計も搭載しています．

⑯ **ConnectPort X Gateways**

各XBeeデバイスの情報をTCP/IPプロトコル，またはセルラ通信できるゲートウェイ装置です（写真J）．ゲートウェイには，有線によるEthernet通信や，Wi-Fi通信，セルラ通信を行うものがあります．防塵防滴に対応したものもあります．

〈南里 剛〉

---

**Column**

## XBeeをインターネットにつなぐ！ iDigiゲートウェイ開発キット

ゲートウェイを使うことで，ディジ インターナショナル社の提供するクラウド・サービスであるiDigiに接続できます．iDigiを使うことでデバイス情報の取得，監視，制御をクラウド経由で行えます．

例えば，直接の作業が困難な遠隔地のデバイスの，状況確認，ファームウェアのアップデート，設定変更などを行えます．クラウド・サービスであるがゆえの開発コストや拡張，メンテナンス・コストの削減なども可能できます．

ディジ インターナショナルでは，iDigi向けのゲートウェイ開発キットを用意しています（写真A）．このキットにはXBeeモジュールやインターフェース・ボード，ConnectPort X4ゲートウェイ，XBeeウォール・ルータが含まれており，容易にiDigiクラウド・サービスを使えます．実際にiDigiを使用しているサービスとして，電力量のモニタリング，オフィス・モニタリング，トラックのモニタリング，ヘルスケア関連などがあります．

〈南里 剛〉

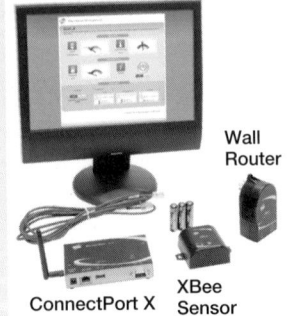

写真A　iDigiゲートウェイ開発キット
ディジ インターナショナル社のDigiオンラインストアで入手できる（http://digi-intl.co.jp/scb/shop/）．価格は税抜きで49,900円（2012年1月時点）

# 第11章 シリーズ1とシリーズ2の通信処理プロセスを比べる

第3部 ～XBeeの通信プロトコル～ より詳しく知りたい人へ

―― 目的に合った品種を選ぶために

濱原 和明　Kazuaki Hamahara

XBeeにはいろいろな種類がありますが，シリーズ1とシリーズ2は特にユーザの多い製品です．本章では両者の通信処理の仕方がどう違うのかを，処理の種類によって2～4階層に分けて説明します．XBeeの通信処理ブロックを一つずつ比べていくことで，両者の得意なアプリケーションだけでなくその理由も見えてくるでしょう．

## 通信機能は階層に分けて考える

イーサネット機器やXBeeなどの通信機器は，簡単にデータを送受信しているように見えますが，実際には，圧縮伸長や分割，アドレス管理など，通信を確実に行うためのさまざまな処理が行われています．このような複雑な処理が必要な通信機器を効率良く開発するために，国際標準化機構(ISO)が通信機能を階層構造に分割したモデル「OSI参照モデル」を策定しています．

図1(a)にOSI参照モデルを示します．各階層を簡単に説明しましょう．

通信の話でOSI参照モデルが持ち出されるのは，これを共通認識としておけば仕様を決めるときに互いに話が通じやすいメリットがあるからです．図2のように一致する階層間同士の通信について検討すればよく，それぞれの階層の仕様を簡素化できるメリットがあります．

第7層のアプリケーション層が，ユーザが用意するアプリケーションです．

第6層のプレゼンテーション層では，データの圧縮/解凍や，エンコード/デコード処理を行っています．

第5層のセッション層は，通信の開始や終了などの通信端点間の経路の確保/開放を行っています．

第4層のトランスポート層では，大きなパケットを複数に分割して送受信したときのパケットの並び替えなどを行っています．

第3層のネットワーク層は，アドレス管理や，複数のノードが存在するときはルーティング管理を行います．

第2層のデータリンク層は，通信を行っているノード間で正常な通信を行えるように，誤り検出や再送などの処理を行っています．

第1層の物理層は，XBeeで言えば無線通信部分が該当します．

## シリーズ1とシリーズ2の相違

### ●シリーズ1

シリーズ1で採用しているIEEE802.15.4仕様では，

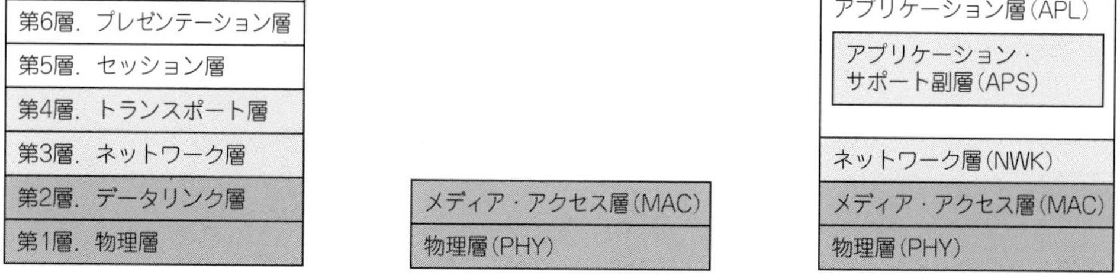

| 第7層．アプリケーション層 |
| 第6層．プレゼンテーション層 |
| 第5層．セッション層 |
| 第4層．トランスポート層 |
| 第3層．ネットワーク層 |
| 第2層．データリンク層 |
| 第1層．物理層 |

(a) OSI基本参照モデル

| メディア・アクセス層(MAC) |
| 物理層(PHY) |

(b) XBeeシリーズ1(IEEE802.15.4仕様)

| アプリケーション層(APL) |
| アプリケーション・サポート副層(APS) |
| ネットワーク層(NWK) |
| メディア・アクセス層(MAC) |
| 物理層(PHY) |

(c) XBeeシリーズ2(ZigBee仕様)

図1　OSI基本参照モデルとXBeeの層構成の比較

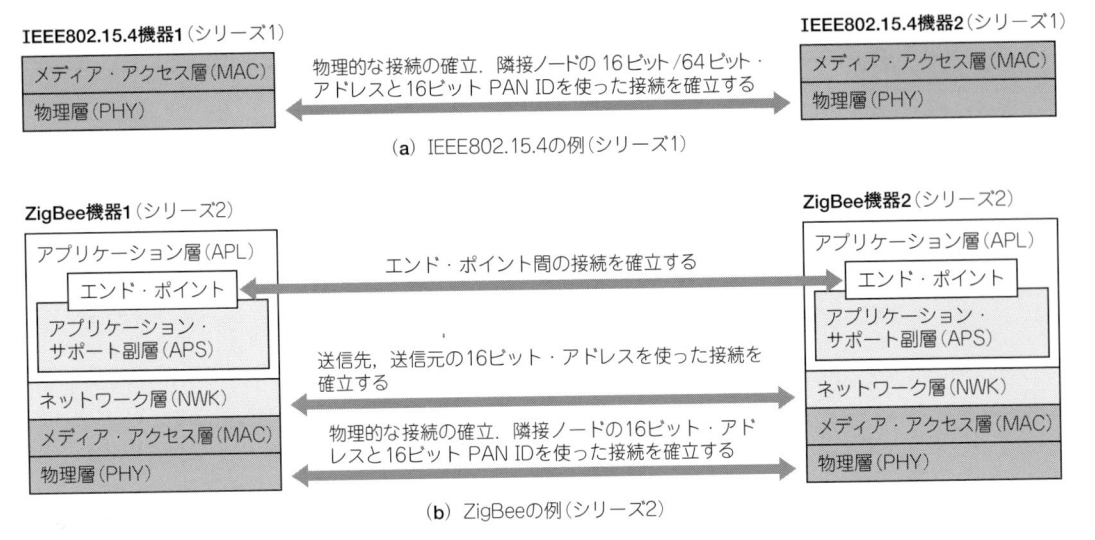

**図2 通信中のXBeeの階層ごとのやりとり**

(a) IEEE802.15.4の例(シリーズ1)

IEEE802.15.4機器1(シリーズ1) — メディア・アクセス層(MAC)／物理層(PHY)
物理的な接続の確立．隣接ノードの16ビット/64ビット・アドレスと16ビットPAN IDを使った接続を確立する
IEEE802.15.4機器2(シリーズ1) — メディア・アクセス層(MAC)／物理層(PHY)

(b) ZigBeeの例(シリーズ2)

ZigBee機器1(シリーズ2): アプリケーション層(APL)／エンド・ポイント／アプリケーション・サポート副層(APS)／ネットワーク層(NWK)／メディア・アクセス層(MAC)／物理層(PHY)

- エンド・ポイント間の接続を確立する
- 送信先，送信元の16ビット・アドレスを使った接続を確立する
- 物理的な接続の確立．隣接ノードの16ビット・アドレスと16ビットPAN IDを使った接続を確立する

ZigBee機器2(シリーズ2): 同構成

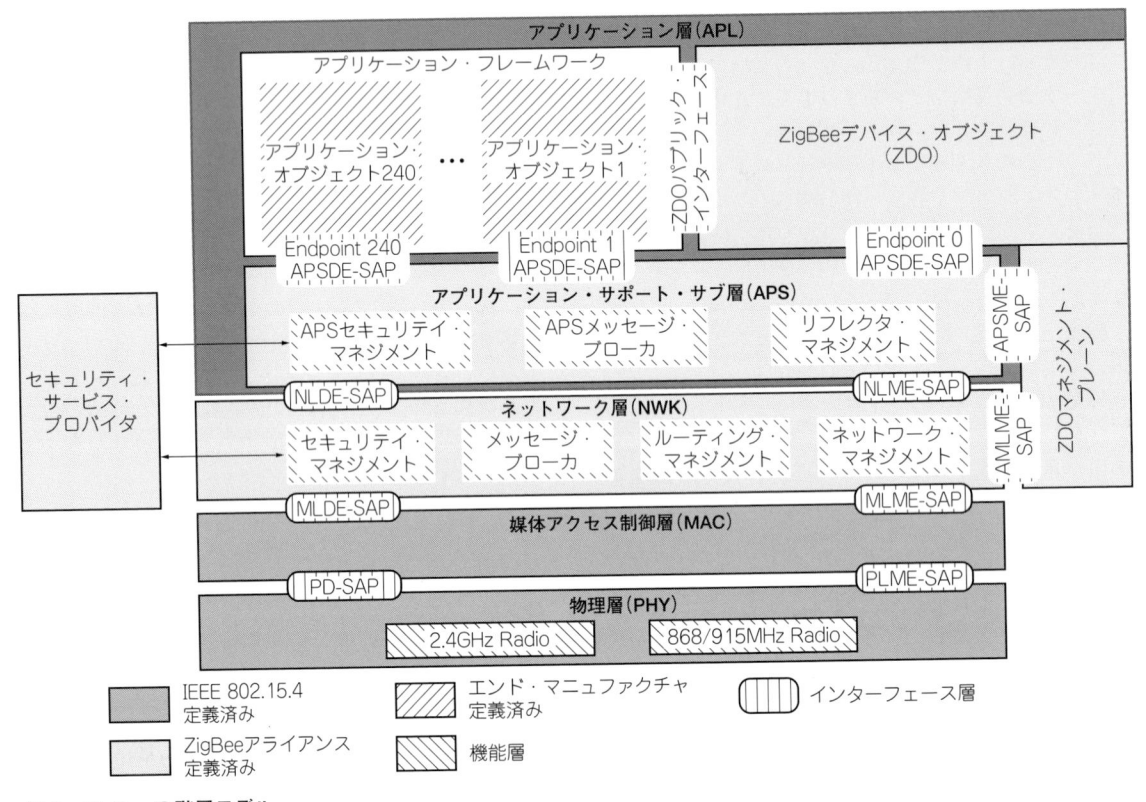

**図3 ZigBeeの階層モデル**

凡例: IEEE 802.15.4定義済み／ZigBeeアライアンス定義済み／エンド・マニュファクチャ定義済み／機能層／インターフェース層

図1(b)のようにOSI参照モデルの第1層と第2層に該当する層までをサポートしています．

メディア・アクセス層では，データの送受や着信確認，再送処理を行っています．物理層では周波数，チャネル，変調方式，フレーム構築などを担当しています．

XBeeシリーズ1の標準のファームウェアが実現可能なネットワーク・トポロジはピア・ツー・ピア(1対1)またはスター型に限られます．参考ですが，IEEE802.15.4規格でもシリーズ2のコーディネータ，ルータ，エンド・デバイスに該当するデバイス・タイプの規定があります．FFD(Full Function Device)と

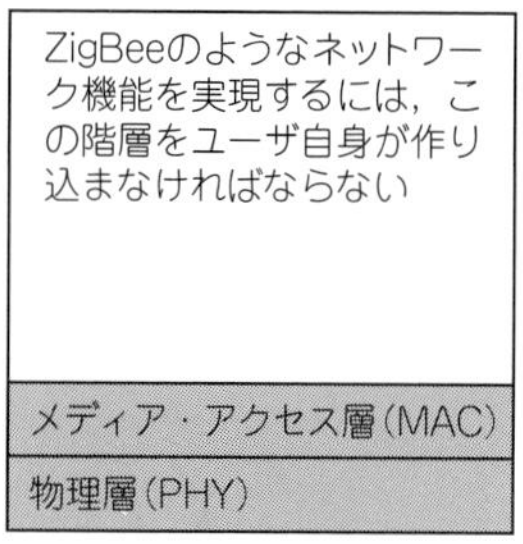

**図4 シリーズ1はZigBeeのようなネットワークを構成するのに向かない**
シリーズ2はネットワーク層とアプリケーション層がサポートされているので作る必要がない

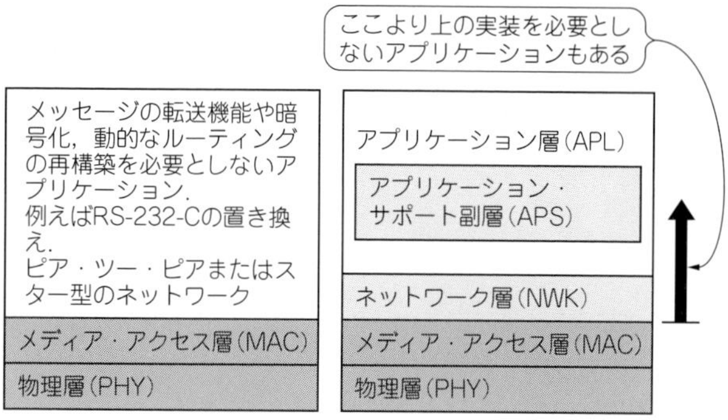

(a) シリーズ1（IEEE802.15.4）　　(b) シリーズ2（ZigBee）

**図5 シリーズ2は単純な通信を行う程度の用途には大げさ**
ネットワークを構成しないシンプルな通信だけならシリーズ1のほうが手軽

呼ばれるタイプのデバイスにはメッセージの転送機能が設定され，最初に起動したFFDがコーディネータ相当，それ以降のFFDはルータとして機能します．RFD（Reduced Function Device）と呼ばれる機能限定されたデバイス・タイプがエンド・デバイスに該当します．

● シリーズ2

シリーズ2で採用しているZigBee仕様は，**図1**(c)に示すように，IEEE802.15.4仕様の上に乗せる形でアプリケーションそのもの，またはユーザ・アプリケーションの直前までサポートしています．

ここで重要なのは，下位の2層はIEEE802.15.4仕様のままだということです．

アプリケーション層はユーザ・アプリケーションです．アプリケーション・サポート副層はアプリケーション間の通信経路の確立，アプリケーション間のデータ交換，アプリケーション間のメッセージの着信確認および再送処理を行います．ネットワーク層はネットワークの管理，ルーティングの管理，データの伝送を行います．

**図1**(c)はかなり単純化したモデルで，ZigBeeの仕様書では**図3**のような複雑な構造が描かれています．このなかにはセキュリティ（暗号化）のサポートも含まれます．

## シリーズ1とシリーズ2の得手・不得手

シリーズ1のモデルとシリーズ2のモデルの違いが何をもたらすのか，一例を挙げてみます．

例えば，シリーズ1を使ってZigBeeと同等のメッシュネットワークを作ることを考えた場合，シリーズ1の上にネットワーク層以上のプロトコル・スタックをユーザ自身が作り込むことになります（**図4**）．しかし，想像の通り大変なことです．もし他の機器との接続性まで保証するとなると，仕様策定，作り込み以外に，接続性試験も自分自身で行うことになります．

XBeeを使ってZigBee機器を作りたいなら，迷わずシリーズ2を選択すべきでしょう．

ZigBee機器を作るのが目的ではなく，メッシュ・ネットワークを使いたいのであれば，シリーズ1のファームウェアをDigi Meshに変更する選択肢もあります．

逆に単純な通信で済む用途，最大でもスター型のネットワーク・トポロジでよいと言う場合は，シリーズ2のZigBeeプロトコル・スタックはずいぶん重厚長大です（**図5**）．

特に，ZigBeeプロトコル・スタックのネットワーク層で行っている他のノード向けのメッセージの転送機能や暗号化，動的なルーティングの再構築といった機能をまったく使わないような場合はシリーズ1でも十分に役目を果たせます．

# 第12章 ZigBee プロトコルの最下層 PHY と MAC のふるまいの研究

―― XBee が採用する通信規格 IEEE802.15.4 の通信処理を考察

濱原 和明　Kazuaki Hamahara

XBee は IEEE802.15.4 と呼ばれる規格に決められた手順で，最下層の通信処理を行っています．IEEE802.15.4 は第11章で紹介したように，PHY と MAC をサポートしています．ここでは，PHY…XBee の RF 部と，MAC…1 ホップの通信のふるまいを研究します．

## IEEE802.15.4 規格の通信手順

### ● 物理層（PHY）の通信

物理層の通信は，図1のようなフレームを使ってメッセージを送受信します．

同期ヘッダは，4バイトのプリアンブル（ここから通信が始まることを示す印）と1バイトの SFD（プリアンブルの終端）から構成されています．

ペイロード長は，後ろに続くデータ・ペイロードの大きさを示します．

物理層データ・ペイロードは，物理層のメッセージを格納する領域です．通常は上位層のフレームを格納します．

特徴的なのは，非常に単純な構造のフレームであり，物理層では宛先などの情報は一切扱ってなく，単にメッセージを送信/受信しているだけだとわかります．

しかしこれは当然で，指向性のないアンテナから発せられた電波は，届く範囲にあるモジュールすべてに届いてしまいます．つまり，電波の物理的側面から見ればすべてのメッセージはブロードキャストであり，メッセージの宛先を見てそのメッセージを受信する/しないはこれより上の層で処理されます．

### ● メディア・アクセス層（MAC）の通信

メディア・アクセス層の通信は，図2のフレームを使ってメッセージの送受信をします．

フレーム・コントロールは，ビット・フィールドで扱われ，フレーム・タイプ，セキュリティの有無，送信が保留されているデータの有無，ACK（確認応答）要求フラグ，PAN の範囲，受信アドレスの扱い，送信アドレスの扱いなどの情報が含まれています．

受信 PAN ID，送信 PAN ID は，省略可能/16 ビット長の PAN ID のいずれかになります．

受信アドレス，送信アドレスは，省略（0 バイト）/16 ビット・ネットワーク・アドレス/64 ビット拡張アドレスのいずれかになります．

図1　物理層（PHY）の通信で使われるフレーム

| 同期ヘッダ (5バイト) | ペイロード長 (1バイト) | 物理層データ・ペイロード（PSDU） (0〜127バイト) |
|---|---|---|
| | | 物理層フレーム（PPDU） |

| フレーム・コントロール (2バイト) | シーケンス 番号 (1バイト) | 受信 PAN ID (0/2バイト) | 受信 アドレス (0/2/8バイト) | 送信 PAN ID (0/2バイト) | 送信 アドレス (0/2/8バイト) | メディア・アクセス層 データ・ペイロード (MSDU) | FCS (2バイト) |
|---|---|---|---|---|---|---|---|
| | | アドレス（0〜20バイト） | | | | | |
| メディア・アクセス層フレーム（MPDU） | | | | | | | |
| 物理層データ・ペイロード（PSDU） | | | | | | | |

図2　メディア・アクセス層（MAC）で使われるフレーム

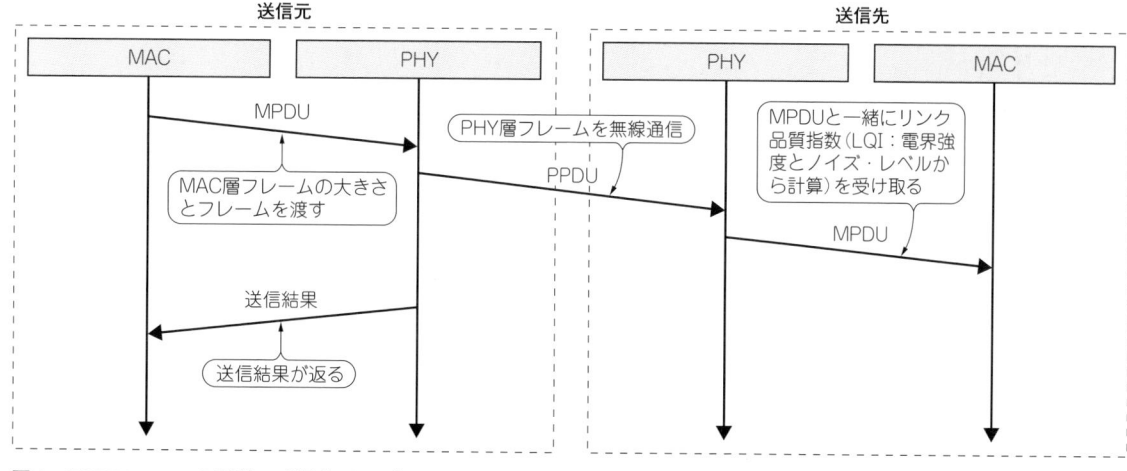

**図3 IEEE802.15.4の通信の手順**（下側に向かって時間が流れている）

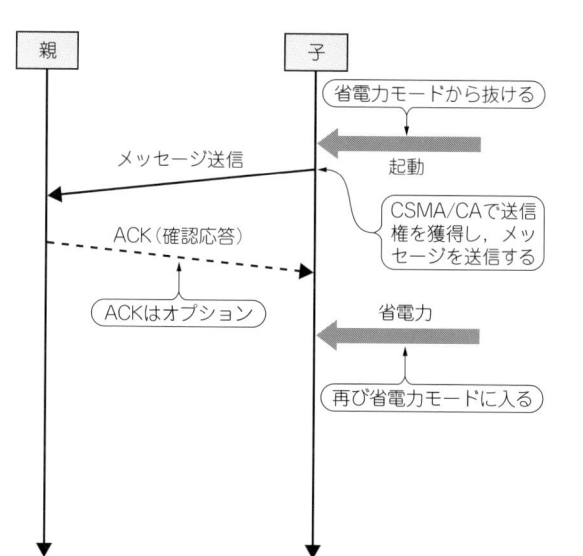

**図4 省電力モードの子から親へのメッセージの送信手順**

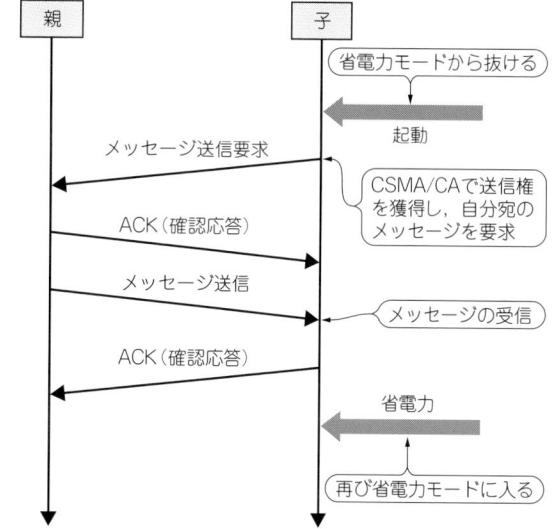

**図5 親から省電力モードの子へのメッセージの送信手順**

メディア・アクセス層ペイロードは，これより上位の層のメッセージを格納する領域です．

FCSは，16ビットCRCが利用されます．

MAC層のフレーム・タイプには以下の種類があります．

(1) ビーコン・フレーム
(2) データ・フレーム
(3) ACK（確認応答）フレーム
(4) コマンド・フレーム

● 通信の手順

IEEE802.15.4の通信の手順を**図3**に示します．図の下側に向かって時間が経過します．

XBeeでは，ビーコンを使わないシンプルな通信手順が採用されています．

**図4**に省電力モードの子から親へのメッセージの送信手順を示します．メッセージの送信は起動後任意のタイミングで開始しています．メッセージの送信を自ら行うこのタイプをプッシュ型と呼びます．

親から省電力モードの子へのメッセージの送信手順を**図5**に示します．メッセージの要求は起床後任意のタイミングで開始しています．メッセージの送信を相手に要求するこのタイプをプル型と呼びます．

コーディネータ対ルータ，ルータ対ルータのように双方が省電力モードに入らないノード間のメッセージの交換方法を**図6**に示します．メッセージの送信は双方ともに任意のタイミングで開始できます．

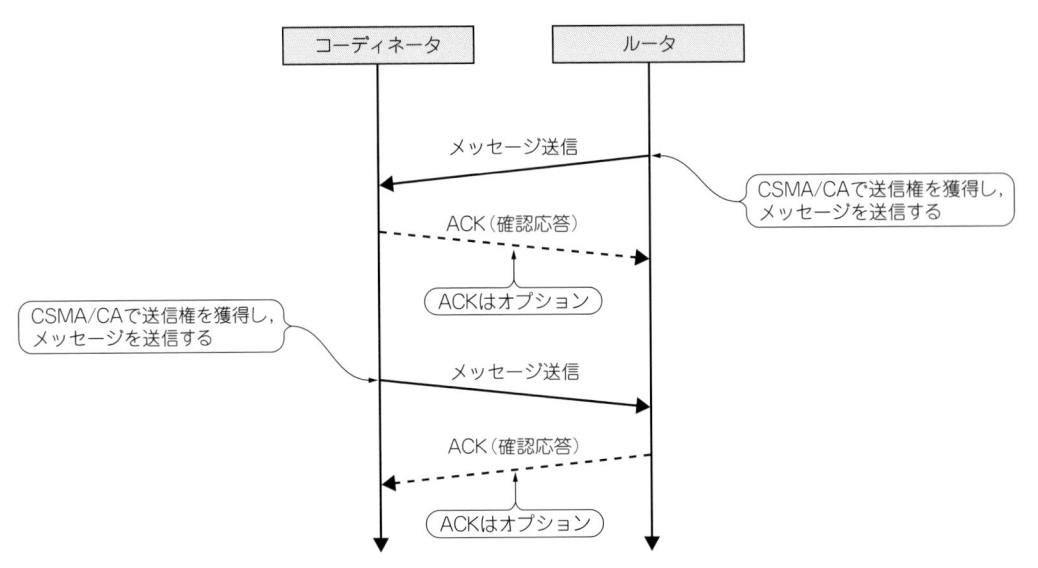

**図6** コーディネータ対ルータ，ルータ対ルータのように双方が省電力モードに入らないノード間のメッセージの交換方法

---

## Column　IEEE802.15.4 でサポートされているスーパーフレーム

XBee では採用されていませんが，IEEE802.15.4 でサポートされているスーパーフレームを紹介します．

### ● ビーコン

コーディネータ（親）から，ネットワークの管理情報を載せたメッセージをビーコン（無線標識）として出力できます．周囲のノード（子）は，このビーコンからネットワーク情報を取得し，ネットワークに参加を決めたり，自分宛のメッセージが存在するかどうかを知ることができます．

### ● フレーム構造

このビーコンを先頭にスーパーフレームという特定の通信可能期間を構成し，ネットワーク全体の低消費電力化を行ったり，特定のノードに必要な通信帯域を与えたり，通信遅延を保証することが可能です．

図 A に，スーパーフレームの構造を示します．子機は，スーパーフレームの先頭にあるビーコンを受信することで，ネットワークの同期を取れます．スーパーフレームの先頭は必ずビーコンから開始されます．スーパーフレームは 16 個の時間単位（タイム・スロット）で区切られ，ビーコンに続くタイム・スロットから最低 8 区間，最大で 15 区間の領域は CAP（Contention Access Period）と呼ばれる，送信権を競争で得て（CSMA/CA アルゴリズムと呼ばれる）通信を行う期間です．CAP 区間に続いて最低 0，最大 7 区間の CFP（Contention Free Period）と呼ばれる競争の無い期間が設定されます．

CFP の中の特定のノードに利用を許可した期間は，GTS（Guaranteed Time Slot）と呼ばれます．特定のノードの通信帯域や通信遅延を保証したい時は，GTS に割り当てを行います．

スーパーフレームは一定周期で送信されるため，各ノードのスリープと起床のタイミングをこれに合わせることにより，スーパーフレームを利用している全体で低消費電力にすることができます．

### ● ビーコンを使った親機と子機間のメッセージの送受信

スーパーフレームを使った通信の手順を紹介しておきます．

図 B に示すのは，ビーコンを使った子機から親機へのメッセージの送信手順です．メッセージの送信を自ら行うこのタイプを，プッシュ型と呼びます．

図 C に示すのは，ビーコンを使った親機から

子機へのメッセージの送信手順です．メッセージの送信を相手に要求するこのタイプをプル型と呼びます．

スーパーフレームの先頭のビーコンには，子機あてのメッセージの保留情報が含まれています．

子機は自分あてのメッセージが親に保留されていると認識したら，親に対してメッセージの送信を要求します．これを受信した親は，確認応答を返した後に子機あてのメッセージを送信し，子機はそれを受信したら確認応答を返します．

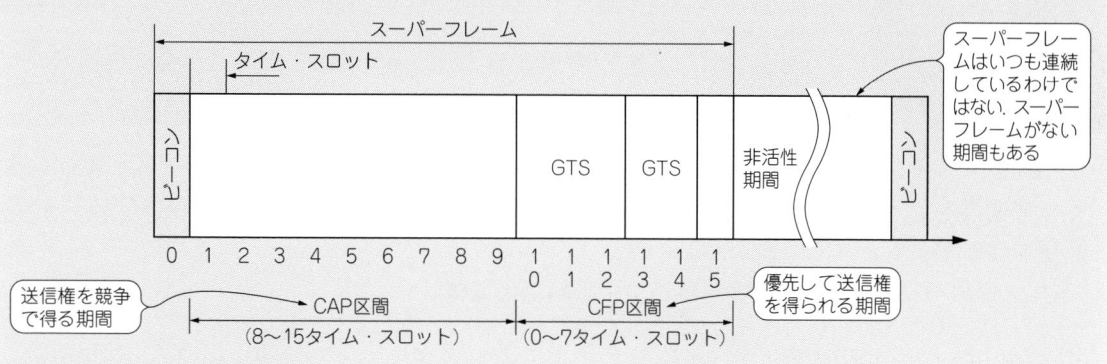

**図A スーパーフレームの構造**

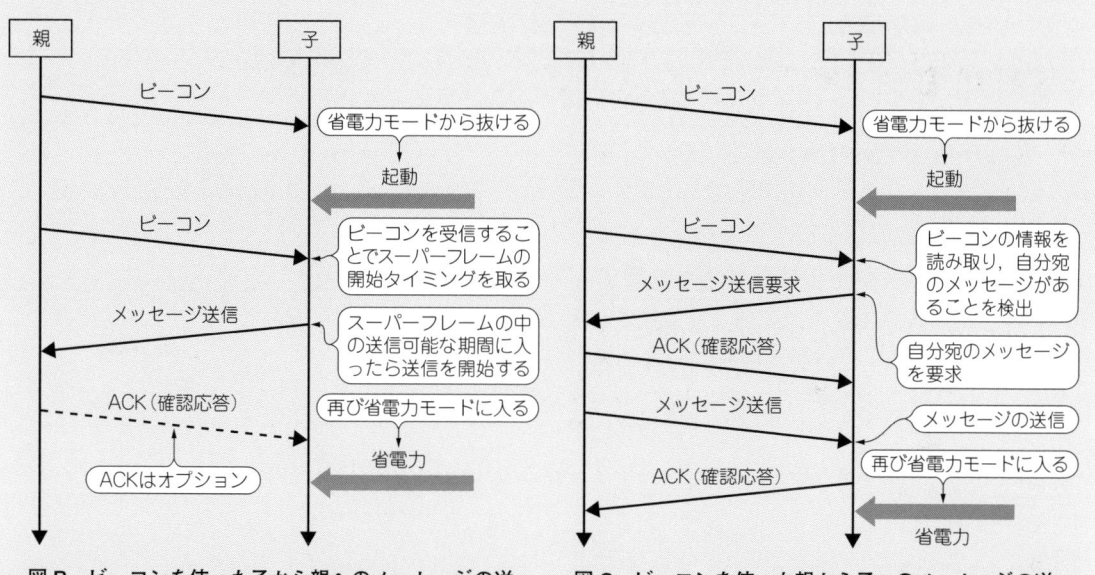

**図B ビーコンを使った子から親へのメッセージの送信手順**

メッセージ送信は，CAP期間はCSMA/CAアルゴリズムで送信権を獲得し，CFP期間は割り当て期間に入ったらいきなり送信を開始できる

**図C ビーコンを使った親から子へのメッセージの送信手順**

メッセージ送信は，CAP期間はCSMA/CAアルゴリズムで送信権を獲得し，CFP期間は割り当て期間に入ったらいきなり送信を開始できる

# 第13章 送信相手が決まっているユニキャストと決まっていないブロードキャスト

—— シリーズ2が準拠するZigBeeのネットワーク通信のしくみ

濱原 和明　Kazuaki Hamahara

XBeeシリーズ2上で実行されるZigBeeプロトコルの特徴は，複数のノードを渡って遠くまで通信を行うマルチホップです．マルチホップは，IEEE802.15.4規格のシリーズ1の通信ではサポートされていません．
ここではマルチホップの通信手順について解説します．

| フレーム・コントロール (2バイト) | 送信先アドレス (2バイト) | 送信元アドレス (2バイト) | ブロードキャスト半径 (0/1バイト) | ブロードキャスト・シーケンス番号 (0/1バイト) | ネットワーク層データ・ペイロード (NSDU) |
|---|---|---|---|---|---|
| | アドレス(4〜6バイト) | | | | |
| ネットワーク層フレーム(NPDU) | | | | | |
| MAC層データ・ペイロード(MSDU) | | | | | |

図1　ネットワーク層で使われるフレーム

## 届けられたメッセージ・データがユニキャストかブロードキャストかは受信側が判断する

「ブロードキャスト」は，テレビ/ラジオ放送でも使われることからわかるように相手を特定せず，広範囲に送信するときに使われます．

ユニキャストは，送信先が一つに限られる場合に使います．

ただし，ユニキャストを使えば特定の誰かに電波が届くというわけではなく，電波が届く範囲に居る全員が受信してしまいます．ユニキャストなのかブロードキャストなのかは，受け側の処理に依存しています．

XBeeで採用しているIEEE802.15.4やZigBeeの無線通信部分の最下層のPHY層のフレームは，第11章の図1のようになっています．このフレーム構造からもわかるように，無線通信の最下層には相手を特定するような情報は含まれていません．

届いたメッセージがユニキャストなのかブロードキャストなのか，その判断はPHY層の上のMAC層で行われます．MAC層のフレームは第11章の図2のようになっています．

MAC層のフレームはアドレス情報を扱っていますので，受信したメッセージが誰宛のものかは明確です．

アドレスは，そのPANの中ではノードに固有の値ですが，特定のノードに限らないアドレス，ブロードキャスト・アドレス(Broadcast Address)があります．受信アドレスを0xFFFF(64ビット・アドレスなら0x000000000000FFFF)としたとき，そのメッセージはブロードキャストされたメッセージとして受信したすべてのノードが受け取ります．PHY層，MAC層では，電波が届く隣接したノード間のメッセージの交換を扱います．

## ブロードキャストのしくみ

● 電波が届く範囲を越える通信が可能

PHY層，MAC層が扱うのは，互いの電波が届く範囲(1ホップ)の通信に限られていました．

それでは，XBeeのシリーズ2のメッシュ・トポロジでは，直接電波が届かない相手へどのようにしてメッセージを伝えているのでしょうか．

IEEE802.15.4のMAC層では，1ホップを越えるメッセージの伝達を実現するための仕組みが用意されていませんでした．もし1ホップを越える伝達が必要ならば，MAC層より上位の層でそれを実現する必要があります．

シリーズ2が搭載しているZigBeeプロトコルでは

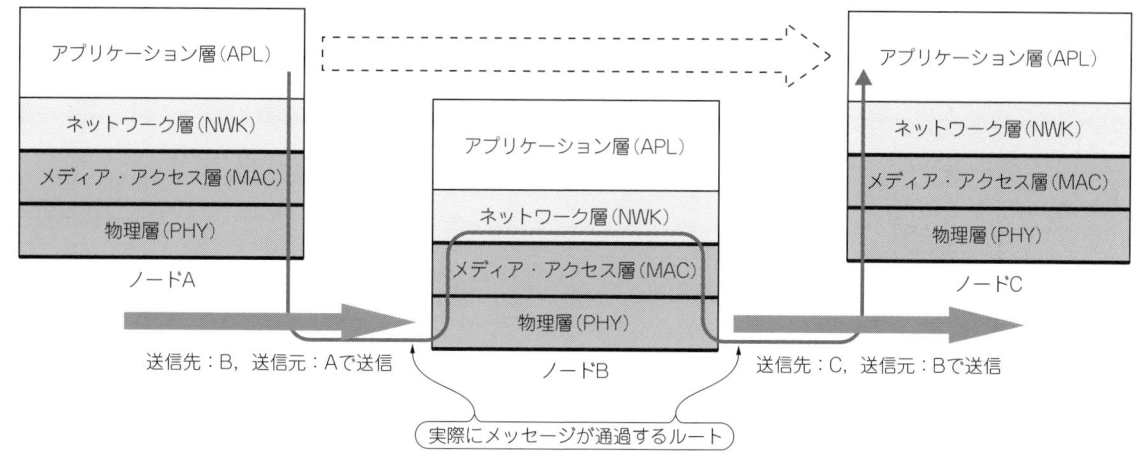

**図2 ノードCはノードAからは1ホップでは届かない位置にあるがアプリケーション層では直接メッセージが届くイメージで扱う**
物理的に電波が届かないので実際はノードBがメッセージの中継を行っている

MAC層より上位の層が実装されており，ネットワーク層で複数のホップに渡る通信をサポートしています．この複数のホップに渡る通信をマルチホップと呼んでいます．

**図1**に，ネットワーク層で扱われるフレームの構成を示します．

ここで扱われる送信元，送信先アドレスは，メッセージの出発点，到着点のアドレスです．MAC層で扱うアドレスは隣接するノードのアドレスであり，区別が必要です．

ブロードキャスト半径，ブロードキャスト・シーケンス番号は，ZigBeeのブロードキャスト・メッセージを発信するときに使用します．

ネットワーク層データ・ペイロードには，上位層のメッセージが収まります．

ネットワーク層のフレームが，MAC層のデータ・ペイロードに収まります．

● マルチホップと送信先アドレス

ZigBeeプロトコルでアプリケーション層が指定する送信先アドレスは，メッセージを届けたい相手先のアドレスを指定します．つまり，そのメッセージが1ホップで届くのか，それともマルチホップで届くのかはアプリケーションでは感知していません．**図2**にそのイメージを示します．

ノードCはノードAからは1ホップでは届かない位置にありますが，アプリケーション層ではあたかも直接メッセージが届くイメージで扱います．しかし物理的に電波が届かないので，実際はノードBがメッセージの中継を行っています．

以下にマルチホップでメッセージが伝達される手順を示します（**図3**）．

① ノードAのアプリケーション層から出たメッセージは，ネットワーク層でノードCのアドレスを付加してフレーム化します（Ⓐ）．
② ノードAのMAC層では中継を行うノードBのアドレスを付加してフレーム化します（Ⓑ）．
③ ノードAのPHY層では同期ヘッダ，ペイロード長を付加してフレーム化し，無線電波でノードBに届けます（Ⓒ）．
④ ノードBは受信したメッセージをMAC層で調べ，アドレスが自分宛であることを確認したらネットワーク層に渡します．
⑤ ノードBのネットワーク層ではフレームのアドレスから宛先を調べ，そのメッセージが自分宛ではない場合は中継を行うために次の送り先であるノードCの情報を付けてMAC層に渡します．
⑥ ノードBのMAC層では隣接するノードCのアドレスを送信先としてフレーム化し，PHY層を経由して無線電波でノードCに届けます．
⑦ ノードCのMAC層，ネットワーク層でこのメッセージは受け入れられ，上位のアプリケーション層に渡されます．

● マルチホップによるブロードキャスト

**図4**には，コーディネータ（C）を中心に，ルータ（R）を経由してエンド・デバイス（E）までブロードキャストしたメッセージが伝わるようすが描かれています．

コーディネータから発信されたブロードキャスト・メッセージはルータで受信され，さらにルータの先のノードにブロードキャストで再送信されます．

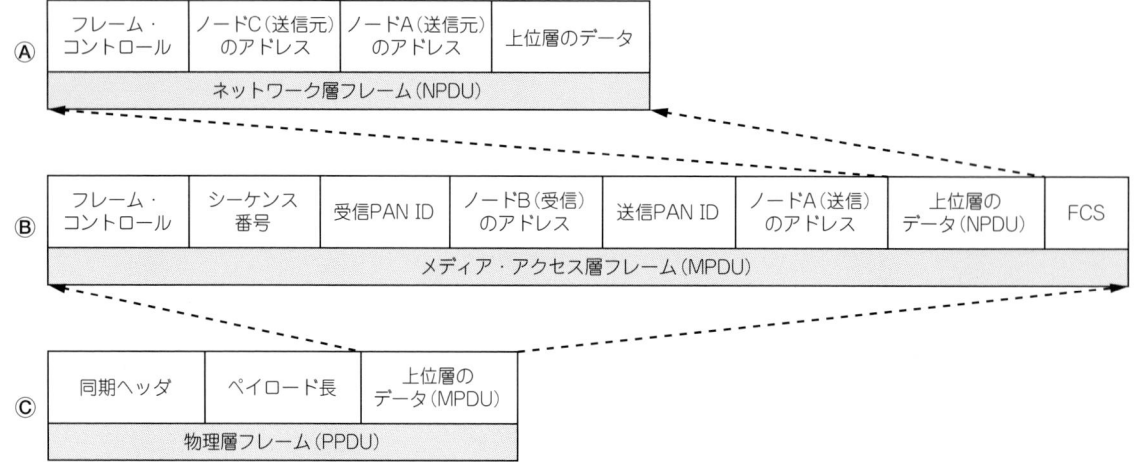

Ⓐ フレーム・コントロール | ノードC（送信元）のアドレス | ノードA（送信元）のアドレス | 上位層のデータ
ネットワーク層フレーム（NPDU）

Ⓑ フレーム・コントロール | シーケンス番号 | 受信PAN ID | ノードB（受信）のアドレス | 送信PAN ID | ノードA（送信）のアドレス | 上位層のデータ（NPDU） | FCS
メディア・アクセス層フレーム（MPDU）

Ⓒ 同期ヘッダ | ペイロード長 | 上位層のデータ（MPDU）
物理層フレーム（PPDU）

**図3 マルチホップでメッセージが伝達される手順**

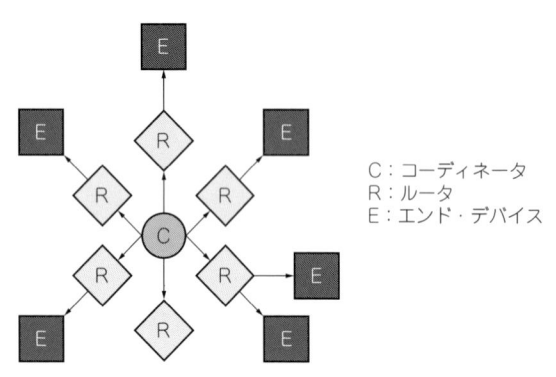

C：コーディネータ
R：ルータ
E：エンド・デバイス

**図4 コーディネータを中心にルータを経由してエンド・デバイスまでブロードキャストしたメッセージが伝わる**

しかし，ここでは電波を使った通信ならではのルールが存在します．例えば図4では，コーディネータから直接メッセージを受け取るルータは6個ありますが，それぞれがコーディネータからメッセージを受け取った直後に再送信できるわけではなく，送信した電波同士がぶつかって送信失敗とならないように，それぞれの中継ルータでランダムな時間が経過したあとで送信が行われます．

その結果，コーディネータの配下のルータすべてがメッセージを受信したことを確認する時間は，ユニキャストで送信した場合に比べて大きく遅れることが想定されます．

コーディネータが配下のルータがブロードキャスト・メッセージを受信したことを確認する方法は，ルータがブロードキャスト・メッセージに対して積極的にACK（確認応答）を発信するのではありません．それぞれのルータが次のノードにブロードキャスト・メッセージを発信したことをコーディネータもモニタしており，そのメッセージの着信で送信確認をしています（パッシブACK）．

図5にその様子を示します．以下の手順になります．

**ステップ1**：コーディネータからのブロードキャスト・メッセージをルータ1，ルータ2が受け取る．ルータ3は1ホップでは届かない位置にある．

**ステップ2**：ルータ1がブロードキャスト・メッセージを中継する．コーディネータがそれをモニタし，一つのルータに届いたことを確認する．以降，コーディネータの直下（図5ではルータ1，ルータ2）のすべてのルータでこの処理が行われる．

**ステップ3**：ルータ3がブロードキャスト・メッセージを発信することで，ルータ1はルータ3がメッセージを受け取ったことを確認できる．

**ステップ4**：ルータ3からエンド・デバイス1へのブロードキャスト・メッセージの伝達は，プル型のデータ伝送で行われる．

もし，一定時間以上配下のルータからの確認応答が取れない場合には，ブロードキャスト・メッセージの再送信が行われます．

コーディネータの配下のルータもブロードキャスト・メッセージの中継を行う場合は，コーディネータと同様の処理を行うこととなります．

そのためホップ数が増えるごと，配下のノードが増えるごとに全体の確認に掛かる時間が長くなる点と，ブロードキャスト・メッセージを送信するノード全体が再送に備えてバッファを消費する点がブロードキャストの欠点となります．

XBeeのマニュアルでもブロードキャストの使用は控え目にするよう記載されています．ブロードキャスト・メッセージが届く範囲の上限（ホップ数）を，ブ

(a) ステップ1

(b) ステップ2～3

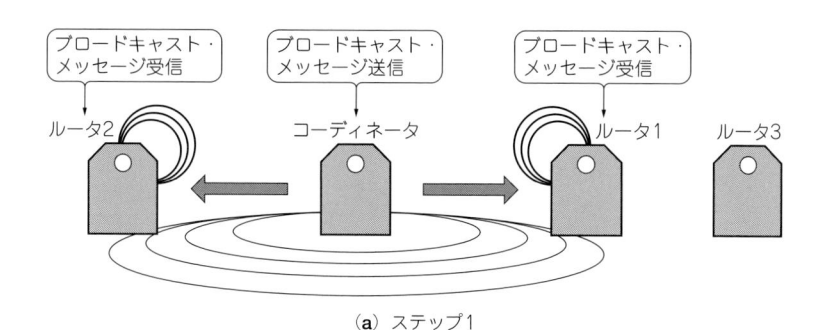

(c) ステップ4

**図5 ブロードキャスト・メッセージの中継のようす**

ロードキャスト半径(「BH」コマンド)として制限できます．

コーディネータとルータ間，ルータとルータ間では，それぞれのデバイス・タイプは省電力モードをもたないことからプッシュ型の通信を行えます．

しかし，エンド・デバイスは省電力モードを前提としているため，コーディネータやルータからエンド・デバイス向けの送信ではプル型の通信となります．

このためエンド・デバイスと親子関係をもったルータまたはコーディネータは，エンド・デバイスがメッセージを取りに来るまでそのメッセージをバッファしておく必要があります．

また，ブロードキャスト・メッセージが2個重なった場合は，古いほうのメッセージは削除されてしまいます．

逆にエンド・デバイスがブロードキャスト・メッセージを送信する場合，相手への到着を確認するまでエンド・デバイスが活動していたら省電力ができなくなってしまうので，この場合は親にあたるルータまたはコーディネータが子の代行をします．

## ユニキャストのしくみ

### ● 目標に到達するための探索アルゴリズムがかぎ

ユニキャストのメッセージの伝達方法は，本章の「●電波が届く範囲を超える通信」で解説した通りで行われます．ここでの問題は，誰が中継してくれるかです．

XBeeシリーズ2が採用しているZigBee PRO仕様でサポートされるトポロジはメッシュです．それぞれのノードに決められるネットワーク・アドレスはランダムに決定されます．

メッシュ・トポロジの場合は，ツリー・トポロジのようにツリーの構成がネットワーク・アドレスの決定に反映される(ネットワーク・アドレスがネットワーク上の位置情報となっている)ことがないため，到着点までの経路(ルート)の探索用にいくつかのアルゴリズムを使用します．

XBeeはAODV(Adhoc On-demand Distance Vector) Routing, Many to One Routing, Source Routingの三つのアルゴリズムを採用しています．

それぞれのアルゴリズムは経路情報が必要なときのみ実行されます．三つのアルゴリズムの長所，短所を**表1**に示します．

### ● AODV アルゴリズム

中継を行うルータやコーディネータは，宛先にメッセージを届けるために隣接する誰にそのメッセージを届ければよいのかをテーブルとしてもっています．このテーブルをルーティング・テーブルと呼びます(**図6**)．

すでにこのテーブルに情報が入っているノードへの通信であれば，この情報に従って中継を依頼する相手を指定します．**図7**はテーブルに従ってメッセージ

**表1　XBeeが採用している通信経路を探索するアルゴリズム**

| ルーティング・アプローチ | 説明 | どのようなときに使用するか |
| --- | --- | --- |
| AODV Routing | 多数のノード間を渡る送信元と送信先間のルートが生成される | 送信先が40を越えないネットワーク |
| Many to One Routing | 単一のブロードキャストの送信が、すべてのデバイスに送信したデバイスへの逆向きのルートを構成する | 多数のリモート・デバイスが単一のゲートウェイや集約装置にデータを送信しなければならないとき |
| Source Routing | データ・パケットに送信元から送信先への通るべき全体の道筋が含まれている | 40個のリモート・デバイスを越えるような大きなネットワークに効果がある |

| 宛先ネットワーク・アドレス | 隣接ノードネットワーク・アドレス | ステータス（有効/無効/発見中/失敗） |
| --- | --- | --- |
| 23 | 2 | 有効 |
| 22 | 2 | 有効 |
| ⋮ | ⋮ | ⋮ |
| 20 | 10 | 有効 |

**図6　ルーティング・テーブルの例**

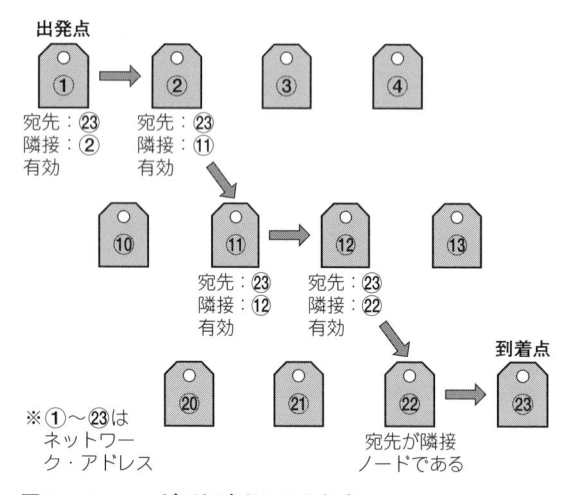

**図7　メッセージが伝達されるようす**
通信経路はルータやコーディネータに書き込まれているテーブル・データに従って決まる

が伝達されるようすを示しています．

　初めて通信する相手の場合，まだ情報がテーブルに存在しないため，AODVと呼ばれるアルゴリズムで経路の探索が行われます．

　ZigBeeで採用しているAODVアルゴリズムは，通信に掛かるコストとしてホップ数だけでなく，リンク品質（リンク品質情報は物理層で受信メッセージとともに上位に渡される）も評価していて，より少ないホップ数，より強い受信電波の経路を選択できます．

　ホップ数が少ないということは，そのメッセージを送信するために電波を占有する時間を短くできます．また，受信電波が強いということはそれだけ通信が安定して行え，再送などの処理の回数を減らすことができます．

　AODVアルゴリズムによる経路の探索は以下の手順で行われます．

① 経路を知りたいノードからRREQ（Route REQuest）メッセージがブロードキャストで送信されます．
② 宛先が自分宛ではない中継ノードは，受信したRREQメッセージの通信コストを加算してブロードキャストで次のノードに伝えます．
③ 最終的にRREQメッセージを宛先ノードは受信しますが，この際に複数のメッセージを受信する可能性があります．
④ 宛先ノードはRREP（Route REPly）メッセージを要求元に返しますが，このときのメッセージはユニキャストで返信します．複数のRREQメッセージを受け取った場合は，通信コストを判断してより良いほうの経路を選択します．
⑤ RREPメッセージを中継するノードは，自分のルーティング・テーブルに宛先と隣接ノードの情報を新たに加えます．
⑥ 最終的にRREPメッセージがルート探索要求元に到達して完了します．

　図8にルート探索のメッセージの流れを示します．太い矢印はブロードキャスト，破線の矢印はユニキャストです．

● 相手のネットワーク・アドレスが分からないときのアドレス発見

　メッセージを送信するノードは，送信先のネットワーク・アドレス（16ビット・アドレス）を知らなく

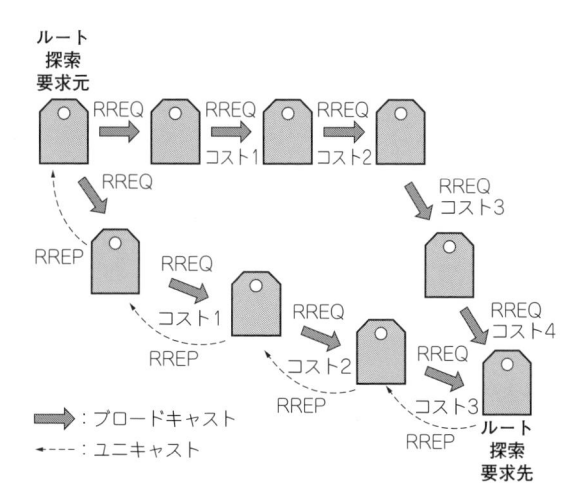

**図8 ルート探索時のメッセージの流れ**

ても，拡張アドレス（64ビット・アドレス）を知っていれば，ネットワーク・アドレスの発見処理を実行します．各ノードは，相手先のネットワーク・アドレスと拡張アドレスを対応させるテーブルを持っています．

もしメッセージを送信しようとするノードが相手先のネットワーク・アドレス（16ビット・アドレス）を知らず，しかし拡張アドレス（64ビット・アドレス）を知っているなら，送信ノードはネットワーク・アドレスの発見処理を実行します．

ノードは相手先のネットワーク・アドレスと拡張アドレスを対応させるテーブルを持ちます．

しかし，ネットワークが起動直後は相手先のネットワーク・アドレスが不明な場合があります．ネットワーク・アドレスはノードがネットワークに参加した時に，参加を許可したノードがランダムなアドレスを割り当てるからです．逆に拡張アドレスは工場出荷時に決められるので，ノードの拡張アドレスは明確です．

拡張アドレスから対応するネットワーク・アドレスを得るために，次の手順を実行します．

① 対応テーブルに相手先のネットワーク・アドレスが既に登録されているか調べます
② 登録が無ければ，相手のネットワーク・アドレスを発見するためのブロードキャスト・コマンドを送信します
③ 拡張アドレスが一致するノードだけがその問い合わせに応答します
④ 拡張アドレスが一致したノードがルーティング・テーブルに送信元の情報が登録されていれば，ユニキャストで返信します
⑤ ルーティング・テーブルに登録が無ければ，応答する前にルート発見（先述の経路の探索）処理を行います
⑥ 最終的に送信元がネットワーク・アドレスを知ったなら，相手先にメッセージを配信します

# 第14章 ZigBeeネットワークの3要素 コーディネータ/ルータ/エンド・デバイスは何をやっている？

—— スムーズなネットワーク通信を実現するしくみを研究

濱原 和明　Kazuaki Hamahara

　無線ネットワークを構築すると，さまざまな現実的な問題にぶつかります．たとえば，自分の運用している ZigBee ネットワークの無線の届く範囲に，別の ZigBee デバイスや無線 LAN など，同じ周波数帯域を利用する無線デバイスがあり，その影響で通信障害が起きるかもしれません．XBee シリーズ2 が準拠する ZigBee は，このような使用環境においても，滞りなく円滑に通信できる工夫がされています．本章では，ZigBee ネットワークを構築する全 XBee に割り当てられる三つの役割，つまりコーディネータ，ルータ，エンド・デバイスのふるまいを研究します．

## コーディネータのふるまい

### ● 電界強度スキャン（チャネル・スキャン）

　ZigBee ネットワークを起動するとき，そのネットワークの周囲に別の ZigBee ネットワークや，同じ周波数帯を使用する無線 LAN やコードレス電話などがすでに存在している可能性があります．そのため，ZigBee コーディネータはネットワークを起動するまえに，運用に適した無線チャネルの選択を行います．

　ZigBee コーディネータは，「SC」コマンドで指定された複数のチャネルの電界強度を計測し，利用可能なチャネルのリストを生成します．電界強度レベルから不適と判断されたチャネルは，リストから除外されます．

　例えば，「SC」コマンドで 0x400F が設定された場合，コーディネータがスキャンするチャネルはそれぞれのビットが対応する 11，12，13，14，25 チャネルとなります．この五つのチャネルを番号の小さい順から調べ，表1 のようなイメージのリストを生成します．

### ● PAN ID 選択

　次にコーディネータが行うのはアクティブ・スキャンです．作成したチャネルのリストから利用可能なチャネルのスキャンを行い，隣接する PAN のリストを作ります．

　この手順は，コーディネータが利用可能なチャネル上にビーコン・リクエストをブロードキャストで送信することで行われます（図1）．

隣接するすべてのルータやコーディネータ（すでに ZigBee ネットワークに参加している）は，コーディネータにビーコンを返すことで応答します．ビーコンには，デバイスが参加しているネットワークの 16 ビット/64 ビットの PAN ID を含む情報が入っています．

　このスキャン（利用可能なチャネル上でビーコンを要求する）は，通常アクティブ・スキャンまたは PAN スキャンと呼ばれています．

　コーディネータがチャネル・スキャンや PAN スキャンを完了させたあと，ランダムなチャネルと未使用の 16 ビット PAN ID をネットワークの起動のために選択します．

### ● セキュリティ・ポリシィ

　セキュリティ・ポリシィは，ネットワークに参加が許されようとしているデバイスと，ネットワークに参加しようとするデバイスの認証を行うことができるデバイスを決定します．

表1　利用可能なチャネルのリスト（SC コマンドで 0x400F が設定された場合の例）

| チャネル | 状態 |
|---|---|
| 11 | 利用可能 |
| 12 | 利用可能 |
| 13 | 利用不可 |
| 14 | 利用不可 |
| 15 | 利用しない |
| ⋮ | ⋮ |
| 25 | 利用不可 |
| 26 | 利用しない |

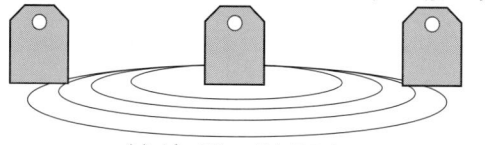

(a) ビーコン・リクエスト

(b) 参加しているPANに関する情報を含んだビーコンの応答

**図1 コーディネータが利用可能なチャネル上にビーコン・リクエストをブロードキャストで送信する**

**表2 コーディネータのネットワークの構築を制御するコマンド**

| コマンド | 動作 |
|---|---|
| ID | 64ビットPAN IDを決定する．もし標準の'0'に設定したなら，ランダムな値が選択される |
| SC | コーディネータがネットワークを形成するときの最大16チャネルのビット・マスクを決定する．コーディネータはすべての有効なチャネルの電界強度スキャンを行う．そしてPANスキャンを行い，SCチャネル上の一つのチャネルにネットワークを構築する |
| SD | スキャン期間の設定．この値が決定するのは，コーディネータがチャネル上で行う電界強度スキャンとPANスキャンの時間 |
| ZS | ZigBeeスタック・プロファイルを設定する |
| EE | セキュリティの有効/無効を設定する |
| NK | セキュリティ・キーを設定する．もし'0'であるなら，ランダムな値が選ばれる |
| KY | ネットワークのTrust Centerのリンク・キーを設定する．もし'0'であるなら，ランダムな値が選ばれる |
| EO | ネットワークのセキュリティ・ポリシィを設定する |

**表3 コーディネータがネットワークの起動に成功したときの動作を制御するコマンド**

| コマンド | 動作 |
|---|---|
| NJ | 秒で計測される，ルータが新しいデバイスのネットワークへの参加を許可する時間 |
| D5 | ASSOC LEDの機能設定 |
| LT | ASSOC LEDの点滅時間（通常は1秒間に2回） |

テーブルのデータが，電源起動サイクルを通して残っていることは「持続性のデータ」で述べました．

コーディネータがネットワークの起動に成功したとき，以下の動作が行われます．

- 他のデバイスがネットワークに参加することを「NJ」で設定された時間だけ許可する
- AI = 0 とする
- ASSOC LEDの点滅を開始する
- APIモードのとき，モデム・ステータス・フレームをDOUTから出力する

これらのふるまいは，表3のコマンドを使うことで制御できます．

もしネットワークの構築に関するコマンド(ID, SC, SD, ZS, EE, NK, KY, EO)のいずれかに変更があれば，コーディネータは現行のネットワークから離脱し，新しいネットワークをできる限り異なるチャネルで起動します（コマンドを有効とするまえにACやCNコマンドが必要）．

● 持続性のデータ

一度コーディネータがネットワークを起動したなら，リセットや電源再起動を行っても以下のデータを保持しています．
- PAN ID
- 実行チャネル
- セキュリティ・ポリシィとフレーム・カウンタ値
- チャイルド・テーブル（コーディネータの子として参加したエンド・デバイス）

コーディネータは，ネットワークから離脱するまではこの情報を残します．もしコーディネータがネットワークから離脱し，新しいネットワークを構築するなら，そこまで使用していたPAN ID，使用チャネル，チャイルド・テーブルは失われます．

● XBeeシリーズ2(ZB)のコーディネータ起動

表2に示すコマンドがコーディネータのネットワークの構築を制御します．

一度コーディネータがネットワークを起動すると，ネットワークの配置に関する設定や，チャイルド・

● ネットワーク参加の許可

コーディネータのネットワーク参加の許可の属性は「NJ」コマンドを使って設定されます．「NJ」コマンドは，常時ネットワークへの参加を許可したり，ごく短時間の許可としたりします．

▶ 常時許可

もしNJ = 0xFFなら，ネットワークへの参加はずっと許可されています．このモードの使用は慎重になるべきです．一度ネットワークが展開されたら，アプリケーションは望まないネットワークへの参加の防止を強く考慮するべきです．

コーディネータのふるまい 143

▶ 一時的な許可

もしNJ＜0xFFなら，ネットワークへの参加は「NJ」の値を元にした短時間だけ有効です．このタイマは，XBeeがネットワークに参加すると一度だけ起動します．参加はモジュールが再起動したりリセットされたりしても，再度有効になることはないでしょう．

以下の仕組みで参加許可タイマの再起動ができます．

- 「NJ」の値を異なる値に変更する（さらに「AC」または「CN」コマンドを行っておく）
- コミッショニング・スイッチを2回押す（1分間だけ有効となる）
- 引き数に2を付けて「CB」コマンドを実行する（コミッショニング・スイッチのソフトウェア・シミュレーション．1分間だけ有効となる）

● コーディネータのリセット

コーディネータがリセットされたり再起動されたりしたとき，PAN IDや使用チャネル，スタック・プロファイルが「ID」や「SC」，「ZS」に反していないかを確認します．また，「EE」，「NK」，「KY」などのセキュリティ設定も反していないかを比較します．

もしコーディネータのPAN IDや使用チャネル，スタック・プロファイルまたはセキュリティ・ポリシィが初期の設定に基づいていなければ，コーディネータはネットワークから離脱し，ネットワークの構築コマンドの値に基づいた新しいネットワークの構築を試みます．

コーディネータが現在のネットワークから離脱することを予防するために，リセットや電源再起動が行われてもネットワークの構築コマンドの値が残るように，「WR」コマンドを実行しておくべきです．

X-CTUの「Modem Configuration」タブで設定した場合は必ず［Write］ボタンを使って書き込んでしまいますので，上記のような心配はありません．

● ネットワークからの離脱

コーディネータが現在のPANから離脱し，ネットワークの構築に関するパラメータの値に基づいた新たなネットワークの起動を引き起こすいくつかの仕組みがあります．以下に示します．

- 今の64ビットIDを無効にする「ID」の変更
- 現在のチャネルが含まれないようなチャネル・マスクの変更を行う「SC」の変更
- 「ZS」や「NK」を除くセキュリティ・コマンドの変更
- コーディネータの離脱を引き起こすNR0コマンドの実行
- ネットワーク中のすべてのデバイスのネットワークからの離脱と，異なるチャネルへ移動を引き起こすブロードキャストを使った「NR1」コマンドの実行
- 4回コミッショニング・スイッチを押すか「CB」コマンドに引き数4を付けて実行
- ネットワーク離脱コマンドの実行

「ID」，「SC」，「ZS」とセキュリティ・コマンドの変更は，「AC」または「CN」コマンドが適用されてから効果をもちます．

表4 コーディネータを置き換えるためにネットワークから読み出しておくコマンド

| コマンド | 動作 |
|---|---|
| OP | 実行中の64ビットPAN IDを読み出す |
| OI | 実行中の16ビットPAN IDを読み出す |
| CH | 実行中のチャネルを読み出す |
| ZS | スタック・プロファイルを読み出す |

● コーディネータの置き換え

ごくまれな事例として，現存のコーディネータを新しいものへ置き換えることが必要となるかもしれません．もしセキュリティが有効でなければ，現行のコーディネータの置き換えを要求されている実行中のネットワークのPAN ID（16ビット/64ビット），チャネル，スタック・プロファイルのままでXBeeコーディネータの置き換えが可能です．

同一のチャネル，スタック・プロファイル，PAN ID（16ビット/64ビット）の二つのコーディネータを同時に動作させることは，ネットワークに障害をもたらすので避けるべきです．コーディネータを置き換えるときは，新しいコーディネータを起動するまえに古いコーディネータを停止しておきます．

コーディネータを置き換えるために，**表4**のATコマンドをネットワークから読み出しておきます．それぞれのコマンドの値は，ネットワーク上のいずれかのデバイスから読み出せます（これらのパラメータはネットワークのすべてのデバイスで同じ）．

ネットワークからこれらのパラメータを読み出したあと，**表5**のコマンドを用いて新しいコーディネータにプログラムします．

「II」は初期化した16ビットPAN IDです．一定条件下では，ZigBeeスタックはネットワークの16ビットPAN IDを変更できます．このような理由から，「II」コマンドは「WR」コマンドを使って保存することはできません．一度「II」コマンドが設定されると，コーディネータはネットワークから離脱し，「II」で示される16ビットPAN IDでネットワークを起動します．

表5 新しいコーディネータにプログラムするコマンド

| コマンド | 動作 |
|---|---|
| ID | 読み出したOP値と一致する64ビットPAN IDを設定する |
| II | 読み出したOI値と一致する16ビットPAN IDを設定する |
| SC | CHコマンドで読み出した使用中のチャネルを有効とするビット・マスクを設定する。例えば読み出した値が0x0B（11チャネル）なら、SCは0x0001。もし使用中のチャネルが0x17であれば、SCは0x1000にする |
| ZS | 読み出したZSの値と一致させる |

● コーディネータの起動例

① 希望するスキャン・チャネルとPAN IDのために「SC」と「ID」を設定する
② もし「ID」と「SC」を標準から変えるなら、変更を保存するために「WR」コマンドを実行する
③ もし「ID」と「SC」を標準から変えるなら、「AC」コマンドの送信またはATコマンド・モードから抜け出すことで変更が適用される（「SC」と「ID」コマンドを有効にする）
注：X-CTUの「Modem Configuration」タブから変更を行い、［Write］をクリックした場合は自動的に新しい設定が適用されている．
④ 一度コーディネータがチャネルとPAN IDを選択したら、ASSOC LEDが点滅を開始する
⑤ APIモードのみ、DOUTからモデム・ステータスのフレームが送出される
⑥ AIコマンドでステータスを読み出していると、いずれ起動に成功したことを示す'0'が返って来る
⑦ MYコマンドを読み出していると、ZigBeeではコーディネータを表す'0'が返って来る
注：起動後、コーディネータは「NJ」の値に基づき、デバイスがネットワークに参加することを許可する．

● セキュリティなしでのコーディネータの置き換え例

① 稼動中のコーディネータの「OP」、「OI」、「CH」、「ZS」コマンドを読み出す
② 「ID」、「SC」、「ZS」パラメータを新しいコーディネータに設定し、その後これらのパラメータを保存するために「WR」を実行する
③ 稼動中のコーディネータを停止する
④ 古いコーディネータから読み出した「OI」の値と一致する「II」の値を設定する
⑤ 新しいコーディネータが起動（AI = 0）となるまで待つ

## ルータのふるまい

ルータはネットワークの一員となるまえに、有効なZigBeeネットワークを探し、参加しなければなりません．ネットワークに参加したあと、新しいデバイスがネットワークに参加することを許可できますし、ネットワーク上の他のデバイスのデータ・パケットの中継もできます．

### ● ZigBeeネットワークの発見

隣接するZigBeeネットワークを発見するために、コーディネータがネットワークを起動するのと同様に、ルータはPANスキャンを実行します（図1参照）．

PANスキャンの間、スキャン・チャネル・リスト上の最初のチャネルにブロードキャストでビーコン・リクエストを送信します．

チャネル上のすべてのコーディネータとルータ（これらはすでにZigBeeネットワークの一員）が、ルータにビーコンを返すことでビーコン・リクエストに対して応答します．ビーコンにはPAN IDや参加拒否などの隣接するデバイスのPANに関する情報が含まれています．

ルータは有効なPANが見つかったなら、チャネル上の受信したビーコンそれぞれを評価します．

ルータは、PANが有効となり得るかについて以下の検討を行います．

- 有効な64ビットPAN IDをもっていること（「ID」が'0'より大きいときに一致する）
- 正しいスタック・プロファイル（「ZS」コマンド）をもっていること
- ネットワークへの参加を許可していること

もし有効なPAN IDが見つからなかったなら、スキャン・チャネル・リスト上の次のチャネルでPANスキャンを実行し、有効なネットワークが見つかるまで継続するか、すべてのチャネルのスキャンが完了するまで行います．

もしすべてのチャネルのスキャンを行い、有効なPANが見つからなかったときは、すべてのチャネルのスキャンを再開します．

ZigBeeアライアンスは、ネットワーク発見の解決策としてあまりにも頻繁なブロードキャスト・メッセージの送信を行わないことを要求しています．ZigBeeアライアンスの要求では、最初の5分間は1分間に9回のスキャンを試み、その後は1分間に3回のスキャンを試みることとしています．もしルータの周囲に有効なPANがあれば、通常は2～3秒で発見されるでしょう．

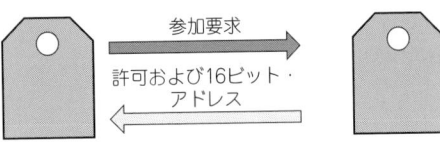

図2 ルータのネットワークへの参加手順

表6 ルータのネットワークの参加過程を制御するコマンド

| コマンド | 動作 |
|---|---|
| ID | 参加する64ビットPAN IDを決定する．もし標準の'0'に設定したなら，いずれかのネットワークに参加する |
| SC | ルータが有効なネットワークを検出するときの最大16チャネルのビット・マスクを決定する．エンド・デバイスのSCはコーディネータのSCと一致させるべき．例えばSCを0x281に設定すると，0x0B，0x12, 0x14チャネルのスキャンが有効となる |
| SD | スキャン期間の設定．この値が決定するのはルータがそれぞれのチャネルでビーコンを待つ時間 |
| ZS | ZigBeeスタック・プロファイルを設定する |
| EE | セキュリティの有効/無効を設定する．この値はコーディネータと一致させる |
| KY | ネットワークのTrust Centerのリンク・キーを設定する．もし'0'であるなら，ネットワーク参加中に暗号化されないで獲得することが期待される |

## ● ネットワークへの参加

一度ルータが有効なネットワークを発見したら，ZigBeeネットワークへ参加を要求する有効なビーコンを送信したデバイスへネットワークへの参加要求を送信します．デバイスは，ネットワークへの参加を許可または拒否する旨のフレームを，ネットワークの参加要求への応答として送信します（図2）．

ルータがネットワークに参加しているとき，参加を許可したデバイスから16ビット・アドレスを受け取ります．16ビット・アドレスは参加を許可したデバイスがランダムに選択します．

## ● 認証

セキュリティが有効なネットワークでは，ルータは認証過程を経る必要があります．セキュリティと認証に関する検討に関してはメーカが提供している「XBee ZB リファレンス」のセキュリティの章を読んでください．

ルータが参加させられた後（さらにセキュアなネットワークで認証されている），新たなデバイスのネットワークの参加を許可できます．

## ● 持続性のデータ

一度ルータがネットワークに参加したなら，リセットや電源再起動を行っても以下のデータを保持しています．
- PAN ID
- 実行チャネル
- セキュリティ・ポリシィとフレーム・カウンタ値
- チャイルド・テーブル（ルータの子として参加したエンド・デバイス）

ルータはネットワークから離脱するまではこの情報を残します．ルータがネットワークから離脱したとき，今まで使用していたPAN ID，使用チャネル，チャイルド・テーブルは失われます．

## ● XBeeシリーズ2(ZB)のルータのネットワーク参加

ルータが電源起動したとき，もしまだ有効なネットワークに参加していなかったなら，即座に有効なZigBeeネットワークを探し，参加を試みます．

注：「DJ」コマンドを'1'に設定するとネットワークへの参加を無効とします．「DJ」パラメータは「WR」コマンドでは書けません．電源起動では常に「DJ」パラメータは'0'にクリアされます．

表6に示すコマンドがルータのネットワークの参加過程を制御します．

一度ルータがネットワークに参加すると，ネットワークの配置に関する設定や，チャイルド・テーブルのデータが電源起動サイクルを通して残ります．

ネットワークの参加に失敗したときは，最後に試みた状態をAIレジスタを通して読み出すことができます．

もし表6のコマンドのいずれかが変更されたなら，コマンド・レジスタの変更は「AC」または「CN」コマンドで適用され，ルータは実行中のネットワークから離脱し，新しい有効なネットワークの発見と参加を試みます．

ルータがネットワークの参加に成功したときの動作を以下に示します．
- 他のデバイスがネットワークに参加することを許可する
- AI = 0 とする
- ASSOC LEDの点滅を開始する
- APIモードのとき，モデム・ステータス・フレームをDOUTから出力する

これらのふるまいは，表7に示すコマンドを使うことで制御できます．

## ● ネットワーク参加の許可

ルータのネットワーク参加の許可の属性は「NJ」コ

表7 ルータがネットワークの参加に成功したときの動作を制御するコマンド

| コマンド | 動作 |
|---|---|
| NJ | 秒で計測される，ルータが新しいデバイスのネットワークへの参加を許可する時間 |
| D5 | ASSOC LED の機能設定 |
| LT | ASSOC LED の点滅時間（通常は1秒間に2回） |

マンドを使って設定されます．「NJ」は常時ネットワークへの参加を許可したり，ごく短時間の許可としたりします．

▶ 常時許可

もし NJ = 0xFF なら，ネットワークへの参加はずっと許可されています．このモードの使用は慎重になるべきです．一度ネットワークが展開されたら，アプリケーションは望まないネットワークへの参加の防止を強く考慮するべきです．

▶ 一時的な許可

もし NJ < 0xFF なら，ネットワークへの参加は NJ の値を元にした短時間だけ有効です．このタイマは XBee がネットワークに参加すると一度だけ起動します．参加はモジュールが再起動したりリセットされたりしても，再度有効になることはないでしょう．

以下の仕組みで参加許可タイマの再起動ができます．

- 「NJ」の値を異なる値に変更する（さらに「AC」または「CN」コマンドを行っておく）
- コミッショニング・スイッチを2回押す（1分間だけ有効となる）
- 引き数に2を付けて「CB」コマンドを実行する（コミッショニング・スイッチのソフトウェア・シミュレーション．1分間だけ有効となる）
- ルータをネットワークから離脱させ，新たなネットワークに参加させる

● ルータのネットワークの接続性

一度ルータが ZigBee ネットワークに参加したなら，強制的にネットワークから離脱させられない限り，接続したネットワークの同一チャネル，PAN ID 情報は残ります．

もし「SC」，「ID」，「EE」，「KY」が電源起動後に変更されなければ，ルータは電源起動後も接続されたネットワークに残留します．

ルータが最初に参加したネットワークから物理的に遠く離されるかもしれないので，アプリケーションは，ルータがオリジナルのネットワークと今までどおり通信することができるかどうか検知するために準備しているべきです．

もしオリジナルのネットワークとの通信が失われたなら，アプリケーションは強制的にネットワークからルータを離脱する選択を行うかもしれません．

XBee のファームウェアには自動的に，ネットワークの継続の検出と，それが失敗したときの離脱の二つの用意があります．

▶ 電源起動時のネットワーク検証

「JV」コマンド（Join Verification）は，電源起動時のネットワークの検証を有効にします．もし有効ならば，最初にネットワークに参加するとき，コーディネータの64ビット・アドレスの発見を試みます．

一度参加したときでも，電源起動のあとにコーディネータの64ビット・アドレスの発見を行います．

もし3回の試みが失敗したなら，ルータはネットワークから離脱し，新しいネットワークへの参加を試みます．

電源起動時のネットワークの検証は標準では無効となっています（JV = 0）．

▶ ネットワーク・ウォッチドッグ

「NW」コマンド（Network Watchdog timeout）は，安定化した電源が供給されているルータが，ネットワークの接続性の検証のためにコーディネータの存在を周期的にチェックする目的で使用されます．

「NW」コマンドが示すのは，ルータがコーディネータやデータ収集装置から受けるべき1分単位の通信タイムアウトです．

以下のイベントがネットワーク・ウォッチドッグ・タイマを再起動します．

- コーディネータからの RF データの受信
- コーディネータに RF データを送信し，確認応答を受信
- Many-to-one route 要求の受信（いずれかのデバイス）
- 「NW」の値の変更

もしネットワーク・ウォッチドッグ・タイマが時間切れとなったら（「NW」時間内に受信データなし），ルータはコーディネータの64ビット・アドレスの発見を試みます．もしアドレスが見つからなければ，ルータは1回タイムアウトを記録します．

3回の時間切れ（3×NW）が発生し，コーディネータがアドレス発見の試みに応答していないなら，ルータはネットワークから離脱し，新しいネットワークに参加することを試みます．

ルータがコーディネータかデータ収集器から有効なデータを受信したらいつでも，タイムアウト・カウンタはクリアされ，再計測します．

ネットワーク・ウォッチドッグ・タイマの期間は数日に設定可能です．ネットワーク・ウォッチドッグ・タイマは標準では無効となっています（NW = 0）．

● ネットワークからの離脱

ルータが現在のPANからの離脱をし，ネットワークの構築に関するパラメータの値に基づいた新たなネットワークへの参加を引き起こすいくつかの仕組みがあります．その内容を以下に示します．

- 今の64ビットIDを無効にする「ID」の変更
- 現在のチャネルが含まれないようなチャネル・マスクの変更を行う「SC」の変更
- 「ZS」やセキュリティ・コマンドの変更
- ルータの離脱を引き起こす「NR0」コマンドの実行
- ネットワーク中のすべてのデバイスのネットワークからの離脱と，異なるチャネルへの移動を引き起こすブロードキャストを使った「NR1」コマンドの実行
- 4回コミッショニング・スイッチを押すか，「CB」コマンドに引き数4を付けて実行
- ネットワーク離脱コマンドの実行

「ID」，「SC」，「ZS」とセキュリティ・コマンドの変更は，「AC」または「CN」コマンドが適用されてから効果をもちます．

● ルータのリセット

ルータがリセットされたり再起動されたりしたとき，PAN IDや使用チャネル，スタック・プロファイルが「ID」や「SC」，「ZS」に反していないかを確認します．また，「EE」，「KY」などのセキュリティ設定も反していないかを比較します．

もしルータのPAN IDや使用チャネル，スタック・プロファイルまたはセキュリティ・ポリシィが初期の設定に基づいていなければ，ルータはネットワークから離脱し，ネットワークの参加コマンドの値に基づいた新しいネットワークへの参加を試みます．

ルータが現在のネットワークから離脱することを予防するために，リセットや電源再起動が行われてもネットワークの参加コマンドの値が残るように，「WR」コマンドを実行しておくべきです．

● ルータのネットワークへの参加例

① 希望する64ビットPAN IDに設定する．いずれかのネットワークに参加するなら'0'に設定する
② 有効なネットワークを探すために「SC」でスキャン・リストを設定する
③ もし「ID」と「SC」を標準から変えるなら，「AC」コマンドまたは「CN」コマンドの実行で適用される
④ 一度ルータがPANに参加したら，ASSOC LEDが点滅を開始する
⑤ もしASSOC LEDが点滅を開始しなかったら，AIコマンドがネットワークの参加が失敗した理由の読み出しに使える
⑥ 一度ルータがネットワークに参加すると，OPとCHコマンドが実行中のPAN IDと実行中のチャネルを示す
⑦ MYコマンドは参加したネットワークの16ビット・アドレスを反映する
⑧ APIモードのとき，モデム・ステータス・フレームがDOUTから送出される
⑨ ネットワークに参加したルータは，NJの設定に基づいて他のデバイスの参加を許可する

### エンド・デバイスのふるまい

ルータと同様に，エンド・デバイスはネットワークの一員となるまえに，有効なZigBeeネットワークを探し，参加しなければなりません．ネットワークに参加したあと，他のデバイスと通信することができます．

エンド・デバイスはバッテリを電源とすることを想定されているので，それゆえ低消費電力モードをサポートし，他のデバイスのネットワークの参加を受け入れられなかったり，他のデバイスのパケットの中継ができなかったりします．

● ZigBeeネットワークの発見

エンド・デバイスは，PANスキャンを実行することでルータと同様の過程を経過します（図1参照）．ブロードキャストでビーコン・リクエストを送信したあと，短い時間だけ隣接する同一チャネルのルータやコーディネータが送信するビーコンを待ちます．

エンド・デバイスは有効なPANが見つかったなら，チャネル上の受信したビーコンそれぞれを評価します．

エンド・デバイスはPANが有効となり得るかについて，以下の検討を行います．

- 有効な64ビットPAN IDを有していること（「ID」が'0'より大きいときに一致する）
- 正しいスタック・プロファイル（「ZS」コマンド）を有していること
- ネットワークへの参加を許可していること
- エンド・デバイスを受け入れるだけの余裕があること（エンド・デバイス許容量の節を参照）

もしスキャンしたチャネルに上記の条件に一致するPANが見つからないときは，スキャンするチャネルのリストに従い，ネットワークへの参加が成功するまで次のチャネルをスキャンします．

もし全部のチャネルをスキャンしても有効なPANが見つからなかったときは，いったん低消費電力モードに入り，しばらくあとにスキャンを再開します．

低消費電力モードに入れない場合（Pin Sleepに設定されていてSleep_Rqが"L"のまま）は，全部の

チャネルのスキャンの完了後，スキャンを再開します．

ZigBee アライアンスの要求では，最初の5分間は1分間に9回のスキャンを試み，その後は1分間に3回のスキャンを試みることとしています．

XBee エンド・デバイスは，「SC」チャネルのすべてをスキャンするまで低消費電力モードに入りません．

● ネットワークへの参加のようす

一度エンド・デバイスが有効なネットワークを見つけたなら，ZigBee ネットワークに参加するためのビーコン・リクエストを送信することによって，ルータと同様にネットワークに参加します．

デバイスは，ネットワークへの参加を許可または拒否するフレームを，ネットワークへの参加要求への応答として送信します．

エンド・デバイスがネットワークに参加しているとき，参加を許可したデバイスから16ビット・アドレスを受け取ります．16ビット・アドレスは参加を許可したデバイスがランダムに選択します．

● 親子関係を結ぶ

エンド・デバイスが低消費電力モードに入り，即座に応答できる状態ではなくなったので，エンド・デバイスは，起きて，メッセージを受け取ることができるまで，ネットワークの接合部（ルータやコーディネータ）がその代わりに受信メッセージを受け取りバッファすることに依存します．

エンド・デバイスと関係をもった装置はエンド・デバイスの親になります．また，エンド・デバイスは関係を許可した装置の子どもになります．

● エンド・デバイスの数

ルータやコーディネータは，チャイルド・テーブルと呼ばれる関係をもったすべての子供のテーブルを維持します．このテーブルは有限サイズであり，いくつの子供をもてるかが決まります．

ルータやコーディネータは，チャイルド・テーブルに最低1個のエントリがあれば，「エンド・デバイスを受け入れられる」と呼ばれます．

言いかえるとそれは，一つ以上の追加のエンド・デバイスと関係をもつことが可能ということになります．ZigBee ネットワークは，適切なエンド・デバイスの受け入れ容量を保証するために十分なルータを用意するべきです．

XBee ZB 2x6x ファームウェアでは，コーディネータは10個のエンド・デバイスを，ルータは12個のエンド・デバイスをサポートできます．

ZB ファームウェアでは，「NC」コマンド（子となるエンド・デバイスの残り数）が，ルータやコーディネータにどれだけのエンド・デバイスが追加可能であるかを決定するために使用されます．もし「NC」コマンドの結果が '0' であれば，ルータやコーディネータはそれ以上の受け入れはできません．

● 認証

セキュリティが可能になるネットワークでは，その後，エンド・デバイスは認証プロセスを経ます．

セキュリティと認証に関する議論については，メーカが提供している「XBee ZB リファレンス・マニュアル」のセキュリティを参照してください．

● 持続性のデータ

エンド・デバイスは電源起動を通して PAN ID，使用チャネルおよびセキュリティ・ポリシィ情報を保持することができます．しかし，エンド・デバイスは親に極度に依存するので，エンド・デバイスはその親とコンタクトを取ろうとして Orphan scan を行います．

エンド・デバイスが Orphan scan の応答（コーディネータ再配置コマンド）を受け取らなければ，そのネットワークから去り，新しいネットワークを探して参加しようとするでしょう．

エンド・デバイスがネットワークから去る場合，前の PAN ID および使用チャネルの設定が失われます．

● Orphan scan

エンド・デバイスが電源起動したとき，まだ有効な親をもっていることを確認する Orphan scan を行います．

Orphan scan はエンド・デバイスの64ビットのアドレスを含んだブロードキャストで送信されます．

ブロードキャストを受信した隣接のルータおよびコーディネータは，チャイルド・テーブルにエンド・デバイスの64ビットのアドレスを含んでいるエントリがあることを確認します．

もし64ビットのアドレスが一致するエントリが見つかった場合，ルータまたはコーディネータは，エンド・デバイスの16ビットのアドレス，16ビットの PAN ID，使用チャネルおよび親の64ビットおよび16ビットのアドレスを含んでいるコーディネータ再配置コマンドを送ります．

エンド・デバイスはコーディネータ再配置コマンドを受け取ったらネットワークへ参加したと考慮されます．そうでなければ，エンド・デバイスは有効なネットワークの発見および参加を試みるでしょう．

● XBee シリーズ2（ZB）のエンド・デバイスのネットワーク参加

エンド・デバイスが電源起動したとき，もし有効な

ネットワークに参加していなかったなら，即座に有効なZigBeeネットワークを探して，参加を試みます．

「DJ」コマンドを'1'に設定するとネットワークへの参加を無効とします．「DJ」パラメータは「WR」コマンドでは書けません．なので電源起動では常に「DJ」パラメータは'0'にクリアされます．

ルータと同様に，表8に示すコマンドがエンド・デバイスのネットワークの参加過程を制御します．

一度エンド・デバイスがネットワークに参加すると，ネットワークの配置に関する設定が電源起動サイクルを通して残っていることは「持続性のデータ」で述べました．

もしネットワークの参加に失敗したとき，最後に試みた状態はAIレジスタを通して読み出すことができます．

もし上記のコマンドのいずれかが変更されたなら，コマンド・レジスタの変更は「AC」または「CN」コマンドで適用され，エンド・デバイスは実行中のネットワークから離脱し，新しい有効なネットワークの発見と参加を試みます．

エンド・デバイスがネットワークの参加に成功したとき，XBeeにより以下の動作が行われます．
- AI = 0 とする
- ASSOC LEDの点滅を開始する
- APIモードのとき，モデム・ステータス・フレームをDOUTから出力する
- 低消費電力モードに入ることを試みる

これらのふるまいは表9に示すコマンドを使うことで設定できます．

● 親との接続性

XBee ZBエンド・デバイスは，起動したときに親に対して通常のポーリングを送信しています．このポーリングの送信は，新しくデータ・パケットを受信していないかの問い合わせをしています．

親は常にエンド・デバイスに対してMAC層の確認応答を送信しています．確認応答は子宛のデータを保留しているかどうかを示す内容を内包しています．

もしエンド・デバイスがポーリング要求に対して3回連続で確認応答を受け取らなければ，自分自身から親との接続を断絶し，有効なZigBeeネットワークの発見と参加を試みます．

● エンド・デバイスのリセット

エンド・デバイスがリセットされたり再起動されたりしたとき，もし親を探すOrphan scanが成功したら，エンド・デバイスはPAN IDや使用チャネル，スタック・プロファイルが「ID」や「SC」，「ZS」に反していないかを確認します．また，「EE」，「KY」などの

表8 エンド・デバイスのネットワークの参加処理を実行するためのコマンド

| コマンド | 動作 |
|---|---|
| ID | 参加する64ビットPAN IDを決定する．もし標準の0に設定したなら，いずれかのネットワークに参加する |
| SC | エンド・デバイスが有効なネットワークを検出するときの最大16チャネルのビット・マスクを決定する．ルータのSCはルータやコーディネータのSCと一致させるべき．例えばSCを0x281に設定すると，0x0B, 0x12, 0x14チャネルのスキャンが有効となる |
| SD | スキャン期間の設定．この値が決定するのは，エンド・デバイスがそれぞれのチャネルでビーコンを待つ時間 |
| ZS | ZigBeeスタック・プロファイルを設定する |
| EE | セキュリティの有効/無効を設定する．この値はコーディネータと一致させる |
| KY | ネットワークのTrust Centerのリンク・キーを設定する．もし'0'であるなら，ネットワーク参加中に暗号化されないで獲得することが期待される |

表9 エンド・デバイスがネットワークの参加に成功したときのXBeeの動作を制御するコマンド

| コマンド | 動作 |
|---|---|
| D5 | ASSOC LEDの機能設定 |
| LT | ASSOC LEDの点滅時間（通常は1秒間に2回） |
| SM, SP, ST, SN, SO | 低消費電力モードの特性を設定するパラメータ |

セキュリティ設定も反していないかを比較します．

もしエンド・デバイスのPAN IDや使用チャネル，スタック・プロファイルまたはセキュリティ・ポリシィが無効であれば，エンド・デバイスはネットワークから離脱し，ネットワークの参加コマンドの値に基づいた新しいネットワークへの参加を試みます．

エンド・デバイスが現存のネットワークから離脱することを予防するために，リセットや電源再起動が行われてもネットワークの参加コマンドの値が残るように，「WR」コマンドを実行しておくべきです．

● ネットワークからの離脱

エンド・デバイスが現在のPANからの離脱をし，ネットワークの構築に関するパラメータの値に基づいた新たなネットワークへの参加を引き起こすいくつかのメカニズムがあります．以下に示します．
- 今の64ビットIDを無効にする「ID」の変更
- 現在のチャネルが含まれないようなチャネル・マスクの変更を行う「SC」の変更
- 「ZS」やセキュリティ・コマンドの変更
- エンド・デバイスの離脱を引き起こす「NR0」コマンドの実行

- ネットワーク中のすべてのデバイスのネットワークからの離脱と，異なるチャネルへの移動を引き起こすブロードキャストを使った「NR1」コマンドの実行
- 4回コミッショニング・ボタンを押すか，「CB」コマンドに引き数4を付けて実行

　エンド・デバイスの親が電源断，またはエンド・デバイスが親の範囲外へ移動させられたようなとき，エンド・デバイスはポーリングの確認応答の受信に失敗します．

「ID」，「SC」，「ZS」とセキュリティ・コマンドの変更は，「AC」または「CN」コマンドが適用されてから効果をもちます．

● エンド・デバイスのネットワークへの参加例

ネットワーク参加を許可にしているコーディネータを起動したあと，次のステップはXBee エンド・デバイスのネットワークへの参加を引き起こします．

① 希望する64ビットPAN IDに設定する．いずれかのネットワークに参加するなら'0'に設定する
② 有効なネットワークを探すために「SC」でスキャン・リストを設定する
③ もし「ID」と「SC」を標準から変えるなら，「AC」コマンドまたはCNコマンドの実行で適用される
④ 一度エンド・デバイスがPANに参加したら，ASSOC LEDが点滅を開始する
⑤ もしASSOC LEDが点滅を開始しなかったら，AIコマンドがネットワークの参加が失敗した理由の読み出しに使える
⑥ 一度エンド・デバイスがネットワークに参加すると，「OP」と「CH」コマンドが実行中の64ビットPAN IDと実行中のチャネルを示す
⑦ 「MY」コマンドは参加したネットワークの16ビット・アドレスを反映する
⑧ APIモードのとき，モデム・ステータス・フレームがDOUTから送出される
⑨ ネットワークに参加したエンド・デバイスは，低消費電力コマンドに基づき低消費電力モードに入ろうとする

第4部 ～清く正しく使うために～ **無線通信の基礎知識**

# 第15章 免許要らずですぐに使える無線モジュールと規格

―― ZigBeeから無線LANまで

藤田 昇　Noboru Fujita

本来は無線局を開いたり使ったりするには免許が必要です．この免許は他の人に迷惑を掛けずに電波を使うよう定められた「電波法」を知っていることを証明してくれます．でも免許を取るのは大変です．本章ではXBeeモジュールが採用しているような免許がなくても使える近距離通信の規格を紹介します．

　最近は無線モジュールも多くの機種が販売されています．これは，規制緩和が進み免許不要で使える周波数帯や無線機種が増えたのと，データ通信規格の標準化が進み，高速データ通信が容易に実現できるようになったからです．
　ここでは，免許が要らない通信規格を比べます．

## 通信規格を比べる

### ● レーダチャートの見方
　図1に，各規格の無線システムのレーダチャートを示します．価格・通信距離・伝送速度・消費電力・被干渉特性・与干渉特性で比較しました．点数は相対的なもので，値が大きい方が「良い」評価としています．与/被干渉は，値が高いほど干渉を与えにくく受けにくく，価格は値が高いほど安価という意味です．
　レーダチャートによる評価は円（多角形）が均等で大きい方が「良い」といえます．その点ではBluetoothが良くなりますが，各項目は用途によって必ずしも一律に評価できません．低消費電力が不可欠な要求項目であれば点数に重み付けをするなどの工夫が必要です．

### ● 消費電力，伝送速度，通信距離のトレードオフ
　一般的に，高い周波数帯の無線システムは高速伝送が可能ですが，消費電力が多くなります．
　無線機の出力電力が同じであれば，伝送速度を高くすると通信距離が短くなります．なお，無線機の出力電力は，アンテナ（空中線）端子で測定される電力で，空中線電力と言います．
　周波数帯が低いとアンテナ長が長くなりがちですが，物陰でも届きやすくなり，通信距離が長くなります．

　各通信性能はトレードオフの関係にあります．すべての項目を最良にはできません．各項目に優先順位を付け，もっとも適当な規格を選択します．

## 各通信規格の用途と周波数帯

　表1に，市販の無線モジュールの規格を示します．

### ● ZigBee
　XBeeシリーズ2で採用されているZigBeeはIEEE 802.15.4で規定されています．もともとは，天井灯の無線遠隔操作や，窓の鍵（錠前）の開閉監視用として考案されました．Bluetoothよりも小型低消費電力が売りです．
　通信方式は直接拡散方式（DSSS，表4参照）を採用しています．伝送速度は最大250kbps（2.4GHz方式の場合）と低速で，想定通信距離も30m程度と短いのですが，乾電池で数年間（動作形態によって異なる）の

表1 免許が要らない無線モジュールの規格

| 名称 | 周波数帯 | IEEE規格 | ARIB規格 |
|---|---|---|---|
| ZigBee | 2.4 GHz | 802.15.4 | STD-T66 |
| 無線LAN(11b) | 2.4 GHz | 802.11b | STD-T66 |
| 無線LAN(11a) | 5 GHz | 802.11a | STD-T71 |
| 無線LAN(11g) | 2.4 GHz | 802.11g | STD-T66 |
| 無線LAN(11n) | 2.4 GHz，5 GHz | 802.11n | STD-T66 |
| Bluetooth | 2.4 GHz | 802.15.1 | STD-T66 |
| TM/TC（テレメータ/テレコントロール用） | 400 M/1200 MHz | ― | STD-T67 |
| 微弱電波 | 300 MHz帯が多い．周波数の規定はない | ― | ― |

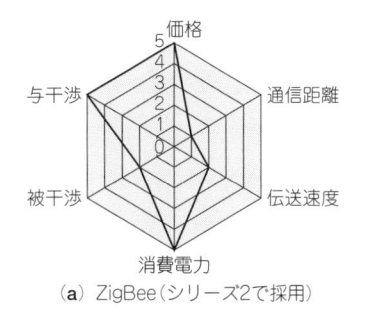

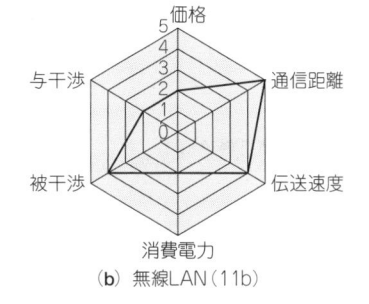

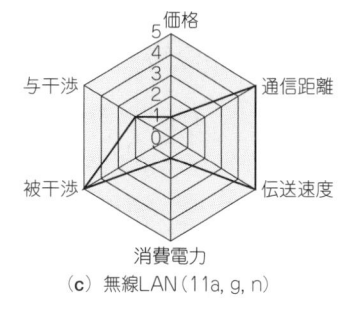

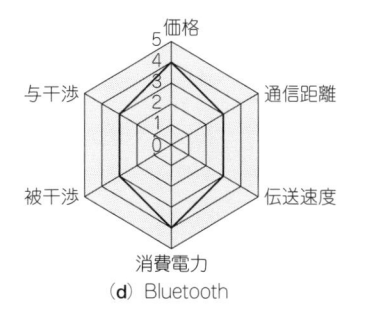

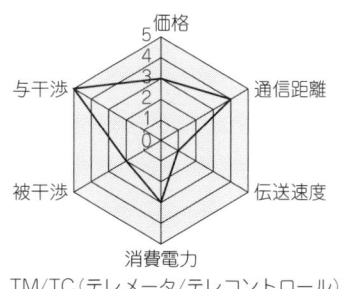

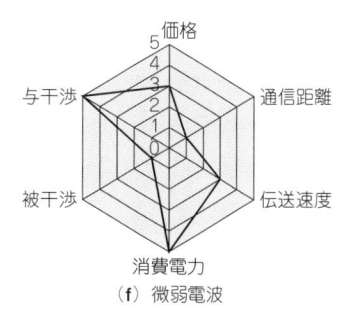

**図1 無線モジュールの通信規格を比較**
得点は相対的なもので，値が大きい方が「良い」評価

(a) ZigBee（シリーズ2で採用）
(b) 無線LAN（11b）
(c) 無線LAN（11a, g, n）
(d) Bluetooth
(e) TM/TC（テレメータ/テレコントロール）
(f) 微弱電波

**表2 ZigBee（IEEE802.15.4）の仕様**

| 項 目 | 仕 様 | 備 考 |
|---|---|---|
| 周波数帯 | 2.4 GHz | 2400 M～2483.5 MHz．海外では800 M/900 MHz帯もあり |
| 送信電力* | 10 mW以下 | 実際の製品は1 mW以下が多い．最大通信距離：30 m程度 |
| 変調方式 | OQPSK | OQPSK（Offset Quadrature Phase Shift Keying）：単純なQPSK方式は振幅変動が大きく送信機に直線性を要求される．そこで，変調回路を工夫することで振幅変動を小さくし，直線性の要求を緩和した方式．ちなみに直線性が緩和されると低消費電力化が図れるので，携帯機器などに利用されている |
| 伝送速度 | 250 kbps | 800 M/900 MHz帯は20 k/40 kbps |

＊Bluetoothと同じ2.4 GHzだが，狭帯域変調なので10 mW以下と電力で規定

動作が可能なほど消費電力が少ないという特徴を持ちます．

複数（最大64000）の通信拠点をメッシュ・ネットワークで結べます．

**表2**にZigBee（IEEE802.15.4）の主な仕様を示します．

● **無線LAN**

文字どおり，LAN（Local Area Network）を無線化する装置やシステムを指します．かつてはいろいろなプロトコルが使われていましたが，今では標準規格IEEE802.11に則ったものを無線LANといってよいでしょう．

無線LANには世界でほぼ共通の周波数帯が割り当てられています．国内の無線LAN用周波数帯を**表3**および**図2**に示します（国内独自の周波数帯を含む）．

ほとんどは免許不要局で誰にでも使えますが，各国・地域で電波行政が異なるため，それぞれの認証が必要です．

**表3**に国内の無線LAN用の周波数を，**表4**に無線LANの主な標準規格を示します．

● **Bluetooth**

BluetoothはIEEE802.15.1で規定されています．もともとは，ホテルなどの部屋の電話線ローゼットと携帯電話を統一された規格の無線回線で接続することを目的に，超小型・低消費電力の無線システムとして開発されました．

最大伝送速度は1Mbpsで，下り721kbps，上り57.6kbpsに使い分けています．このほか4kbpsの音声専用チャネルも別途三つ確保されています．通信距離は室内で10 m程度を想定していますが，規格上は

**表3 国内の無線 LAN 用周波数**

| 周波数帯 | 周波数範囲 | 備考 |
|---|---|---|
| 2.4 GHz 帯 | 2.471 G ～ 2.497 GHz | 第1世代. 日本独自 |
| 2.4 GHz 帯 | 2.4 G ～ 2.4835 GHz | 第2世代. Bluetooth, ZigBee と共用 |
| 4.9 GHz 帯 | 4.9 G ～ 5.0 GHz | 日本独自，登録要 |
| 5.03 GHz 帯 | 5.03 G ～ 5.091 GHz | 同上，2012年11月まで使用可，延長の可能性あり |
| 5.2 GHz 帯 | 5.15 G ～ 5.25 GHz | 屋内専用(衛星電話と周波数共用) |
| 5.3 GHz 帯 | 5.25 G ～ 5.35 GHz | 屋内専用(気象レーダと周波数共用) |
| 5.6 GHz 帯 | 5.470 G ～ 5.725 GHz | — |
| 25 GHz 帯 | 24.77 G ～ 25.23 G<br>27.02 G ～ 27.46 GHz | 日本独自，同時複数チャネルを使用可.<br>周波数帯が上下に分かれており，FDD*が可能 |
| 60 GHz 帯 | 57.0 G ～ 66.0 GHz | 2011年9月改訂 |

＊FDD(Frequency Division Duplex, 周波数分割復信)：上り・下り回線に異なる周波数チャネルを使う方式で，携帯電話などの多くのシステムに使われている．双方向同時に送受信できるので高速通信が可能だが，二つの周波数チャネルが必要なのと，それらの周波数間隔が十分離れている必要がある．
なお，上り・下り回線とも同一周波数チャネルを時分割(一方が送信しているときは他方は受信)で使う方式はTDD(Time Division Duplex, 時分割復信)という．周波数チャネルが一つですむので，PHSなどの多くのシステムに採用されている．極短時間で送受信回路やアンテナを切り替えなけらばならないので，大電力機器には不向き

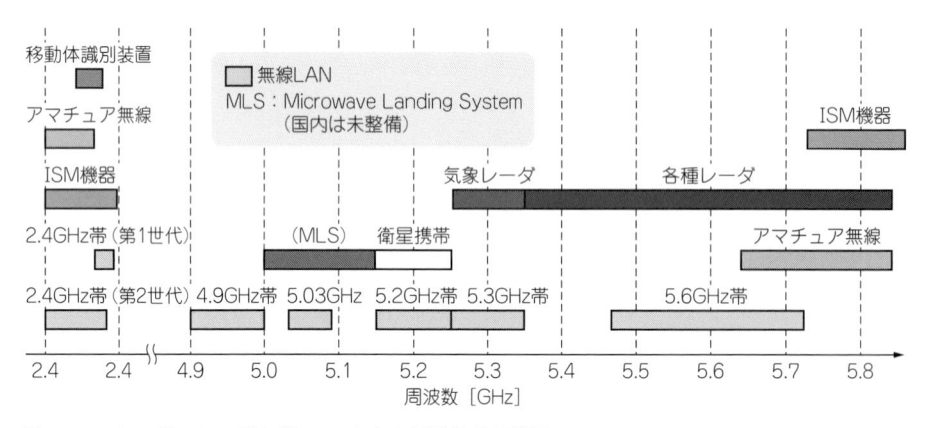

**図2 2.4 GHz 帯/5GHz 帯無線 LAN と主な周波数共用機器**

高出力(最大空中線電力 100mW)のものも可能で，無線 LAN と同じく 100m 以上の通信距離も確保できます．しかし，高出力にすると消費電力が増大し，小型・低消費電力の特徴がなくなってしまいます．実際の製品の空中線電力は 1mW またはそれ以下の出力となっています．

最近は最大 3Mbps あるいは最大 24Mbps の規格も発表されています．無線 LAN に比べて速度や通信距離の点で劣るものの，使いやすさや搭載されるデバイスの種類の多さ，携帯電話に載せることを前提とした省電力設計など，小型携帯機器に適した利点が多くあります．

Bluetooth は 2.4GHz 帯で，周波数ホッピング方式(FHSS)を採用しており，電波法的には 2.4GHz 帯無線 LAN とまったく同じ扱いです．**表5** に Bluetooth (IEEE802.15.1)の主な仕様を示します．

● **テレメータ/テレコントロール(TM/TC)データ伝送用**

400MHz 帯および 1200MHz 帯のテレメータ/テレコントロール・データ伝送用無線設備の標準規格は ARIB STD - T67 です．無線関連の強制規格と比較的簡単なプロトコルが規定されているだけなので，ユーザ側の自由度が高いといえます．ただし，許容占有帯域幅が狭いので数十 kbps を超える高速伝送は困難です．

**表6** に ARIB STD - T67 の主な仕様を示します．

● **微弱電波**

文字通り微弱な電波(距離 3m の電界強度が $35\mu$～$500\mu$ V/m 以下，周波数帯で異なる，後出の**表9**参照)の無線局です．他の無線システムに干渉を与えない，あるいは与える距離が極めて短いので，免許不要で誰にでも使えます．なお，微弱電波の無線局には，周波

### 表4 無線LANの標準規格

| IEEE規格 | 周波数帯 | 主変調方式 | 伝送速度 | 備考 |
|---|---|---|---|---|
| 802.11 | 2.4 GHz | DSSS, FHSS | 1 M～2 Mbps | 米国では900MHz帯もある |
| 802.11a | 5.2 G/5.3 G/5.6 GHz | OFDM | 6 M～54 Mbps | ― |
| 802.11b | 2.4 GHz | CCK | 1 M～11 Mbps | ― |
| 802.11 g | 2.4 GHz | OFDM | 6 M～54 Mbps | ― |
| 802.11j | 4.9 G/5.03 GHz | OFDM | 6 M～54 Mbps | 日本向け |
| 802.11n | 2.4 G/4.9 G/5.2 G/5.3 G/5.6 GHz | MIMO | 1 M～600 Mbps | ― |
| 802.11ac | 5.2 G/5.3 G/5.6 GHz | OFDM | ～約5 Gbps | 標準規格策定中 |
| 802.11ad | 60 GHz | ASKなど | ～約5 Gbps | 標準規格策定中 |

※DSSS(Direct Sequence Spread Spectrum, 直接拡散方式)：伝送する情報信号に，その帯域幅に比べ十分広い帯域幅を持つ拡散符号を直接乗算することで，信号帯域幅の広帯域化を行う方式．送信スペクトラムが広がるので他のシステムに与える干渉電力を低くできる

※FHSS(Frequency Hopping Spread Spectrum, 周波数ホッピング方式)：与えられた周波数チャネル内に複数のサブチャネルを用意し，サブチャネルを切り換えながら通信する方式．他の通信システムから見ればある瞬間だけは干渉を受けるが，時間率にして大部分は干渉を受けずに通信できる

※OFDM(Orthogonal Frequency Division Multiplexing, 直交周波数分割多重方式)：高速な信号系列を直交する複数のサブキャリアに分割して並列伝送する方式．各サブキャリアの周波数間隔は変調速度と等しい周波数として互いに直交関係(隣どうしの符号が干渉しない)を保っている．周波数利用効率が高く，耐マルチパス特性に優れている

※CCK(Complementary Code Keying, 相補符号変調方式)：DSSSが一種類のコードで拡散するのに対し，複数のコードを用い符号分割多重化をする方式．同じ占有周波数帯幅でSSの特徴を保ちながら伝送速度を上げることができる．無線LANの例ではDSSS(IEEE802.11, 2Mbps)に比べて5.5倍(IEEE802.11b, 11Mbps)の速度になっている

※MIMO(Multiple Input Multiple Output, マイモ, 直訳すると「多入力多出力」．意訳すると「空間分割多重方式」の一種)：データを分割してそれぞれ独立の信号とし，複数の送信機と複数のアンテナで並行して送信し，受信側では複数のアンテナと複数の受信機で並行して受信する方式．複数のアンテナ間の空間伝搬特性差を利用して信号を分離している．複雑かつ大規模な回路が必要だが，周波数帯利用効率が高く，高速化とともに高い耐マルチパス特性を得られる

※ASK(Amplitude Shift Keying, 振幅偏移変調)：搬送波の振幅をデータ信号によって変化させる方式．変復調回路の構成が簡単だが，ノイズや伝搬路の変動に弱いという欠点がある．簡単で安価なシステムあるいはごく短距離通信システムにしか使われていない

### 表5 Bluetoothの仕様

| 項目 | 仕様 | 備考 |
|---|---|---|
| 周波数帯 | 2.4 GHz | 2400 M～2483.5 MHz |
| 送信電力* | 1 mW以下 | ～10 mエリア |
|  | 100 mW以下 | ～100 mエリア |
| 変調方式 | FHSS | FHSS(周波数ホッピング方式)は表4参照 |
| 伝送速度 | 1 Mbps | Ver.2.0で3 Mbps, Ver.3.0で24 Mbps |

＊国内電波法では10 mW/MHz以下と電力密度で規定

### 表6 テレメータ/テレコントロール・データ伝送用無線設備の標準規格 ARIB STD-T67の仕様

| 項目 | 仕様 | 備考 |
|---|---|---|
| 周波数帯 | 400 MHz | 426.025 M～469.4875 MHz* |
|  | 1200 MHz | 1216 M～1252.9875 MHz* |
| チャネル間隔 | 400 MHz | 12.5 kHzまたは25 kHz |
|  | 1200 MHz | 25 kHzまたは50 kHz |
| 占有周波数帯幅 | 400 MHz | 8.5 kHzまたは16 kHz以下 |
|  | 1200 MHz | 16 kHzまたは32 kHz以下 |
| 空中線電力 | 1 mW以下 | 400 MHz帯の一部 |
|  | 10 mW以下 | ― |
| 変調方式 | F1D, G1D, D1Dなど | 周波数変調，位相変調または位相振幅変調 |
| 伝送速度 | 規定無し | 実際は数kbps～数十kbps程度 |

＊連続ではなく，途中が抜けている

数が13.56M/27.12M/40.68MHzで，距離500mの電界強度が$200\mu V/m$以下のものと測定用小型発振器が含まれます．

規定の電界強度以下であれば変調方式や伝送速度，プロトコルなどに制限がありません．

どんな用途にも使えますが，出力が微弱なので通信距離に強い制限を受けます．逆にいうと，ごく短距離の通信であれば微弱電波の無線局は極めて有効といえます．

通信距離は伝送速度の高低によって変わります．伝送速度を数kbpsとしたときの実用的な通信距離は10m以下程度です．計算上は伝送速度を1/2にすると通信距離を$\sqrt{2}$倍にできます．

通信するためには何らかのプロトコルが必要です．簡単なプロトコルでも一から作るのはたいへんなので，ARIB STD-T67を参考にしたり，無線LANやZigBeeのプロトコルを採用したりすることがあります．後者の場合は無線LANやZigBeeのチップセッ

トをそのまま使い，送信電力やアンテナ利得を規定の電界強度以下になるようにしています．

## 免許を取らずにすませるには

### ● 免許を取るのはたいへん！

無線局を開設・運用するには原則として電波法を知っていることを証明するための免許（無線局免許と無線従事者免許）が必要です．

免許取得の手順を図3に示します．無線局の種類や規模にもよりますが数ヶ月以上かかるのが一般的です．

免許申請や更新に費用がかかり，さらに電波利用料がかかります（表7）．誰もが簡単に無線通信を利用するというわけにはいきません．

ちなみに電波利用料は免許必要局および登録局に賦課され，周波数帯や使用する周波数幅，空中線電力の大きさなどで料金が変わります．地域によって変わる場合もあります（需要の多い地域は高額になる）．徴収した電波利用料は，電波の適正な利用の確保を目的に使われます．具体的には，電波の監視，周波数を効率的に利用する技術開発，特定周波数変更・終了対策業務，電波利用料に係る制度の企画・立案などです．

### ● 免許不要でデータ通信に使える無線局は2種類

無線局の開設・運用には原則として免許が必要ですが，利便性を考慮して免許不要の無線局の制度が定められています．

▶ 免許不要な無線局の種類

具体的な免許不要の無線局を図4に示します．

登録局は，登録者に無線従事者免許を要求されるので厳密な意味では免許不要の無線局とは言い難いです．

包括免許局は通信事業者が包括して免許申請しているので，一般には免許不要局とはいいません．

表8に示す3種類が免許不要局といえます．

▶ データ通信に使える微弱無線局と小電力無線局

市民ラジオの無線局は通話専用なので，データ通信に使える免許不要の無線局は，微弱無線局か小電力無線局です．両者の比較を表9に示します．

微弱無線局は自由度が高いのですが，通信距離が短くて用途が限定されます．とくに，動画像のような高速データ通信の場合は極端に通信距離が短くなってしまいます．

### ● 免許不要局なら本当にすぐ使えるの？

小電力無線局は必ずしもすぐ使えるとは限りません．

まず，使おうとしている無線モジュールが，電波法で決められた性能を満たしていることを証明する技術基準適合証明（技適）を取っているものか確認します．技適が取れていないモジュールは使えません．

無線モジュールとホスト機器を標準的なインター

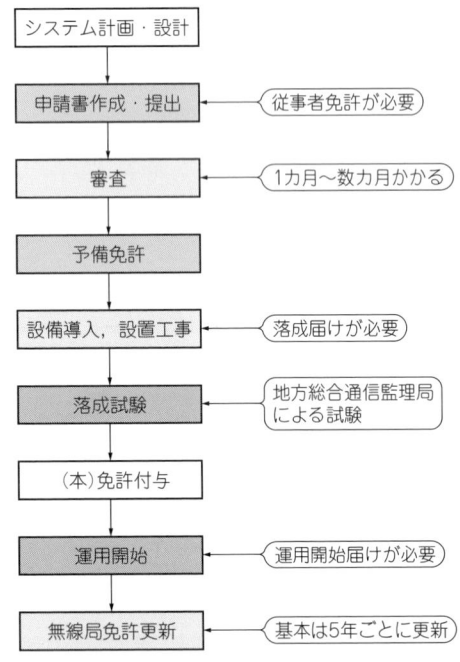

図3　無線局を開設・運用するための免許を取るには手間がかかる

表7　免許必要局や登録局に賦課される電波利用料[1]

| 局　種 | 条　件 | 料金（円，年額） |
|---|---|---|
| 携帯電話端末 | 包括免許局，広域専用電波 | 250 |
| アマチュア無線 | ― | 300 |
| 航空機局，船舶局 | 移動局，周波数3 GHz以下 | 400 |
| 車載局等 | 周波数3 GHz以下，幅6 MHz以下 | 400 |
| ラジオ放送局 | 周波数6 GHz以下，幅100 kHz以下，空中線電力50 kW超 | 2,469,600 |
| 衛星局 | 周波数3 GHz以下，幅3 MHz超 | 124,352,600 |
| 地デジ放送局 | 周波数6 GHz以下，空中線電力10 kW超 | 364,685,400 |
| 公共利用 | 国や地方公共団体が開設する防災用に供する無線局など | 原則 0 |

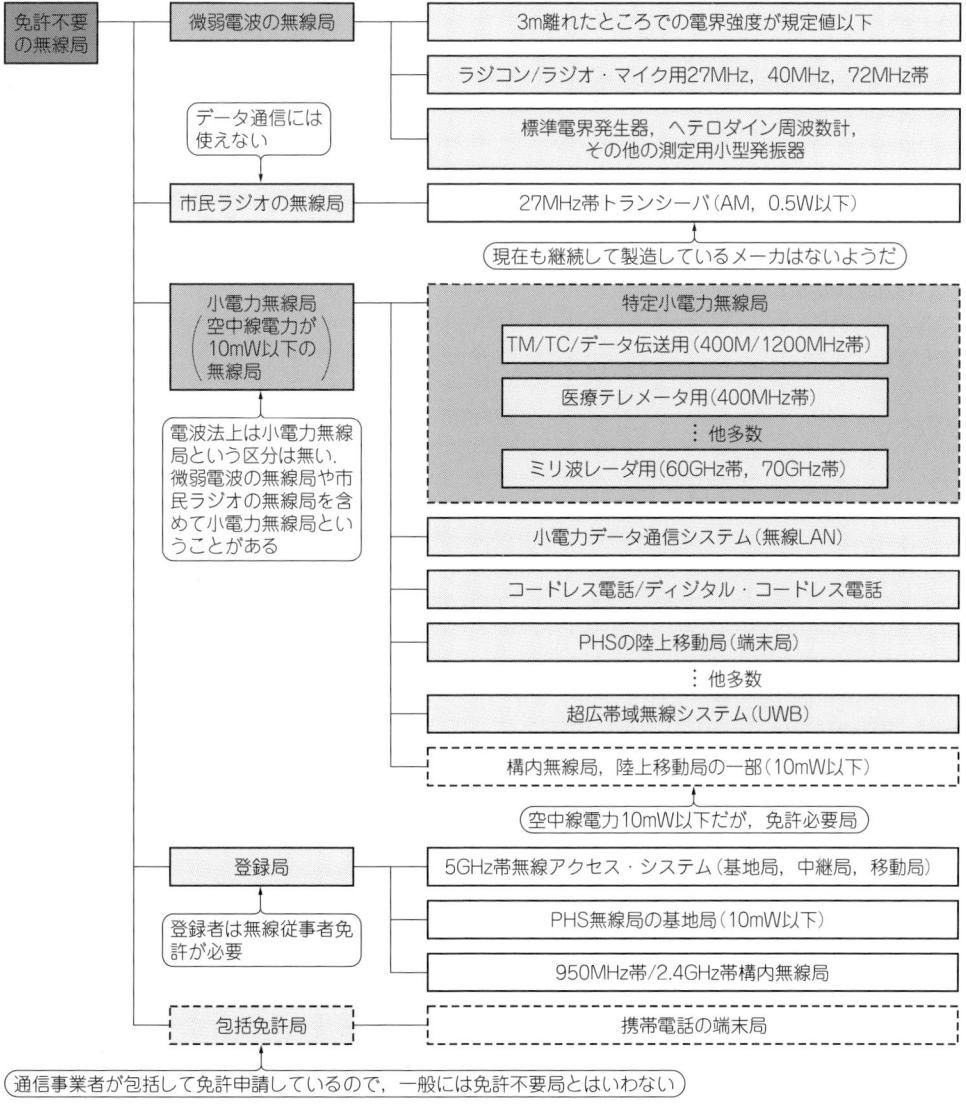

```
免許不要 ─┬─ 微弱電波の無線局 ─┬─ 3m離れたところでの電界強度が規定値以下
の無線局     │                  ├─ ラジコン/ラジオ・マイク用27MHz，40MHz，72MHz帯
             │                  └─ 標準電界発生器，ヘテロダイン周波数計，
             │                     その他の測定用小型発振器
             │   (データ通信には使えない)
             │
             ├─ 市民ラジオの無線局 ─── 27MHz帯トランシーバ(AM，0.5W以下)
             │   (現在も継続して製造しているメーカはないようだ)
             │
             ├─ 小電力無線局 ─┬─ 特定小電力無線局
             │   (空中線電力が │   ┌ TM/TC/データ伝送用(400M/1200MHz帯)
             │   10mW以下の    │   ├ 医療テレメータ用(400MHz帯)
             │   無線局)       │   ┊ 他多数
             │                 │   └ ミリ波レーダ用(60GHz帯，70GHz帯)
             │   (電波法上は小電力無線
             │    局という区分は無い．
             │    微弱電波の無線局や市
             │    民ラジオの無線局を含
             │    めて小電力無線局とい
             │    うことがある)
             │                  ├─ 小電力データ通信システム(無線LAN)
             │                  ├─ コードレス電話/ディジタル・コードレス電話
             │                  ├─ PHSの陸上移動局(端末局)
             │                  ┊ 他多数
             │                  ├─ 超広帯域無線システム(UWB)
             │                  └─ 構内無線局，陸上移動局の一部(10mW以下)
             │                       (空中線電力10mW以下だが，免許必要局)
             │
             ├─ 登録局 ─┬─ 5GHz帯無線アクセス・システム(基地局，中継局，移動局)
             │          ├─ PHS無線局の基地局(10mW以下)
             │          └─ 950MHz帯/2.4GHz帯構内無線局
             │   (登録者は無線従事者免許が必要)
             │
             └─ 包括免許局 ─── 携帯電話の端末局
                 (通信事業者が包括して免許申請しているので，一般には免許不要局とはいわない)
```

**図4 免許が要らない無線局の種類**

**表8 免許が要らない無線局**

| 無線局 | 条件(原文) | | 周波数 | 用途 |
|---|---|---|---|---|
| 微弱 | 発射する電波が著しく微弱な無線局で総務省令で定めるもの | 当該無線局の無線設備から3mの距離において定められた電界強度($35 \sim 500 \mu V/m$，周波数帯で異なる)以下のもの | 規定なし | 規定なし |
| | | 当該無線局の無線設備から500mの距離において，その電界強度が毎メートル$200 \mu V/m$以下のもの | 13.56 M/27.12 M/40.68 MHz | 通話，リモコン |
| | | 標準電界発生器，ヘテロダイン周波数計その他の測定用小型発振器 | 規定なし | 調査，試験研究など |
| 小電力 | 空中線電力が1W以下である無線局のうち総務省令で定めるものであって，次条の規定により指定された呼出符号又は呼出名称を自動的に送信し，又は受信する機能その他総務省令で定める機能を有することにより他の無線局にその運用を阻害するような混信その他の妨害を与えないように運用することができるもので，かつ，適合表示無線設備のみを使用するもの | | 30 M 〜 300 GHz (VHF，UHF，SHF，EHF) | 通話，リモコン，データ伝送など．周波数帯によって用途制限あり |
| 市民ラジオ | 26.9 M 〜 27.2 MHzまでの周波数の電波を使用し，かつ，空中線電力が0.5W以下である無線局のうち総務省令で定めるものであって，適合表示無線設備を使用するもの．適合表示無線設備は技術基準適合証明(あるいは工事設計認証)を受けた無線設備 | | 27 MHz帯 | 通話専用 |

表9 免許が要らない無線局のうちデータ通信に使えるもの

| | 微弱無線局 | 小電力無線局 |
|---|---|---|
| 出力 | 3m地点の電界強度で下図のように規定<br>電界強度 [μV/m]: 500, 35<br>周波数 [Hz]: 322M, 10G, 150G | 空中線電力が1W以下．ただし，現状はほとんどが10mW以下<br>アンテナは，利得2.14dBi以下で，筐体に固定が原則．一部は高利得の外付けアンテナも利用可能．<br>dBiは，完全無指向性アンテナ(Isotropic Antenna)を基準としたアンテナ利得を表す単位<br>小電力データ通信システム（無線LAN）の空中線電力は電力密度規定なので，実際の出力は現行でも200mW程度出せる．空中線電力は無線機の出力電力で，アンテナ(空中線)端子で測定される電力 |
| 変調方式 | 規定なし | 種類ごとに規定されている．たとえば，2.4GHz帯小電力データ通信システムの場合はディジタル方式であればどんな方式でも使える |
| 実用通信距離 | 周波数や伝送速度によって変わる．おおむね10m以下と考えてよい | 種類，周波数，伝送速度によって大きく変わるが，おおむね100m程度と考えてよい<br>2.4GHz帯無線LANの1：1回線では数十kmの例もある |
| 技適 | 不要(微弱無線の証明有りが望ましい) | 必要 |

フェースで接続する場合，ホスト機器がパソコンであればパソコン内蔵のドライバ・ソフトを使えます．しかし，パソコンでないときはあらかじめホスト機器にドライバ・ソフトウェアを組み込む必要があります．とくに，無線LANなどのような高機能の無線モジュールの場合，ドライバ・ソフトウェアは大がかりでコストがかかります．

◆ 引用文献 ◆

(1) 電波利用料額表，電波利用ホームページ．総務省．
http://www.tele.soumu.go.jp/j/sys/fees/sum/money.htm

## Column 高速で通信距離も長い無線LANはBluetoothやZigBeeを席巻するか？

　無線LAN，Bluetooth，ZigBeeの3者を比較すると伝送速度や通信距離などの基本機能は無線LANが圧倒しています．それでは，無線LANの消費電力と価格を下げればBluetoothとZigBeeを席巻できるかというとそうはいきません．

　無線LANのような高速・長距離通信には理論的に大きな電力が必要です．つまり，無理に消費電力を下げると無線LANの優位性がなくなってしまいます．

　無線LANをZigBeeのように間欠動作にすれば平均消費電力を下げられますが，間欠動作では標準の無線LANの動作とずれてきてしまいます．

　今後，無線LANの低消費電力化・低価格化が進んでも，無線LANがBluetoothやZigBeeに代わることはできず，無線LANは高速長距離通信，Bluetoothは中速中距離通信，ZigBeeは低速短距離通信と棲み分けていくと思われます．

〈藤田 昇〉

※本章は「トランジスタ技術」誌2011年9月号の記事を元に，加筆，再編集を加えたものです

# 第16章 空中が無法地帯にならないように取り締まる「電波法」と「技適」

―― えっ！懲役刑？ 知らないでは済まされない道路交通法の電波版

藤田 昇　Noboru Fujita

車の運転手は道路交通法の知識があることを，試験にパスすることで証明し，国から運転免許状を与えられます．同様に電波を出す人（無線局）は，電波法の知識をもっていることを試験にパスすることで証明し，国から免許（無線局免許状）を与えられます．XBeeモジュールは，技適を取得済みなので，ユーザは法律など気にせず使えます．本章では，この電波法の基礎知識を紹介します．

　XBeeモジュールを含む免許不要の無線局は，無線機や電波の知識がなくても使えます．それは，誰が使っても第三者に迷惑をかけずに電波を共用できるしくみを国が整えているからです．

　たとえば，微弱電波の無線局は送信電力（電界強度で規定）が極端に低く抑えられています．小電力無線局は特定の技術基準を設け，ユーザが意識しなくても自動的に混信を避け，かつ違法な電波を出せないようにしています（表1）．

　しかし，使い方を間違えたり違法な改造をしたりすると，第三者の通信や放送を阻害するおそれがあります．

　電波（周波数）は有限な資源なので，電波法は「電波の公平かつ能率的な利用を確保することによって，公共の福祉を増進すること」を目的として定められています．電波の公平かつ能率的な利用を阻害するようなことは絶対にやってはいけません．

## 落とし穴がたくさん

### ● 落とし穴1…改造してはいけません

　XBeeモジュールを含む技適（技術基準適合証明）を取った小電力無線機の改造は法律違反です．さらにそれを使うことも電波法違反です．厳密にいうとユーザが（容易に開けられない構造の）きょう体を開けただけで技適違反になります．

　技適/認証を取得した時点と性能や回路・部品などが違う場合は再取得または変更申請が必要です．

▶ 組み込む場合のアンテナも変えてはダメ

　技適を取得済みの無線モジュールをホスト機器に組み込む場合も，技適取得時の条件を守らなければなりません．例えば図1のようにアンテナ一体型のものはそのまま組み込みます．ホスト機器のきょう体が金属製の場合はアンテナを外部に出す工夫が必要です．

　無線LANのようにアンテナを取り外せたり，給電線で延長できたりするものもありますが，アンテナや給電線はあらかじめ技適申請しておいた組み合わせしか使えません．

### ● 落とし穴2…修理のときは部品の型名まで完全に元に戻すこと

　技適を取った無線モジュールを修理する場合は，修

表1　免許不要の無線局では混信が起きないように周波数を共有するしくみを国が整えている

| 項　目 | | 対　策 | 備　考 |
|---|---|---|---|
| ● 技術面 | | | |
| 混信が起きない | | キャリア・センス | 他の無線局が送信中は送信しない |
| | | 小さい電力（1 W以下） | 与干渉範囲が狭い（以前は10 mW以下） |
| 周波数の公平利用 | | 送信時間を制限する機能 | 連続送信時間や空き時間の規定 |
| 小型軽量 | | 技術仕様の緩和 | 免許局に比べてスプリアス規格などを緩和 |
| 不法対策 | | 空中線一体型のきょう体 | EIRP*の制限 |
| | | 呼び出し名称などの送出 | 呼び出し名称の傍受によるメーカの特定 |
| ● 経済面 | | | |
| 小型軽量 | | 技術仕様の緩和 | 誰にでも容易に使える |
| 免許申請不要 | | 技適・認証制度 | 業務の簡略化 |
| ● 管理面 | | | |
| 無線従事者不要 | | 呼び出し名称などの自動送出 | 機種やメーカの特定 |

＊ EIRP：Equivalent Isotropically Radiated Power

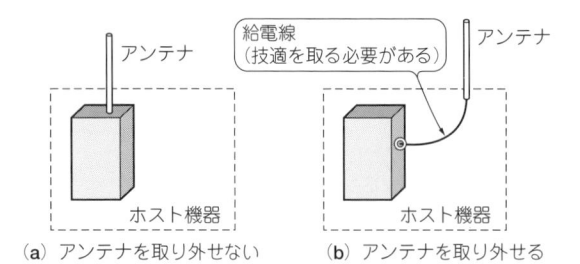

図1 無線モジュールを機器に組み込むときも技適取得時の条件を守らなければならない
(a) アンテナを取り外せない
(b) アンテナを取り外せる

理に使う部品の品種や型名も含めて元に戻さなければなりません．

古い部品は入手が難しいことが多く，購入時期から長時間経った機器はメーカで修理を引き受けてもらえないこともあります．修理にかける費用が新品購入費用より高くなることがままあります．

● 落とし穴3…使用場所が限定されていることがある

使用場所が限られている無線局があります．たとえば，5.2G/5.3GHz帯無線LANは屋内に限定，陸上局指定のもの（5GHz帯無線アクセス・システムなど）は陸上に限定されています．ちなみに，5.2G/5.3GHz帯無線LANの本体（カードなど）には屋内でしか使えないという注意書きがあります．

● 落とし穴4…自主規制を守りましょう

電波需要がひっ迫しており，既往のユーザが存在する帯域に新しい規格の無線システムが割り込むことがあります．たとえば，2.4GHz帯無線LANは，アマチュア無線や移動体識別装置と周波数を共用しているので，課題の明示や使用前の環境調査など自主規制が定められています．

## 違反すると懲役を喰らうことも…

電波法 第九章 第百五条～第百十六条に罰則規定があります．たとえば，「免許が必要にもかかわらず無免許で無線局を開設あるいは運用したとき」や「適合表示無線設備のみを使用すべき無線局において適合表示のない無線設備を運用した場合」は，1年以下の懲役または百万円以下の罰金に処せられます．

注意しなければならないのは，無線局を開設しただけ，つまり電波を出せる状態にしただけで，罰せられるということです．もっとも，携帯トランシーバの場合はボタンを押すだけで電波が出てしまうので，買って電池を入れた時点，あるいは電源スイッチを入れた時点（実際に電波を発射しなくても）で違法になります．

表2 技術基準に適合していることを証明してくれる機関のいろいろ

| 証明機関コード | 登録証明機関名 | 対象設備 |
|---|---|---|
| 001 | (財)テレコムエンジニアリングセンター：TELEC | 全ての特定無線設備 |
| 002 | (財)日本アマチュア無線振興協会 | アマチュア無線局 |
| 003 | (株)ディーエスピーリサーチ | 全ての特定無線設備 |
| 004 | (ケミトックス)…2011年3月業務廃止 | ― |
| 005 | テュフ・ラインランド・ジャパン(株) | 全ての特定無線設備 |
| 006 | (株)アールエフ・テクノロジー | 免許不要局 |
| 007 | (株)UL Japan | 全ての特定無線設備 |
| 008 | (株)コスモス・コーポレイション | 全ての特定無線設備 |
| 009 | (SGSジャパン)…2011年3月業務廃止 | ― |
| 010 | テュフズードオータマ(株) | 免許不要局 |
| 011 | (株)ザクタテクノロジーコーポレーション | 全ての特定無線設備 |
| 012 | インターテック ジャパン(株) | 全ての特定無線設備 |
| 013 | 一般財団法人日本品質保証機構 | 免許不要局 |

※ ■は電気通信端末機器の登録認定機関を兼ねる

一方，違反するおそれのある無線機を売るだけ/買うだけでは罰せられません．たとえば，27MHz帯のCBトランシーバの空中線電力は0.5W以下と定められていますが，海外向けの5～10W出力の無線機が売られていることがあります．そればかりか，出力1kWを超えるブースタが売られていることがあります．

ちなみに法人（代表者または代理人，使用人その他の従事者を含む）の違反行為に対してはより高額な罰金を科せられることがあります．たとえば，技術基準に適合しない無線設備に対する改善命令に従わなかったときは1億円以下の罰金刑に処せられます．

また，人命に影響するような行為は罰則が重くなります．たとえば，「船舶遭難または航空機遭難の事実がないのに，無線設備によって遭難通信を発した者は，三カ月以上十年以下の懲役に処する」となっています．

## 無線機が基準を満たしていることを証明する「技適マーク」

● 技適を取った無線機しか使っちゃダメ

技適は，技術基準適合証明（電波法第38条の6）の略称です．総務大臣の登録を受けた証明機関（表2）が，個々の無線通信機器を試験し，遵守すべき技術基準に適合していることを証明する制度です．

相互承認協定（MRA：Mutual Recognition Agreement）を締結した国の適合性評価機関（表3）でも，技術基準適合証明を行えます．

技適と同様の制度で工事設計認証（電波法第38条

表3 相互承認協定を締結した国の適合性評価機関でも技術基準適合の証明が可能

| 証明機関コード | 登録外国適合性評価機関名 | 対象設備 |
|---|---|---|
| 201 | TELEFICATION B.V(蘭) | 全ての特定無線設備 |
| 202 | CETECOM ICT Services GmbH(独) | 全ての特定無線設備 |
| 203 | BABT(英) | 免許不要局 |
| 204 | Phoenix Testlab GmbH(独) | 全ての特定無線設備 |
| 205 | KTL(英) | 全ての特定無線設備 |
| 206 | EMCCert Dr. Rasek GmbH(独) | 全ての特定無線設備 |
| 207 | BV LCIE(仏) | 全ての特定無線設備 |
| 208 | Siemic,Inc.(米) | 免許不要局 |
| 209 | ACB,Inc(米) | 免許不要局 |
| 210 | MiCOM Labs(米) | すべての特定無線設備 |
| 211 | Bay Area Compliance Laboratories Corp(米) | すべての特定無線設備 |

※ ■は電気通信端末機器の登録外国適合性評価機関を兼ねる

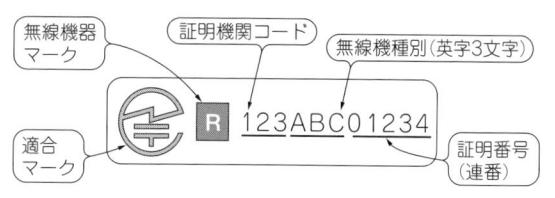

図2 技適を取得した機器に貼られる適合表示シール
一つのきょう体に複数種の無線機を内蔵する場合は複数行の表示になる

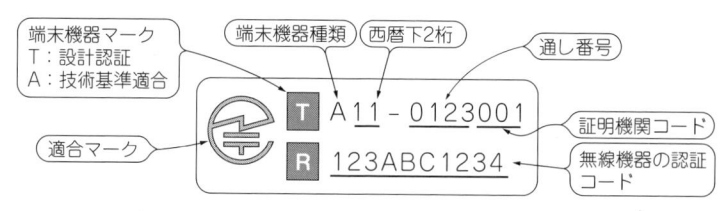

図3 電気通信端末機器認証と合わせた適合表示シール

の24)があります．これは個々の機器の試験は行わず，同一種類の無線機器全体として証明番号を付与する制度で，認証と略称されます．大量生産品の場合は受験費用の面で技適より経済的です．

技適（あるいは認証）を取得すれば，無線局免許申請や変更時に落成検査や変更検査が省略されます．もっとも大きな利点は，特定小電力無線局や登録局，包括免許局において免許不要で使えるようになることです．逆に適合表示がないものは，特定小電力無線局や登録局，包括免許局として使えません．

● 技適を取ったモジュールにはシールが貼られている

自作の無線モジュールを小電力無線局として運用する場合や，技適が取られていない無線モジュールを購入して運用する場合は，ユーザ（購入者）が技適をとる必要があります．

技適を取得した機器には適合表示（図2）シールが貼り付けられます．

無線設備としては技適/認証を取得すればよいのですが，無線設備の中には電気通信回線に接続する機能を持つものがあります．ここでいう電気通信回線とは通信事業者（第一種あるいは第二種）が運営する通信回線を指します．たとえば，ルータ付きの無線LANのように通信回線を接続できるものです．このような機器は無線設備としての技適/認証の他に端末機器技術基準適合認定が必要です．電気通信端末機器認証と合わせた適合表示シールを図3に示します．

# Appendix7　XBeeどうしをつなぐ電波の伝わり方
## ―― 広がり方や干渉のようす

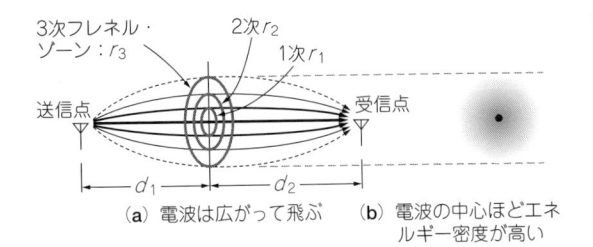

**図A　フレネル・ゾーン**
電波は広がって飛ぶのである程度の空間がないと伝搬していかない

(a) 電波は広がって飛ぶ
(b) 電波の中心ほどエネルギー密度が高い

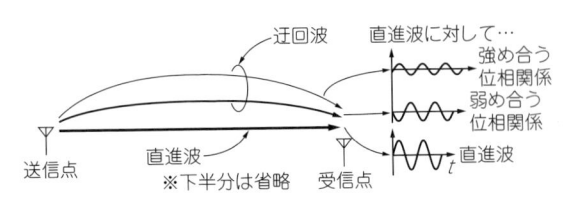

**図B　経路長の差と干渉**

## ● 電波のスピード

電波は周波数3THz以下の電磁波を指します．電磁波は直交する電界と磁界の相互作用によって進行する横波です．横波とは進行方向に対して電界の振動あるいは磁界の振動方向が直交していることを意味します．

いったん発射された電波は立体的に広がりながら伝搬します．真空中での速度は光速（秒速約30万km）と同じです．

誘電体（絶縁体）の中の電波の速度は比誘電率の平方根に逆比例します．例えば，比誘電率が4の物質内では電波の速度は1/2（秒速約15万km）になります．空気の比誘電率はほぼ1なので，空気中の電波伝搬速度は真空中と同じとして扱えます．

## ● 電波の広がり方

送信点と受信点の間の電波伝搬を考えると，**図A**に示すように電波のエネルギーは空間を広がって進みます．送受信点間の距離が長くなると大きく広がります．エネルギー密度でいうと中心は密度が高く，中心から離れるほど密度が低くなります．

この広がり方は波長によって異なり，波長が長い（周波数が低い）電波は広がり方が大きく，波長が短い（周波数が高い）電波は広がり方が小さくなります．この広がり部分に障害物があると電波は減衰します．つまり，ある程度の空間がないと電波は伝搬しません．

## ● 伝搬経路の差と干渉

中心を通る電波（直進波）に対して周辺に広がった電波（迂回波）は経路長が異なります．つまり受信点に到達する時間が異なります．

**図B**に経路長の差と干渉のようすを示します．受信点で得られる電力は複数の経路の電波が合成されたものになりますが，電波は波ですから干渉という現象があり，到達時間差があるとその位相関係によってうち消し合ったり強め合ったりします．

## ● 電波の拡がり具合いの計算

式(A)で表される半径$r_n$[m]の回転楕円体（ラグビーボールのような形）をフレネル・ゾーンといいます（**図A**）．もともとはフランスの物理学者フレネル（Augustin Jean Fresnel，1788～1827年）が光学関係で考案したものです．

$$r_n = \sqrt{\frac{n\lambda d_1 d_2}{d_1 + d_2}} \quad \cdots\cdots\cdots (A)$$

ただし，$n$：次数（整数），$\lambda$：波長[m] $\lambda$＝光速（真空中の場合$3 \times 10^8$m/s）÷周波数[Hz]，$d_1$：送信アンテナからの距離[m]，$d_2$：受信アンテナまでの距離[m]

$n=1$のときは1次フレネル・ゾーン，$n=2$のときは2次フレネル・ゾーンといいます．直進波と干渉したときに，$n$が奇数のエリアは強め合い，偶数のエリアは弱め合うという意味を持ちます．

電波のエネルギーの大部分は1次フレネル・ゾーン内にあり，障害物が1次フレネル・ゾーンを遮らない条件であれば，自由空間として扱えることになります．

ちなみに，同じ電磁波である光も空間を広がって進みますが，光（可視光）の波長は電波に比べて短い（1μm以下）ので，通常はフレネル・ゾーンを意識しません．

## ● 回線を構築するときに気を付けたいこと

2.4GHz帯のように周波数の高い（波長の短い）電波を利用するときは，見通し通信が原則です．つまり，受信アンテナの地点から送信アンテナが見えるようにしなければなりません．

さらに光学的に見えるだけでなく，少なくとも1次フレネル・ゾーンの中に障害物が来ないようにしなければなりません．ただし，1次フレネル・ゾーンの中に障害物があるとまったく通信できなくなるわけではありません．例えば，金属板でフレネル・ゾーンの下半分が遮られても6dBの低下で済みます．〈藤田　昇〉

※本Appendix7は「トランジスタ技術」誌2012年1月号に掲載された記事を元に，再編集したものです

# Appendix8　通信を妨げる五つの天敵
―― 回路の雑音，減衰，干渉…XBeeの周りは敵だらけ

## ① 回路の雑音

無線受信機には動作可能な最小受信電力（受信感度）があります．受信感度は受信機内部で発生する雑音電力の大きさに左右されます．

この雑音電力は，トランジスタなど回路を構成する素子の動作から発生する雑音と熱雑音に大別できます．

素子動作からの雑音は雑音指数で表され，部品の選択や回路の工夫によって下げられます．熱雑音は物質の温度（正確には分子運動）によって発生するもので，温度がある限り避けられません．つまり，受信感度は有限の値を持ち，それ以下の受信電力では通信できないということです．

## ② 障害物

受信電力は送信点からの距離のほか，途中の電波障害物によって影響を受けます．透過損失のある物質を挟んでの通信では，通信距離が制限されます．例えば，透過損失が20dBの場合は計算上の通信距離が1/10になってしまいます．

## ③ 距離

通信距離が長いのはもちろんですが短すぎても通信障害が出ることもあります．これは，受信電力が大きくなりすぎて受信回路が飽和してしまうからです．この現象は振幅変調系（ASK，QAM，OFDMなど）で出やすいです．

## ④ 電波干渉

同一空間・同一時刻に同一周波数帯の複数の電波が存在すると，相互に干渉します．

自システムの通信エリアで他の無線機や電波利用装置（電子レンジなど）が動作していると干渉源になるので，干渉源の排除や干渉源との距離を確保する必要があります．自システムが使用している電波（希望波）の周波数とまったく同じ周波数の干渉波（妨害波）は，低いレベルでも通信の障害となります．

干渉の度合いは変復調方式やプロトコルに影響されますが，一般には希望波と妨害波の比D/U（Desire Undesire Ratio）が10dB以上必要です．

多くの無線システムが周波数を共用している2.4GHz帯で使用する無線システムは，自動的に干渉を回避する機能や干渉に強い変復調方式，さらには干渉によって通信エラーを起こしたときの対応策が組み込まれています．表Aに，2.4GHz帯の干渉回避機能を示します．

## ⑤ マルチパス

電波の障害物や反射物が何もなければ直接波だけ考えればよいのですが，実際の無線システムではそうもいきません．とくに地球上で使う場合は多くの障害物や反射物が存在します．

2.4GHz帯の場合は見通し通信が原則なので通信路を遮るような障害物がないことを前提にしていますが，大地や建物などの反射物をなくすことは困難です．反射物があるということは直接波と反射波の両方を受信してしまうことです．このように複数の経路をマルチパスといいます．

### ▶ フェージング（マルチパス・フェージング）

直接波と反射波の搬送波の位相差によって受信電力が変動する現象です（図C）．アンテナ間距離やアンテナの高さによって受信電力が落ち込む点（null point：ヌル・ポイント）が変わります．また，平面大地上や海上伝搬のように反射面が一つのときは落ち込み量が大きくなりがちです．

固定通信の場合は，あらかじめアンテナの位置や高さを調整することでヌル・ポイントを避けられます．しかし，海上やダム湖上を経由する伝搬の場合は水面

**表A　2.4GHz帯の干渉回避機能**

| 機能 | | 動作概要 | | 採用機器例 |
|---|---|---|---|---|
| 拡散変調 | | 狭帯域変調波の干渉を低減 | FHSS *1 | 無線LAN，Bluetooth |
| | | | DSSS *2 | 無線LAN，ZigBee |
| | | | OFDM *3 | 無線LAN |
| CSMA (Carrier Sense Multiple Access) | | 送信しようとするチャネルを監視し，他局の電波を検知したときは送信しない機能 | | 無線LAN，Bluetooth，ZigBee |
| AFH (Adaptive Frequency Hopping) | | FHSS方式において，干渉を受けたサブチャネルを使わずに送信する方式 | | 無線LAN |
| DFS (Dynamic Frequency Selection) | | 他局の電波を検知したときやスループットが想定より低下したときにチャネルを変える機能 | | 無線LAN<br>無線LAN，Bluetooth， |
| 誤り制御 | ARQ (Automatic Repeat reQuest) | 受信データに誤りがあったときは同一データを再度送信する機能 | | ZigBee |
| | FEC (Forward Error Collection) | あらかじめ訂正用ビットを送信しておき，受信側である程度の誤りまでは訂正する機能 | | 無線LAN |

＊1：Frequency Hopping Spread Spectrum（周波数ホッピング方式）
＊2：Direct Sequence Spread Spectrum（直接拡散方式）
＊3：Orthogonal Frequency Division Multiplexing（直交周波数分割多重方式）

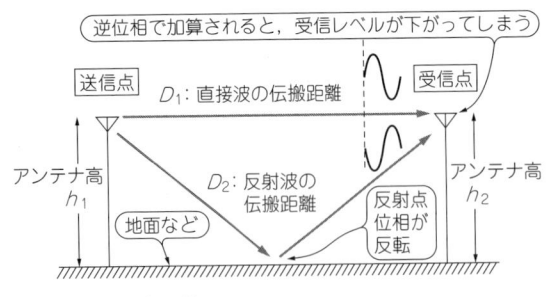

**図C　フェージング**
直接波と反射波の搬送波の位相差によって受信電力が変動する

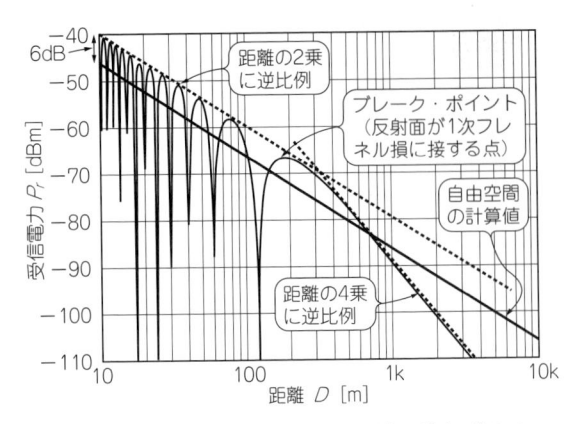

**図D　平面大地上の移動体のフェージング（2波シミュレーション）**
距離を変化させながら受信電力を計算した．計算条件は次のとおり：周波数：2450MHz，アンテナ高1：5m，アンテナ高2：1.5m，空中線電力：10dBm，アンテナ・ゲイン：2dBi（送受とも），給電線損失：0dB（送受とも），反射率：100％，信号波：正弦波，地球曲面：無視

の変動（潮位や放水）が大きいので，アンテナ位置や高さの調整ではヌル・ポイントを避けられない場合があります．この場合は，上下方向に配置したダイバーシティ・アンテナによる対策が有効です．

一方，移動体通信では送信点と受信点の相対位置が変わります．つまり，移動するとヌル・ポイントに入ってしまうことがあるということです．

**図D**は基地局アンテナ高5m，移動局アンテナ高1.5mとし，距離を変化させながら受信電力を計算したものです．二つの正弦波の合成で計算しているので深いヌル・ポイントになっていますが，SSやOFDM方式のように拡散されているときは落ち込みが浅くなります．例えば，拡散幅が20MHz程度のときは落ち込み量が最大30dB程度になります．

距離が短い範囲ではヌル・ポイントに入っても十分な受信電力が得られますが，距離が長くなるとヌル・ポイント付近では通信ができなくなることがあります．この場合は移動体の前後方向に配置したダイバーシティ・アンテナによる対策が有効です．

▶ シンボル間干渉

直接波と反射波の搬送波の位相差がずれるとマルチパス・フェージングを起こしますが，さらにずれる時間差が大きくなって変調速度を無視できないようになると，変調符号間で干渉を起こし，復調性能が劣化します（**図E**）．この現象をシンボル間干渉（あるいは符号間干渉）といいます．

シンボル間干渉は伝送速度が速くなるほど顕著になります．これは，伝送速度を速くするためには一般に変調速度を速くしなければならず，変調速度を速くすると比較的短い時間差，いいかえれば比較的短い経路長差でシンボル間干渉が発生するからです．

例えば，ZigBeeの変調速度は2Msps（Symbol Per Second）ですから，シンボル間隔は，時間で500ns，距離で150mになります．通常，屋内で使うときはこれほど大きな経路長差になることは少ないですが，大きな工場内や屋外で使用するときは長い経路長差になることがあります．そのため，工場内のように反射の多い環境では注意する必要があります．

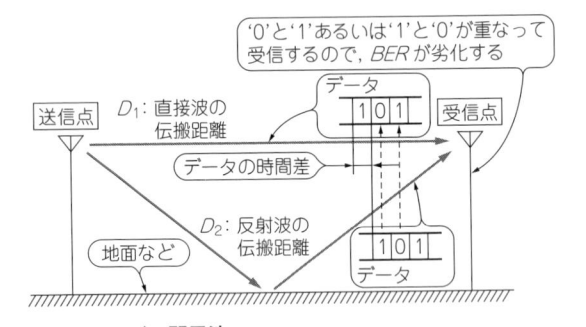

**図E　シンボル間干渉**
変調符号間で干渉を起こし，復調性能が劣化する

＊　＊　＊

干渉波や障害物があるとエラーが発生し，通信できなくなったり，スループットが低下したりします．干渉源を遠ざけたり，障害物をどけたりすることで通信障害を低減できます．また，通信距離を短く想定したり，アンテナ利得を上げたりすることでも，通信障害を低減できます．

ところが，マルチパスによる通信障害は自システムの電波がじゃまをする現象ですので，対策が難しくなります．もちろん反射面をなくせばよいのですが非現実的です．そこで，フェージングに強い方式（SS方式やOFDM方式など）を採用したり，OFDM方式のように，シンボル速度を落としてシンボル間に隙間（ガード・タイム）を設けたりします．さらに，通信環境によって方式や設定定数を選ぶ必要があります．当然ですが，短距離通信を想定したプロトコルや定数を，想定を超えた長距離通信に当てはめるのは望ましくありません．通信システムにも適材適所を心がける必要があります．

〈藤田　昇〉

※本Appendix8は「トランジスタ技術」誌2012年1月号を元に再編集したものです

# 巻末付録 ATコマンド集(シリーズ2)

訳:濱原 和明　Kazuaki Hamahara

　XBeeのシリーズ2は標準規格ZigBeeに対応しており,シンプルな通信はもちろん,ZigBee対応のモジュールとネットワークを構築できます.本書と同時発売のキット「[XBee 2個+書込基板]超お手軽無線モジュールXBee」にも同梱されています.ここでは,シリーズ2がもつすべてのATコマンドを日本語に訳して掲載しました.
　付属CD-ROMには,シリーズ1のATコマンドの日本語版も収録してあります(ATコマンド集.pdf).

(a) 番地の割り付け (Addressing)

| ATコマンド | 名前と用例 | タイプ* | パラメータの範囲 | 初期値 | 関連章 |
|---|---|---|---|---|---|
| DH | **Destination address High**<br>相手先64ビット・アドレスの上位32ビットを指定する.また,64ビット・アドレスには特殊なアドレスがある.<br>　0x0000000000000000:コーディネータ<br>　0x000000000000FFFF:ブロードキャスト・アドレス | CRE | 0〜0xFFFFFFFF | 0 | 第7章 |
| DL | **Destination address Low**<br>相手先64ビット・アドレスの下位32ビットを指定する.また,64ビット・アドレスには特殊なアドレスがある.<br>　0x0000000000000000:コーディネータ<br>　0x000000000000FFFF:ブロードキャスト・アドレス | CRE | 0〜0xFFFFFFFF | デバイス・タイプで異なる.コーディネータの場合は0xFFFF,ルータ/エンド・デバイスの場合は0 | 第7章 |
| MY | **16bit Network Address**<br>16ビット・ネットワーク・アドレス.読み出したときに0xFFFEであればネットワークに参加していない.アドレスは,デバイスがネットワークに参加したとき,参加を許可したデバイスが決定する. | CRE | 0〜0xFFFE | 0xFFFE | 第14章 |
| MP | **16bit Pearent Network Address**<br>エンド・デバイスの親にあたるデバイスの16ビット・ネットワーク・アドレスを読み出せる.読み出したときに0xFFFEの場合は親をもたないことを示す. | E | 0〜0xFFFE | 0xFFFE | Appendix5のルーティング試験でBee Exploerの画面で参照している |
| NC | **Number of remaining Children**<br>収容可能なエンド・デバイスの数が読み出せる.もしこの値が0であったのなら,もうそれ以上のエンド・デバイスを子に設定できない. | CR | 0〜最大値 | − | 第14章 |
| SH | **Serial number High**<br>デバイス固有の64ビット・アドレスの上位32ビットが読み出せる.工場出荷時にそれぞれのデバイスに値が書き込まれるので,ユーザが変更することはできない. | CRE | 0〜0xFFFFFFFF | 工場出荷値 | 第7章 |
| SL | **Serial number Low**<br>デバイス固有の64ビット・アドレスの下位32ビットが読み出せる.工場出荷時にそれぞれのデバイスに値が書き込まれるので,ユーザが変更できない. | CRE | 0〜0xFFFFFFFF | 工場出荷値 | 第7章 |
| NI | **Node Identifier**<br>ノード識別子.印字可能なASCIIコードの識別子文字列を保存できる.ATコマンド・モードに於いてはスペースからはじめることはできない.またカンマも利用できない.改行がコマンドの終端とみなされる.入力文字が上限に達したときも自動的に終端とみなされる.この文字列はNDコマンドの応答の一部として返される.このコマンドもまたDNコマンドとともに利用される. | CRE | 20バイトの印字可能なASCII文字 | 全部スペース | Appendix5のルーティング試験でBee Exploerのキャプチャ画面内「NO13」はNIで設定した値 |
| SE | **Source Endpoint**<br>トランスペアレント・モードのみのコマンド.ZigBeeアプリケーション層の送信元エンド・ポイントを指定する.0xE8はDigiのデータ・エンド・ポイントの標準値として利用されている. | CRE | 0〜0xFF | 0xE8 | − |
| DE | **Destination Endpoint**<br>トランスペアレント・モードのみのコマンド.ZigBeeアプリケーション層の送信先エンドポイントを指定する.0xE8はDigiのデータ・エンド・ポイントの標準値として利用されている. | CRE | 0〜0xFF | 0xE8 | − |

(a) 番地の割り付け(Addressing)(つづき)

| ATコマンド | 名前と用例 | タイプ* | パラメータの範囲 | 初期値 | 関連章 |
|---|---|---|---|---|---|
| CI | **Cluster Identifier**<br>トランスペアレント・モードのみのコマンド．ZigBeeアプリケーション層のクラスタ識別子．この値はすべてのデータ転送のクラスタIDとして利用される． | CRE | 0～0xFFFF | 0x11 | 第7章 |
| NP | **Maximun RF payload bytes**<br>最大RFペイロードのバイト数．ユニキャスト送信中に，送ることができるRFペイロードの最大数を返す．もしAPS暗号化が有効なら，最大ペイロード数は9バイト引かれる．もしソース・ルーティングが利用されているなら最大ペイロード数はさらに引かれる． | CRE | 0～0xFFFF | 84 | ― |
| DD | **Device Identifier**<br>デバイス・タイプ識別子．Digiでは通常，さまざまなデバイス・タイプを識別するためのDD値を使用する．以下のタイプもある．<br>　0x30001：Connect Port X8 Gateway<br>　0x30002：Connect Port X4 Gateway<br>　0x30003：Connect Port X2 Gateway<br>　0x30005：RS-232アダプタ<br>　0x30006：RS-485アダプタ<br>　0x30007：XBeeセンサ・アダプタ<br>　0x30008：Wall Router<br>　0x3000A：ディジタルI/Oアダプタ<br>　0x3000B：アナログI/Oアダプタ<br>　0x3000C：X-Stick<br>　0x3000F：Smart Plug<br>　0x30011：XBee Large Display<br>　0x30012：XBee Small Display | CRE | 0～0xFFFFFFFF | 0x30000 | ― |

＊：Cはコーディネータ，Rはルータ，Eはエンド・デバイスに適用される

(b) ネットワークの構築(Networking)

| ATコマンド | 名前と用例 | タイプ* | パラメータの範囲 | 初期値 | 関連章 |
|---|---|---|---|---|---|
| CH | **Operating Channel**<br>使用中のチャネルが読み出せる．コーディネータがネットワークを立ち上げるときに決定するので，ユーザは参照するのみ．0はデバイスがPANに参加していないことを意味するか，またはいずれのチャネルも稼動していない． | CRE | 0, 0x0B～0x1A (2mW版)<br>0, 0x0B～0x18 (10mW版)<br>0, 0x0B～0x19 (S2B版) | ― | 第7章 |
| ID | **Expanded PAN ID**<br>拡張64ビットPAN IDを設定する．もし0に設定された場合はコーディネータはランダムなPAN IDを選択する．または，ルータやエンド・デバイスの場合は適当なPAN IDに参加する．IDの変更は電源の再起動が起きてもIDの設定が維持されるようにWRコマンドを用いて不揮発性メモリに書かれるべきである． | CRE | 0～0xFFFFFFFFFFFFFFFF | 0 | 第7章 |
| OP | **Operating Extended PAN ID**<br>OPの値は使用中の拡張PAN IDの値を反映させる．もしIDが0より大きければOPの値はIDと一致する． | CRE | 0x1～0xFFFFFFFFFFFFFFFF | ― | 第14章 |
| NH | **Maximum Unicast Hops**<br>ユニキャスト・ホップ数の上限を設定する．この上限は最大ブロードキャスト・ホップ数を設定する．またユニキャスト・タイムアウトを決定する．タイムアウトは(50×NH)+100msで計算される．標準の1.6秒のユニキャスト・タイムアウトは，おおよそ8ホップ間を渡るデータとACKに十分な時間である． | CRE | 0～0xFF | 0x1E | 第13章 |
| BH | **Broadcast Hops**<br>ブロードキャストの最大ホップ数を設定する．0に設定するとNHの値を使用する． | CRE | 0～0x1E | 0 | 第13章 |
| OI | **Operating 16-bit PAN ID**<br>OIの値は運用中の16ビットPAN IDの値を反映させる． | CRE | 0～0xFFFF | ― | 第14章 |

| ATコマンド | 名前と用例 | タイプ* | パラメータの範囲 | 初期値 | 関連章 |
|---|---|---|---|---|---|
| NT | **Node Discovery Timeout**<br>ネットワーク・ディスカバリ(ND)コマンドが実行されたとき，NTの値はすべての遠方デバイスの応答タイムアウト時間とされる．遠方のデバイスは応答を返す前にNTより短いランダムな時間待ちを行う． | CRE | 0x20 ～ 0xFF<br>(× 100ms) | 0x3C | - |
| NO | **Network Discovery options**<br>オプション・ビットフィールドはNDコマンドのふるまいを変更できる．またはオプション値は受信したND応答やAPIノード識別フレームに返って来る．<br>オプションの構成は，<br>　0x01：DD値の追加<br>　0x02：NDが実行されたとき自分自身のND応答を返す | CRE | 0 ～ 0x03 | 0 | - |
| SC | **Scan Channels**<br>スキャンするチャネルのリストを設定する．<br>コーディネータ：起動するネットワークを優先的に選択するチャネルのビットフィールドのリスト<br>ルータ，エンド・デバイス：ネットワークに参加するコーディネータ/ルータを探すためにスキャンするチャネルのビットフィールドのリスト<br>ビット(チャネル)：0(11), 1(12), 2(13), 3(14), 4(15), 5(16), 6(17), 7(18), 8(19), 9(20), 10(21), 11(22), 12(23), 13(24), 14(25), 15(26) | CRE | XBee：<br>　1 ～ 0xFFFF<br>XBee-Pro(S2)：<br>　1 ～ 0x3FFF<br>XBee-Pro(S2B)：<br>　1 ～ 0x7FFE | 0x1FFE | 第10章 |
| SD | **Scan Duration**<br>コーディネータ：スタートアップのためのコーディネータのPAN IDと，受け入れ可能なチャネルを決定するために使われるアクティブと電界強度スキャンの期間<br>ルータ/エンド・デバイス：アソシエーション期間中，ネットワークに参加するための有効なコーディネータ/ルータを探すためのアクティブ・スキャンの期間<br>スキャン時間は次のように求められる．<br>スキャンするチャネル数×(2のSD乗)× 15.36ms<br>スキャンするチャネル数はSCパラメータで決定する．XBeeは最大16チャネルをスキャンする．<br>スキャン期間の例<br>　SD = 0のとき 0.200秒<br>　SD = 2のとき 0.799秒<br>　SD = 4のとき 3.190秒<br>　SD = 6のとき 12.780秒<br>SDはMAC層がビーコンを受ける，または与えられたチャネル上の電界強度スキャンを実行する時間に影響を与える．ZigBeeの参加は，実際の参加に掛かる時間を延長するリクエストの送信など，それぞれのチャネル上でビーコン処理を含むさらなるオーバーヘッドを追加する． | CRE | 0 ～ 7 | 3 | 第14章 |
| ZS | **ZigBee Stack Profile**<br>ZigBeeスタック・プロファイルを設定する．0はネットワーク仕様，1はZigBee-2006仕様，2はZigBee-PRO仕様．この値は同一ネットワークに参加するすべてのデバイスで統一されなければならない． | CRE | 0 ～ 2 | 0 | 第14章 |
| NJ | **Node Join Time**<br>コーディネータが，参加しようとするノードを受け入れる時間を設定する．この値はコーディネータやルータが再起動することなしに変更できる．コーディネータやルータが起動したら一度だけこの時間がスタートする．この時間は，NJの変更や再起動時にリセットされる． | CR | 0 ～ 0xFF(× 1秒) | 0xFF<br>常に受け入れ可能 | 第14章 |
| JV | **Channel Verification**<br>チャネルの確認．もしJV = 1ならば，ルータは起動したりネットワークに参加するとき，操作中のチャネルにコーディネータが存在することを確認する．もしコーディネータが見つからなければ，ルータは現在のチャネルから離れて新しいPANに加わろうとする．JV = 0ならばコーディネータが見つからなかったとしても現在のチャネルに留まる． | R | 0のときはチャネルの確認は行わず，1のときはチャネルの確認を行う． | 0 | 第7章 |

(b) ネットワークの構築(Networking)(つづき)

| ATコマンド | 名前と用例 | タイプ* | パラメータの範囲 | 初期値 | 関連章 |
|---|---|---|---|---|---|
| NW | **Network Watchdog Timeout**<br>もしNWが0より大きいならば，ルータはコーディネータとのコミュニケーションをモニタし，3NW期間コーディネータとコミュニケーションが取れないならばネットワークを去る．時間はデータを受信したり，コーディネータに送信したり，Many to Oneブロードキャスト・パケットを受け取ったりするとリセットされる． | R | 0～0x64FF(×1分)<br>最大17日間 | 0のときは無効 | 第14章 |
| JN | **Join Notification**<br>参加通知．もしJNが有効ならば，モジュールは起動後，ネットワークに参加した時点でブロードキャストのノード認識パケットを送信する．この動作は受信または送信したすべてのデバイスのAssociate LEDを素早く点滅させ，APIデバイスのUARTからAPIフレームが送信される．この特徴は，過度のブロードキャストを防止するために大きなネットワークでは使用不能とするべきである． | RE | 0～1 | 0 | ― |
| AR | **Aggregate Routing Notification**<br>Many-to-oneブロードキャスト・メッセージを送信する10秒を単位とする時間を設定する．もし使うなら，ARコマンドはmany-to-oneルーティングを許可する唯一のデバイスにだけ設定されるべきである．AR=0とすると一回だけブロードキャストを送信する． | CR | 0～0xFF | 0xFF | ― |

＊：Cはコーディネータ，Rはルータ，Eはエンド・デバイスに適用される

(c) 保安設定(Security)

| ATコマンド | 名前と用例 | タイプ* | パラメータの範囲 | 初期値 | 関連章 |
|---|---|---|---|---|---|
| EE | **Encryption Enable**<br>暗号化を有効/無効にする． | CRE | 0：無効<br>1：有効 | 0 | ― |
| EO | **Encryption Option**<br>暗号化オプション．使用しないビットは0にすべきである．オプションには以下の内容が含まれる．<br>　0x01：参加ノード間をセキュアではない方法でセキュリティ・キーを送信する<br>　0x02：トラスト・センタを使用する<br>　　　　(コーディネータのみ) | CRE | 0～0xFF | ― | ― |
| NK | **Network Encryption Key**<br>暗号化キー．128ビットAESの暗号化ネットワーク・キーを設定する．このコマンドは書き込み専用．もし0に設定したなら，モジュールはランダムなネットワーク・キーを選ぶ． | C | 128ビット | 0 | ― |
| KY | **Link Key**<br>128ビットAESのリンク・キーを設定する．このコマンドは書き込み専用で，読み出すことはできない．0に設定すると，参加中のデバイスにクリアされたネットワーク・キーを転送することをコーディネータに起こさせ，また参加中のデバイスはクリアされたネットワーク・キーを受け取る． | CRE | 128ビット | 0 | ― |

＊：Cはコーディネータ，Rはルータ，Eはエンド・デバイスに適用される

(d) 無線機との接点(RF Interfacing)

| ATコマンド | 名前と用例 | タイプ* | パラメータの範囲 | 初期値 | 関連章 |
|---|---|---|---|---|---|
| PL | Power Level<br>送信レベルを選べる．XBee-PRO(S2B)のPL4は調整されているが，他の値は概算値となっている． | CRE | 通常版<br>0 = －8dBm<br>1 = －4dBm<br>2 = －2dBm<br>3 = 0dBm<br>4 = 2dBm<br>PRO(シリーズ2国内仕様)版<br>4 = 10dBm<br>PRO(S2B国内仕様)版<br>0 = 2dBm<br>1 = 4dBm<br>2 = 6dBm<br>3 = 8dBm<br>4 = 10dBm | 4 | Appendix5 |
| PM | Power Mode<br>送信レベルを選べる．BoostModeを有効にすると，受信感度を1dB改良し，送信出力を2dB上げる．ただし，PRO版(シリーズ2)では出力に変化はない．BoostModeは消費電力をわずかに増やす． | CRE | 0：Boost Mode 無効<br>1：Boost Mode 有効 | 1 | － |
| DB | 受信強度<br>このコマンドは最後のホップを受信したときの受信強度を答える．マルチホップでの受信レベルの計測には向かない．DBは0にクリアすることができる．DBコマンドの値は－dBmで表される．例えば，0x50が返ってきたら－80dBmである． | CRE | 0 ～ 0xFF<br>PRO版では<br>0x1A ～ 0x58<br>通常版では<br>0x1A ～ 0x5C<br>が観測される範囲 | | Appendix5 |
| PP | Peak Power<br>PL4選択時の最大出力を答える． | CRE | 0x0 ～ 0x12 | － | － |

*：Cはコーディネータ，Rはルータ，Eはエンド・デバイスに適用される

(e) シリアル通信との接点(Serial Interfacing)

| ATコマンド | 名前と用例 | タイプ* | パラメータの範囲 | 初期値 | 関連章 |
|---|---|---|---|---|---|
| AP | API Enable<br>APコマンドはAPIファームウェアのみ有効 | CRE | 1：APIモード有効<br>2：API2モード有効 | 1 | 第7章 |
| AO | API Option<br>受信したパケットのAPIフレーム・タイプを選択する | CRE | 0：標準の受信APIフレーム(コマンドID = 0x90)<br>1：Explict Rx data indicator APIフレーム(コマンドID = 0x91)<br>3：Simple_Desc_req, Active_EP_req, Match_Desc_req といったプロトコル・スタックではサポートされていないUARTへのZDOリクエストの通過を有効にする | 0 | － |
| BD | Interface Data Rate<br>DIN，DOUTとホスト間のインターフェースの端末速度を設定する．0x07を越える値は実際のボー・レートに翻訳される．0x07を越える値を送ったとき，現実的に設定可能な最も近い値がBDレジスタに保存される． | CRE | 0：1200bps<br>1：2400bps<br>2：4800bps<br>3：9600bps<br>4：19200bps<br>5：38400bps<br>6：57600bps<br>7：115200bps<br>0x80 ～ 0xE100：非標準のボー・レートの最大は921kbps | 3 | Appendix5 |

(e) シリアル通信との接点(Serial Interfacing)(つづき)

| ATコマンド | 名前と用例 | タイプ* | パラメータの範囲 | 初期値 | 関連章 |
|---|---|---|---|---|---|
| NB | **Seral Parity**<br>パリティを設定する | CRE | 0：パリティなし<br>1：偶数パリティ<br>2：奇数パリティ<br>3：マーク(常に1) | 0 | - |
| SB | **Stop Bit**<br>ストップ・ビットの数を設定する | CRE | 0：ストップ・ビット1<br>1：ストップ・ビット2 | 0 | - |
| RO | **Packetization Timeout**<br>トランスペアレント・モードでパケット化するまでの時間を設定する．例えば，標準値の3の場合は3キャラクタ時間データが続かない場合はパケット化され送信されるということ．RO = 0 としたときはDINから入ってきたデータは即座にパケット化されて送信する． | CRE | 0 ~ 0xFF<br>(×キャラクタ時間) | 3 | - |
| D7 | **DIO7 Configuration**<br>DIO7端子のオプションを設定する | CRE | 0：ディセーブル<br>1：CTS フロー制御<br>3=Digital Input<br>4=Digital Ouput, Low<br>5=Digital Ouput, High<br>6=RS-485 Transmit Enable(Low Active)<br>7=RS-485 Transmit Enable(High Active) | 1 | Appendix5 |
| D6 | **DIO6 Configuration**<br>DIO6端子のオプションを設定する | CRE | 0：ディセーブル<br>1：RTS フロー制御<br>3：Digital Input<br>4：Digital Ouput, Low<br>5：Digital Ouput, High | 0 | Appendix5 |

＊：Cはコーディネータ，Rはルータ，Eはエンド・デバイスに適用される

(f) 入出力命令(I/O Command)

| ATコマンド | 名前と用例 | タイプ* | パラメータの範囲 | 初期値 | 関連章 |
|---|---|---|---|---|---|
| IR | **IO Sample Rate**<br>周期的なサンプリングを有効化する設定をする．周期的なサンプリングを有効化するために，IRは0以外の値に設定し，最低1端子はアナログまたはディジタルの機能を有効化する．サンプリング周期はミリ秒で計測される． | CRE | 0, 0x32 ~ 0xFFFF | 0 | 第8章 |
| IC | **IO Digital Change Detection**<br>ディジタルI/O端子の状態の変化を検出し，変化を検出したら即座にIO Sampleフレームを送る．ICはD0~D8, P0~P2までの端子個別に働く．ICはビット・マスクとして，個別の端子のエッジ・トリガの有効/無効の設定に使用される．以下にビットと端子の対応を示す．<br>　　bit0：DIO0, bit1：DIO1, bit2：DIO2, bit3：DIO3,<br>　　bit4：DIO4, bit5：DIO5, bit6：DIO6, bit7：DIO7,<br>　　bit8：DIO8, bit9：DIO9, bit10：DIO10,<br>　　bit11：DIO11, bit12：DIO12 | CRE | 0 ~ 0xFFFF | 0 | 第8章 |
| P0 | **PWM0 Configuration**<br>PWM0端子のオプションを設定する． | CRE | 0：ディセーブル<br>1：RSSI PWM<br>3：Digital Input<br>4：Digital Ouput, Low<br>5：Digital Ouput, High | 1 | 第8章 |
| P1 | **DIO11 Configuration**<br>DIO11端子のオプションを設定する． | CRE | 0：モニタされていないDigital Input<br>3：Digital Input<br>4：Digital Ouput, Low<br>5：Digital Ouput, High | 0 | 第8章 |
| P2 | **DIO12 Configuration**<br>DIO12端子のオプションを設定する． | CRE | 0：モニタされていないDigital Input<br>3：Digital Input<br>4：Digital Ouput, Low<br>5：Digital Ouput, High | 0 | 第8章 |

| ATコマンド | 名前と用例 | タイプ* | パラメータの範囲 | 初期値 | 関連章 |
|---|---|---|---|---|---|
| P3 | DIO13 Configuration<br>DIO13端子のオプションを設定する．<br>注：このコマンドはまだサポートされていない． | CRE | 0：ディセーブル<br>3：Digital Input<br>4：Digital Ouput, Low<br>5：Digital Ouput, High | − | 第8章 |
| D0 | AD0/DIO0 Configuration<br>AD0/DIO0端子のオプションを設定する． | CRE | 1：Commissioning<br>　　Button Enable<br>2：Analog Input,<br>　　Single Ended<br>3：Digital Input<br>4：Digital Ouput, Low<br>5：Digital Ouput, High | 1 | 第8章 |
| D1 | AD1/DIO1 Configuration<br>AD1/DIO1端子のオプションを設定する． | CRE | 0：ディセーブル<br>2：Analog Input,<br>　　Single Ended<br>3：Digital Input<br>4：Digital Ouput, Low<br>5：Digital Ouput, High | 0 | 第8章 |
| D2 | AD2/DIO2 Configuration<br>AD2/DIO2端子のオプションを設定する． | CRE | 0：ディセーブル<br>2：Analog Input,<br>　　Single Ended<br>3：Digital Input<br>4：Digital Ouput, Low<br>5：Digital Ouput, High | 0 | 第8章 |
| D3 | AD3/DIO3 Configuration<br>AD3/DIO3端子のオプションを設定する． | CRE | 0：ディセーブル<br>2：Analog Input,<br>　　Single Ended<br>3：Digital Input<br>4：Digital Ouput, Low<br>5：Digital Ouput, High | 0 | 第8章 |
| D4 | DIO4 Configuration<br>DIO4端子のオプションを設定する． | CRE | 0：ディセーブル<br>3：Digital Input<br>4：Digital Ouput, Low<br>5：Digital Ouput, High | 0 | 第8章 |
| D5 | DIO5 Configuration<br>DIO5端子のオプションを設定する． | CRE | 0：ディセーブル<br>1：Associated<br>　　Indication LED<br>3：Digital Input<br>4：Digital Ouput, Low<br>5：Digital Ouput, High | 1 | 第8章 |
| D8 | DIO8 Configuration<br>DIO8端子のオプションを設定する． | CRE | 0：ディセーブル<br>3：Digital Input<br>4：Digital Ouput, Low<br>5：Digital Ouput, High | − | 第8章 |
| LT | Assoc LED Blink Time<br>Associate LEDの点滅周期を設定する．もしAssociate LED機能が有効なら，モジュールがネットワークに参加したときに点滅するON/OFF時間を決定する．LT = 0 のときは標準の点滅時間(コーディネータは500ms，ルータ/エンド・デバイスは250ms)となる．他の値を設定したときは10ms単位となる． | CRE | 0, 0x0A 〜 0xFF<br>(100 〜 2550ms) | 0 | 第7章 |

（f）入出力命令（I/O Command）（つづき）

| ATコマンド | 名前と用例 | タイプ* | パラメータの範囲 | 初期値 | 関連章 |
|---|---|---|---|---|---|
| PR | **Pull-Up Register**<br>I/O端子の内部プルアップ状態を設定する．1の場合はプルアップを有効とする．0の場合はプルアップしない（30kΩプルアップ抵抗が内蔵されている）．<br>以下にビット位置と端子の対応を示す．<br>　　bit0：DIO4<br>　　bit1：AD3/DIO3<br>　　bit2：AD2/DIO2<br>　　bit3：AD1/DIO1<br>　　bit4：AD0/DIO0<br>　　bit5：RTS/DIO6<br>　　bit6：DTR/Sleep Request/DIO8<br>　　bit7：DIN/Config<br>　　bit8：Associate/DIO5<br>　　bit9：ON/Sleep/DIO9<br>　　bit10：DIO12<br>　　bit11：PWM0/RSSI/DIO10<br>　　bit12：PWM1/DIO11<br>　　bit13：CTS/DIO7 | CRE | 0x0 ～ 0x3FFF | 0x0 ～ 0x1FFF | 第8章 |
| RP | **RSSI PWM Timer**<br>RSSI信号の継続時間を設定する．RSSI出力されるのは最後のRFデータの受信またはAPSアクノリッジ後である．RP＝0xFFのときは常に出力されている． | CRE | 0 ～ 0xFF（× 100ms） | 0x28（40） | ― |
| %V | **Supply Voltage**<br>$V_{CC}$端子の電圧を読み出す．スケールを1200/1024としてmVに換算できる．例えば，0x900（10進で2304）であったときは2700mVとなる． | CRE | 0 ～ 0xFFFF | ― | ― |
| V+ | **Voltage Supply Monitoring**<br>V+コマンドを使用して供給電圧の閾値を設定する．もし計測された供給電圧がこの閾値以下に落ちたとき，供給電圧はIOサンプリングに含まれる．標準ではV+は0（供給電圧は含まれない）に設定される．1024/1200でmVを内部の単位に変換できる．例えば，2700mVは0x900である．異なるプラットホームと1024/1200を使った換算値を以下に示す．<br>　通常版：2100 ～ 3600mV，0x0700 ～ 0x0C00<br>　PRO版：3000 ～ 3400mV，0x0A00 ～ 0x0B55<br>　S2B版：2700 ～ 3600mV，0x0900 ～ 0x0C00 | CRE | 0 ～ 0xFFFF | 0 | ― |
| TP | モジュール温度を摂氏で読み出せる．精度は±7℃．1℃のときは0x0001，−1℃のときは0xFFFFとなる．このコマンドはS2Bのときのみ有効． | CRE | 0x0 ～ 0xFFFF | ― | ― |

＊：Cはコーディネータ，Rはルータ，Eはエンド・デバイスに適用される

（g）診断機能（Diagnostic）

| ATコマンド | 名前と用例 | タイプ* | パラメータの範囲 | 初期値 | 関連章 |
|---|---|---|---|---|---|
| VR | **Firmware Version**<br>モジュールのファームウェア・バージョンを読み出せる．ファームウェア・バージョンは4桁の16進数字で返ってくる．ABCD数字ABCはメイン・リリース番号，Dは改版番号となっている．Bは識別子の違い．ZBモジュールは0x2*xxx*を返す．ZNetモジュールは0x1*xxx*を返す．<br>注：ZNetは古いZigBeeプロトコル・スタックのファームウェア．ZBのファームウェアとZNetのファームウェアでは互換性はない． | CRE | 0 ～ 0xFFFF | 工場初期値 | ― |
| HV | **Hardware Version**<br>モジュールのハードウェア・バージョンが読み出せる．このコマンドは異なるハードウェア間での区別に使用できる．上位バイトはそれぞれのモジュール・タイプの違いを表す．下位バイトはハードウェアのバージョンを表す．ZBとZNetでは以下の値を返す．<br>　通常版：0x19*xx*<br>　PRO版：0x1A*xx* | CRE | 0 ～ 0xFFFF | 工場初期値 | ― |

| ATコマンド | 名前と用例 | タイプ* | パラメータの範囲 | 初期値 | 関連章 |
|---|---|---|---|---|---|
| AI | **Association Indication**<br>最後の参加要求の情報を読み出せる．<br>　0x00：ネットワークへの参加または形成の成功(コーディネータは形成，ルータ/エンド・デバイスは参加)<br>　0x21：PAN が見つからない<br>　0x22：現在の SC や ID の設定に該当する有効な PAN が見つからない<br>　0x23：有効なコーディネータやルータが見つかった．しかし参加は受け付けてくれない(NJ 締め切り後)<br>　0x24：参加可能なビーコンが見つからない<br>　0x25：望まれない状態．ノードはこのとき，参加を試みるべきではない<br>　0x27：参加失敗(一般的にセキュリティ設定の違いのため)<br>　0x2A：コーディネータの起動失敗<br>　0x2B：存在しているコーディネータのチェック<br>　0x2C：ネットワーク離脱の失敗<br>　0xAB：デバイスを参加させようとしたが応答がなかった<br>　0xAC：安全な参加のエラー(ネットワーク・セキュリティ・キーの受信が安全ではなかった)<br>　0xAD：安全な参加のエラー(ネットワーク・セキュリティ・キーが届かなかった)<br>　0xAF：安全な参加のエラー(参加中のデバイスが正しい事前に設定されたリンク・キーをもっていなかった)<br>　0xFF：ZigBee ネットワークのスキャン中(ルータとエンド・デバイス)<br>注：後に出るファームウェアで追加があるかもしれない．アプリケーションは AI がネットワークの起動の成功(コーディネータ)または参加成功(ルータとエンド・デバイス)を指し示す 0x00 になるまで読むべきである． | CRE | 0 ～ 0xFF | - | 第 14 章 |

＊：C はコーディネータ，R はルータ，E はエンド・デバイスに適用される

(**h**) AT コマンドのオプション(AT Command Option)

| ATコマンド | 名前と用例 | タイプ* | パラメータの範囲 | 初期値 | 関連章 |
|---|---|---|---|---|---|
| CT | **Command Mode Timeout**<br>AT コマンド・モードから IDLE モードに抜けるまでのタイムアウトを設定する．この時間に有効なコマンドが入力されると，タイマはリセットされる．単位は 100ms． | CRE | 2 ～ 0x028F<br>(× 100ms) | 0x64(100) | 第 8 章 |
| CN | **Exit Command Mode**<br>明示的に AT コマンド・モードから抜ける． | CRE | - | - | 第 8 章 |
| GT | **Guard Time**<br>AT コマンド・モード・シーケンス(GT + CC + GT)のコマンド・モード文字の前後のガード・タイムを設定する．ガード・タイムは偶発的に AT コマンド・モードに入ってしまうことを防止するために使用される．単位は ms． | CRE | 1 ～ 0x0CE4<br>(× 1ms) | 0x3E8(1000) | 第 8 章 |
| CC | **Command Sequence Character**<br>AT コマンド・モード・シーケンスのガード・タイムの間で使用される ASCII 文字を設定する．AT コマンド・モード・シーケンスはモジュールを AT コマンド・モードに入れる．CC コマンドは AT ファームウェアのみでサポートされる．標準は"＋"のコードの 0x2B となっている． | CRE | 0 ～ 0xFF | 0x2B(＋) | 第 8 章 |

＊：C はコーディネータ，R はルータ，E はエンド・デバイスに適用される

(i) 省電力命令 (Sleep Command)

| ATコマンド | 名前と用例 | タイプ* | パラメータの範囲 | 初期値 | 関連章 |
|---|---|---|---|---|---|
| SM | **Sleep Mode**<br>モジュールの省電力モードを設定する．ルータのファームウェアを入れられたXBeeなら，ルータ(SM = 0)かエンド・デバイス(SM > 0)に設定することができる．ルータからエンド・デバイスへの変更は，適用されたときにネットワークからの離脱を強制し，新しいデバイス・タイプとしてネットワークへの参加を試みる． | RE | 0：スリープ無効（ルータ）<br>1：Pinスリープ有効<br>4：サイクリック・スリープ有効<br>5：サイクリック・スリープ, Pinスリープ有効 | 0：ルータ<br>4：エンド・デバイス | 第8章<br>第9章 |
| SN | **Number of Sleep Periods**<br>ポーリングを行ったときに親に保留されたデータがない場合，On/Sleepピンを立てない省電力状態期間の数を設定する． | CRE | 1～0xFFFF | 1 | 第8章<br>第9章 |
| SP | **Sleep Period**<br>エンド・デバイスの省電力状態時間を決定する．最大28秒(この省電力状態時間はSNコマンドを使うことで効果的に延長できる)．親子関係の親側では，省電力状態中のエンド・デバイスへのメッセージをどれくらいの期間バッファするかを決定する．この値は子側のエンド・デバイスの最も長いSP時間に合わせるべきである． | CRE | 0x20～0xAF0<br>(×10ms)<br>(1/4秒の解像度) | 0x20 | 第8章<br>第9章 |
| ST | **Time Before Sleep**<br>エンド・デバイスの省電力状態に入るまでの時間を設定する．この時間はシリアルまたはRFにデータが到着するとリセットされ，再計測する．時間切れになるとエンド・デバイスは省電力状態に入る．Cyclic Sleepのエンド・デバイスのみ適用される． | E | 1～0xFFFE<br>(×1ms) | 0X1388 (5秒) | 第8章<br>第9章 |
| SO | **Sleep Option**<br>オプションを設定する．使用しないビットは0にすべきである．<br>0x02：ST時間中は常に起床している<br>0x04：SN×SP時間全体で省電力状態に入る<br>注：オプションはほとんどのアプリケーションで使用されるべきではない． | E | 0～0xFF | 0 | 第8章<br>第9章 |
| WH | **Wake Host**<br>ホストを起床する時間を設定する．0以外の値を設定した場合，DOUTからのデータの送信，またはIOサンプルの転送のまえにホストを起床するミリ秒単位の時間を示す．もしDINから入力があったら，WH時間は即座に停止する． | E | 0～0xFFFF<br>(×1ms) | — | — |
| PO | **Polling Rate**<br>エンド・デバイスのポーリングを設定する．標準値の0の場合，100msごとに親にあたるノードにエンド・デバイス向けのデータが保留されていないか要求を行う． | E | 0～0x3E8 | 0x00 (100ms) | 第9章 |
| SI | **Sleep Immediately**<br>即座に省電力状態に入る． | E | — | — | — |

\*：Cはコーディネータ，Rはルータ，Eはエンド・デバイスに適用される

(j) 実行命令 (Execution Command)

| ATコマンド | 名前と用例 | タイプ* | パラメータの範囲 | 初期値 | 関連章 |
|---|---|---|---|---|---|
| AC | **Apply Change**<br>変更内容を適用する．例えば，BDコマンドによる端末速度の変更は，ACコマンドが実行されるまで適用されない． | CRE | — | — | 第14章 |
| WR | **Write**<br>パラメータを不揮発性メモリに保存する．一度WRコマンドを実行したら，OKが返るまでコマンドを入力すべきではない．WRコマンドの使用は控えめにすべき．EM250には書き込みサイクルの上限がある． | CRE | — | — | 第14章 |
| RE | **Restore Defaults**<br>モジュールのパラメータを工場出荷値に戻す． | CRE | — | — | — |
| FR | **Software Reset**<br>モジュールをリセットする．即座にOKが返るが，リセットの実行は2秒後． | CRE | — | — | — |

| ATコマンド | 名前と用例 | タイプ* | パラメータの範囲 | 初期値 | 関連章 |
|---|---|---|---|---|---|
| NR | **Network Reset**<br>PAN中の一つ以上のモジュールのネットワーク・パラメータのリセット．即座にOKが返ってきて，ネットワークの再起動を引き起こす．すべてのネットワークの設定とルーティングに関する情報は結果的に失われる．NR＝0ならコマンドを実行したノード上のネットワーク・パラメータをリセットする．NR＝1ならブロードキャストで送信され，PAN上のすべてのノードのネットワーク・パラメータをリセットする． | CRE | 0～1 | – | 第14章 |
| SI | **Sleep Immediately**<br>Cyclic Sleep モードのとき，ST 時間が切れるまえにこのコマンドの実行で即座に省電力状態に入る． | E | – | – | – |
| CB | **Commissioning Pushbutton**<br>このコマンドはコミッショニング・ボタンのシミュレーションを行う．パラメータはコミッショニング・ボタンを押す回数を渡す．例えば，"ATCB1"ならコミッショニング・ボタンを1回押したこととなる． | CRE | | | 第14章 |
| ND | **Node Discover**<br>すべてのノードの探索と，そのノードの情報を報告する．報告するフォーマットは以下のとおり．<br>  MY\<CR\><br>  SH\<CR\><br>  SL\<CR\><br>  NI\<CR\>（可変長）<br>  親ノードの16ビット・ネットワーク・アドレス \<CR\><br>                       （2バイト）<br>  デバイス・タイプ \<CR\>（1バイト）<br>    0：コーディネータ，1：ルータ，<br>    2：エンド・デバイス<br>  ステータス \<CR\>（1バイト）<br>  プロファイル ID\<CR\>（2バイト）<br>  製造者 ID\<CR\>（2バイト）<br>  \<CR\><br>NT×100ms 経過後，このコマンドは \<CR\> で終了する．NI の内容もパラメータとして受け入れる．この場合，識別子が一致したモジュールのみ応答する．もし ND がAPIフレーム（コマンドID：0x08）で送られたなら，それぞれ個別に AT コマンド応答（コマンドID：0x88）として返ってくる．データは上記リストのバイト数で，\<CR\>なしで構成されている．NI 文字列は NULL が終端文字．ND コマンドの有効半径は BH コマンドで設定される． | CRE | – | – | – |
| DN | **Destination NodeNI**<br>文字列を物理アドレスに解決する．相手先ノードが見つかったら，以下のイベントが行われる．<br>\<AT Firmware\><br>1. DH，DL が NI 文字列に一致したモジュールの 64 ビット拡張アドレスで設定される．<br>2. OK が返る．<br>3. 即座にコミュニケーションするために AT コマンド・モードを抜ける．<br>\<API Firmware\><br>1. 16 ビット・ネットワーク・アドレスと 64 ビット拡張アドレスが AT Command Response API フレーム（コマンド ID：0x88）で返ってくる．<br>もし，NT×100ms 以内に応答がないなら，コマンドで"ERROR"を返して終了する．この場合は AT コマンド・モードは抜けない．DN コマンドの適用半径は，BH コマンドで設定される． | CRE | – | – | – |
| IS | **Force Sample**<br>強制的に有効になっているディジタルとアナログ入力を読み出す． | CRE | – | – | 第10章 |
| 1S | **XBee Sensor Sample**<br>強制的に XBee センサ・デバイスをサンプルする．このコマンドは唯一 API Remote Command (0x17) を使用して XBee センサ・デバイスに実行することができる． | RE | – | – | – |

＊：C はコーディネータ，R はルータ，E はエンド・デバイスに適用される

■ **著者略歴**

**濱原 和明**(はまはら かずあき)
電力測定機器メーカで主にハードウェアの設計を担当.
著作「ITRONプログラミング入門 H8マイコンとHOSで始める組み込み開発」オーム社

**佐藤 尚一**(さとう ひさかず)
昭和を引きずる好事家.打ち捨てられていた「わら半紙」の無線雑誌を眺めて幼少期を過ごす.真空管しか使えずにいたらトランジスタがシリコンに変わった.ROMライタを買えずにいたらフラッシュ+統合環境になっていた.ある意味ラッキーだったと思っている.

**藤田 昇**(ふじた のぼる)
中学生のころはラジオ少年でした(当時は真空管ラジオでした).その後,アマチュア無線にはまり,無線絡みで無線機メーカに就職しました.長波から極超短波までの各種無線システムの設計に従事し,多くの経験を積むことができました.趣味で電子機器(ラジオや測定器など)の修理を楽しんでいます.

**南里 剛**(なんり つよし)
ディジ インターナショナル㈱FAE(Field Application Engineer).1977年佐賀県生まれ.ソフトウェア・エンジニアとして組み込み機器の開発に携わり,現在に至る.趣味は多岐にわたり本人も把握していない.日々twitter(@244mix)でぼやいている.

**前川 貴**(まえがわ たかし)
1989年に新入社員としてメーカに就職し,そこでの配属によりCMOSアナログ電子回路設計に従事し始める.それ以来,転職後も電源ICを中心とした製品企画と開発業務に従事し,現在トレックス・セミコンダクターのビジネスユニット長を務める.

- **本書記載の社名,製品名について** ── 本書に記載されている社名および製品名は,一般に開発メーカーの登録商標です.なお,本文中では™,®,©の各表示を明記していません.
- **本書掲載記事の利用についてのご注意** ── 本書掲載記事は著作権法により保護され,また産業財産権が確立されている場合があります.したがって,記事として掲載された技術情報をもとに製品化をするには,著作権者および産業財産権者の許可が必要です.また,掲載された技術情報を利用することにより発生した損害などに関して,CQ出版社および著作権者ならびに産業財産権者は責任を負いかねますのでご了承ください.
- **本書付属のCD-ROMについてのご注意** ── 本書付属のCD-ROMに収録したプログラムやデータなどは著作権法により保護されています.したがって,特別の表記がない限り,本書付属のCD-ROMの貸与または改変,個人で使用する場合を除いて複写複製(コピー)はできません.また,本書付属のCD-ROMに収録したプログラムやデータなどを利用することにより発生した損害などに関して,CQ出版社および著作権者は責任を負いかねますのでご了承ください.
- **本書に関するご質問について** ── 文章,数式などの記述上の不明点についてのご質問は,必ず往復はがきか返信用封筒を同封した封書でお願いいたします.勝手ながら,電話での質問にはお答えできません.ご質問は著者に回送し直接回答していただきますので,多少時間がかかります.また,本書の記載範囲を越えるご質問には応じられませんので,ご了承ください.
- **本書の複製等について** ── 本書のコピー,スキャン,デジタル化等の無断複製は著作権法上での例外を除き禁じられています.本書を代行業者等の第三者に依頼してスキャンやデジタル化することは,たとえ個人や家庭内の利用でも認められておりません.

**JCOPY** 〈(社)出版者著作権管理機構委託出版物〉
本書の全部または一部を無断で複写複製(コピー)することは,著作権法上での例外を除き,禁じられています.本書からの複製を希望される場合は,(社)出版者著作権管理機構(TEL:03-3513-6969)にご連絡ください.

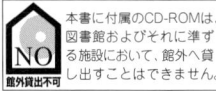

本書に付属のCD-ROMは,図書館およびそれに準ずる施設において,館外へ貸し出すことはできません.

## 超お手軽無線モジュールXBee

CD-ROM付き

2012年3月1日 初版
2015年2月1日 第4版

© 濱原 和明/佐藤 尚一/藤田 昇/南里 剛/前川 貴/CQ出版株式会社 2012

著 者 濱原 和明/佐藤 尚一/
藤田 昇/南里 剛/前川 貴

発行人 寺 前 裕 司

発行所 CQ出版株式会社
〒170-8461 東京都豊島区巣鴨1-14-2
電話 編集 03-5395-2123
   販売 03-5395-2141
振替 00100-7-10665

ISBN978-4-7898-4824-4

定価は裏表紙に表示してあります
無断転載を禁じます
乱丁,落丁本はお取り替えします
Printed in Japan

編集担当 川村 祥子
DTP 西澤 賢一郎
印刷・製本 三晃印刷(株)
表紙デザイン (株)プランニング・ロケッツ
写真 矢野 渉
イラスト 神崎 真理子